法政大学イノベーション・マネジメント研究センター叢書 | 10

# 中国製造業の基盤形成

## 金型産業の発展メカニズム

李 瑞雪・天野倫文・金 容度・行本勢基 [著]

東京 白桃書房 神田

# はしがき

　本書は，中国製造業の基盤である金型産業を対象に，地域の多様性を踏まえつつ成長と限界が絡み合う産業発展プロセスを描き出すものである。

　中国経済の持続的な高成長，中国企業・産業の影響力の向上を背景に，中国の産業や地域についての書物は数え切れないほど多くなっている。こうした書物の関心は，主に，なぜ発展しているか，どこに限界があるかという，評価のための直接的な根拠探しに偏る傾向がある。

　しかし，発展と限界は共に存在する可能性が高く，さらに，成長あるいは成長を可能にする要因と，限界あるいは限界を作り出す要因は，絡み合っている可能性も高い。そうであれば，評価を下すことは難しくなる。むしろ，成長要因と限界を作り出す要因が絡み合っているプロセスに注目することが大事になる。本書がプロセスに着目する理由である。

　こうしたプロセスは産業によって異なるはずである。従って，プロセスの綿密な観察のためには産業を絞り込むことが有効になる。そこで，本書では，金型産業に絞り込むが，なぜ金型産業に絞り込むかについて述べておこう。

　金型産業は関連する製造業の裾野が極めて広い。金型を使って部品を製造する産業，その部品を使って組立製品を作る産業などの前方産業はいうまでもなく，金型に使われる素材を供給する産業，個別の加工過程を担う産業，加工のための設備を提供する産業など多くの後方産業とも関連を結んでいる。正に製造業の基盤をなしているのである。それに，中国の金型産業の成長も著しく，2011年に中国は世界１位の金型生産大国に躍り出た。金型の自給率と輸出比率も高まっている。

　他方，中国の地域間多様性が甚だしいことは周知のとおりである。中国内の特定地域を対象にする研究・書物が多い所以である。しかし，特定産業の発展と限界の絡み合いに着目する本書には，地域の多様性と共通点の両方が重要な観察対象である。そのため，複数の主要な地域を取り上げる。

　４人の著者達は，金型産業の発展プロセスを綿密に観察するために，一歩踏

はしがき

み込んだ調査研究が必要であると思い，2006年に，上海・昆山・蘇州，浙江省，長春・大連，広州・深圳，など，金型産業の発展の水準や特性が異なる複数の地域を調査した。こうした調査から得られた材料を著者各自の問題関心に沿って研究成果として発表し，お互いの議論を重ねた結果物が本書である。

しかし，4人の著者の1人であり，調査のきっかけをつくり，なおかつ，調査を企画・主導してくれた天野倫文さんが2011年に突然帰らぬ旅に出てしまった。掛け替えのない研究仲間の，思いもよらなかった急逝に，残った筆者達は途方に暮れて茫然としていた。国際経営の広い視点から，鋭い問題意識を実証の領域で解明され続けた故天野さんだっただけに，我々の悲しみはなお大きかった。こうした悲しみが本書の刊行に到る重要なモチベーションになった。この些細な成果を故天野さんに捧げると共に，ご冥福を祈りたい。

本書は，3つの部からなっている。第Ⅰ部では，中国金型産業の構図を概観する。まず，第1章では，中国金型産業発展の歴史と現状が概観され（李），第2章では，多様な企業の成長に影響する政府の諸政策を考察する（李行本）。第3章では，市場と組織の相互作用というやや理論的な視点から中国金型産業の発展を概観する（金）。

第Ⅱ部では，各地域で得た調査情報を忠実に反映し，地域別多様性を描き出している。具体的に，第4章は長春（金），第5章は大連（天野），第6章は上海・蘇州（李），第7章は寧波・台州（行本），第8章は広東（天野）の順で分析が行われる。

第Ⅲ部では，いくつかの主要な側面に焦点を合わせて，現状と理論との接合という視点から，地域を超える一般化を試みる。第9章（李）では，金型産業の市場連結メカニズムと金型企業の市場戦略が分析される。第10章（行本）では，供給体制と技術能力の問題が実証的に検討される。第11章（金）では，企業家叢生という視点から各地域の金型産業の相違点と共通点が論じられる。第12章（天野）では，対中進出に積極的である台湾系企業と日系企業の補完関係に注目して，今後の展望が提示される。

このように，本書は金型という個別産業の研究を通して，中国製造業の基盤形成・発展のプロセスを浮き彫りすることを狙いとしている。実用性を求める傾向が強まる中で，もし，立ち止まって，中国の産業発展プロセスの一端をじっくり観察する契機を読者に提供することができれば，著者達の望外の喜び

になる。
　読者からの忌憚のないご批判・ご指摘を承りたい。
　最後に，法政大学イノベーション・マネジメント研究センターより刊行助成を受けたことを記し感謝する。

2015年1月<br>
金　容度

# 目　次

はしがき　i

## 第Ⅰ部　発展の構図

### 第1章　中国金型産業の生成と発展……………………………………3
　はじめに　3
　1　計画経済時代における中国金型産業の基盤形成　4
　2　1980年代以降，金型産業育成と技術キャッチアップの取り組み　5
　3　中国金型産業の現状と課題　12
　おわりに　20

### 第2章　政府の役割—産業育成・振興政策—……………………22
　はじめに　22
　1　産業政策のソフトな側面とは　23
　2　日本における金型産業の育成振興政策　25
　3　中央政府による金型産業育成政策の「ソフトな側面」とその効果　27
　4　地方政府の政策運用のソフトな側面とその効果　30
　5　日本の産業政策におけるソフトな側面との比較　32

### 第3章　市場と組織の相互作用—産業発達と市場組織化—…………40
　はじめに　40
　1　中国東北部の金型市場の発展と組織化　41
　2　華東の金型市場の発展と組織化　50
　おわりに　54

## 第Ⅱ部　発展の地域別特徴

### 第4章　長春：国有企業の影と改革…………………………………61

はじめに　61
　　1　長春の金型産業を取り巻く環境　62
　　2　長春の金型産業の概観　65
　　3　国有金型企業の事例　67
　　4　国有企業の改革　72
　　おわりに　76

第5章　大連：日系金型企業の進出と国際分業の展開……………78
　　はじめに　78
　　1　大連市の金型産業：概況と軌跡　79
　　2　日系金型企業の進出と国際分業の展開　84
　　3　中国民営企業のアプローチ　96
　　4　おわりに：大連金型産業の可能性　103

第6章　上海・蘇州地域：多様性と市場主導……………………105
　　はじめに　105
　　1　金型にかかわる産業・技術基盤　105
　　2　市場主導型の金型集積の形成　108
　　3　要素技術，サポーティングセンターを備えもつ産業集積　112
　　4　多様性のある産業集積　117
　　5　地方政府の取り組み　121
　　おわりに　125

第7章　寧波・台州：民営企業の生成と発展プロセス……………129
　　はじめに　129
　　1　浙江省の金型産業の概要　130
　　2　民営企業の生成と勃興　132
　　3　浙江省金型民営企業の事例研究　134
　　4　民営企業の発展プロセス　143
　　おわりに　145

第8章　広東：部品加工集積とインフラ型産業の新展開……………148
　はじめに　148
　1　広東省の金型産業　149
　2　広州自動車産業の興隆と部品・金型関連インフラ　150
　3　深圳・東莞の電子機械産業集積と金型関連インフラ　164
　4　総括：広東省部品・金型産業集積の発展動向　178

## 第Ⅲ部　発展のメカニズムと理論的視角

第9章　金型産業集積の市場連結メカニズムと金型企業の市場戦略
　………………………………………………………………………189
　はじめに―問題の提起　189
　1　産業集積と市場の関係に関する先行研究の検討　190
　2　金型需要と供給の不均衡　191
　3　中国金型産業における市場連結
　　　―フィールド調査からの発見事実―　193
　4　地域ごとの金型企業の市場戦略　202
　おわりに　206

第10章　金型産業における供給体制の確立と技術能力……………210
　はじめに　210
　1　分析視点　211
　2　金型作成にかかわる技術比較
　　　―加工精度・リードタイム・素形材―　213
　3　供給体制　225
　おわりに　228

第11章　企業家叢生のメカニズム……………………………………233
　はじめに　233
　1　創業活動の地域別多様性　234
　2　創業前の経験の地域別差　237

3　成長過程の地域差：企業間取引と設備投資を中心に　240
　　4　企業家叢生の要因　246
　　おわりに　251

## 第12章　台日サプライヤーの中国進出とアライアンス
　　　　　―国際化戦略における能力補完仮説―……………………256
　　1　台湾系サプライヤーの中国進出　257
　　2　日系金型メーカーの中国進出　265
　　3　中国進出の比較分析の能力補完仮説　270


〔付録〕金型調査リスト
あとがき　280
索引

# 第Ⅰ部

# 発展の構図

# 第1章　中国金型産業の生成と発展

## はじめに

　中国は「世界の工場」と言われるほど，巨大な製造能力を有するようになっている。この巨大な製造能力はどのように形成されてきているのか。これが筆者らの共通する問題関心である。こうした問題関心の下で，筆者らは中国製造業の基盤形成に着目した。製造業における最重要な基盤の1つは，金型の技術と製作能力である。即ち，製造業の発達と拡大は金型産業の高度化を伴わなければならない。従って，中国製造業の基盤形成を把握するための切口として，金型産業を研究の対象と選んだ。

　本章の目的は，第Ⅱ部の地域別の考察に入る前に，時間軸から中国金型産業の経路を鳥瞰するとともに，その発展レベルと主たる特徴，産業発展に影響する諸要因について掴むことである。そこで，本章では，まず中国金型産業の発展経路と現状を概観する。主として半世紀以上に及ぶ中国金型産業の生成発展史を簡潔にレビューし，また現状と課題を指摘する。

　本章の構成は以下のとおりである。第1節において，1950年代から70年代までいわゆる計画経済の時代における金型生産の位置づけと発展概要を述べる。続いて第2節では80年代以降，いわゆる移行経済時代において，中国政府は金型産業の振興を目指して，いかなる政策を打ち出し，また技術力向上を図るためにどのような措置を進めていったのか，どのような成果を実現したのかを考察する。そして，第3節では中国金型工業協会（中国模具工業協会）と中国国家統計局によって公表された調査データと統計データをもとに，中国金型産業の現状と直面する課題について記述する。

第Ⅰ部　発展の構図

## 1　計画経済時代における中国金型産業の基盤形成

　1940年代末まで中国で近代的な金型製作は皆無であった。50年代初頭から中国政府は金型の製作・設計技術を導入することを目的に旧ソ連，旧東ドイツ，旧チェコスロバキアに多くの技術者を研修に派遣した。また，これらの国々の金型技術関連の書籍や資料をもとに翻訳・編集された一連の教科書は研究機関，教育機関および一部の製造企業に配布され，技術の普及を図った。たとえば，55年に旧東ドイツの「プレス金型設計」「プレス金型の典型的構造」「プラスチック金型設計」「プラスチック金型の典型的構造」「ダイキャスト金型設計」「ダイキャスト金型の典型的構造」の6冊の資料が中国で翻訳・出版され，当時の金型設計者の必携書となったほど，極めて大きな影響をもたらした。

　第1次5ヵ年計画の実施がスタートした1953年から，一部の旧ソ連の援助で作られた大型製造企業の内部に，金型部門（工具車間，工模車間）が設立され，それにあわせて旧ソ連や東ヨーロッパから金型加工用の大型フライス盤やジグ中剉盤などが導入された。長春の第一汽車製造廠のプレス金型工場（沖模車間）はその典型例である。その後，金型の専門企業も各主要工業都市で整備され，65年までその数は全国合わせて50社余に達した。たとえば，天津電訊模具廠（第1号），上海星火模具廠，北京模具廠，無錫模具廠などがこの時期に設立された金型製造の専門企業である。しかし，これらの金型専門企業は加工設備などのハードの面と設計能力などのソフトの面において貧弱な水準にあった[1]。

　中国政府は金型の研究・教育体制の整備にも取り組んだ。1955年末に，旧第一機械工業部（一機部）はハルビン電機廠で金型設計短期訓練コース第1期を開講し，30人余りの修了生はのちの中国金型産業における中核人材となった。また，一機部傘下の電器科学研究院工芸研究所は62年にプレス用金型の標準を制定した。これは中国で初めての金型標準であった。63年には，工芸研究所の金型研究者を中核メンバーとし，中国初の金型研究機関として模具研究室（金型研究室）が発足した。この研究室は70年に電器科学研究院とともに北京から広西省の桂林に遷移させられ，桂林電器研究所模具研究室となり，80年代まで中国における金型技術の研究と技術普及を一貫してリードしていた[2]。

たとえば，1973年から当研究室が中心となって，全国60余りの研究機関，大学，金型企業の研究者・技術者が共同で『金型ハンドブック（模具手冊）』シリーズを編纂し，82年第１版上梓以来，金型関係者から強い支持を集め続けてきた。このシリーズは『プラスチック金型設計ハンドブック』『ダイキャスト金型設計ハンドブック』『粉末冶金金型設計ハンドブック』『プレス金型ハンドブック』『鍛造金型設計ハンドブック』『金型製造ハンドブック』の６冊を含め，各種金型の設計と製造に関する技術を細かく解説した。『金型ハンドブック』は94年に大幅な改訂を経て再版され，今日でも金型技術の教科書として多くの大学や企業に採用されている。また，75年に創刊された桂林電器研究所模具研究室の月刊の機関誌『模具通訊』は中国で最も影響力のある金型分野の雑誌として，情報の収集や伝達，技術普及に大きな役割を果たしてきた[3]）。

　生産設備などハードの面でも緩やかながら機械化が進められていった。1956年に一機部が上海華通開関廠（スイッチのメーカー）と上海電機廠で金型製造の機械化テスト事業を開始した。同じ時期に，天津磨床廠と営口機床廠が専用成形研磨機（M8955）の開発に成功し，58年から量産を始めた。59年まで合わせて2,000台余の専用成形研磨機を製造し，全国主要工業都市の金型製造企業に供給した。放電加工技術の導入も進められ，59年に上海華通開関廠と北京模具廠は型彫り放電加工機を内製し，金型加工に使い始めた。60年代に入ってから，上海華通開関廠や上海電表廠（メーターメーカー）でワイヤカット放電加工機の内製が開始されたのをきっかけに，ワイヤ放電技術は多くの金型製造企業に導入されるようになった。

## ２　1980年代以降，金型産業育成と技術キャッチアップの取り組み

**中央政府の積極的な取り組み**

　中国の金型製造は1950年代から70年代にかけて，上述したように一定の基盤が形成されていったが，総じて製作技術の水準が低く，生産も小規模であった。金型産業として大きく発展を遂げたのは80年代以降のことである。計画経済から市場経済への移行過程の中で，金型産業の後進性と重要性が次第に認識され，官民を挙げて取り組みを強化するようになった。計画経済の時代に，金

型は単独の製品として見なされていなかったが，87年になって，『中国機電製品目録（国家機電産品目録）』に初めて正式にリストアップされた。このことは金型産業が社会的な認知度を向上させた象徴的な出来事と言える。

　1980年代初頭に，アメリカなど西側諸国との関係改善を受けて，中国政府は産業の近代化を加速させるために，先進諸国からの技術導入を進めていった。金型産業においても，海外企業との技術提携や設備導入が活発に行われていた。たとえば，上海星火模具廠はDME社（米）から導入したプラスチック内部熱流道システムを使い，上海電熱電器廠，上海自動化儀表六廠と共同で4工程精密順送り金型を開発した。また，蘇州電加工機床研究所と漢川機床廠がファナック（日）からワイヤ放電加工機技術，型彫り放電加工技術などを取り入れ，北京機床研究所はジャパックスからNC技術の導入に取り組んだ。同じ時期に，日本，イタリア，ドイツから数多くの工作機械を購入し，大型国営企業の金型工場に設置された。

　技術者，技能者の海外研修による技術学習も行われた。たとえば，自動車メーカーの第一汽車，第二汽車，南京汽車の3社は1982年に共同で技術者と技能工を日本の富士鉄工所に派遣し，約2年間にわたり，金型現場での研修を通じて金型製作技術を学ばせた。そのほかに，機械工業部や郵政部などの中央官庁および上海市，天津市などの地方政府はそれぞれの所管企業から優秀な技術者を選抜し日本などへ金型研修のために送り込んだ。これらの研修生は帰国後，所属企業のコア技術者として活躍し，その中から金型企業の経営者，上位管理者も数多く誕生したという。

　こうした海外からの技術導入に合わせて，中国企業独自の金型技術の研究開発も進められた。特に自動車，モーター，電子部品，プラスチック製品の製造に必要な金型の開発はいくつかの成果を上げた。1980年代前半から第一汽車，第二汽車，南京汽車，北京汽車，天津汽車は内部に金型工場を拡張もしくは新設して，金型の開発・製造能力の強化に乗り出した。そのうち，第一汽車と第二汽車の金型工場はトラックのフルセット金型の開発と製作を担当する能力をもつようになった。上海儀表電機廠は81年に高精度，高効率のモーター鉄芯プレス用金型の開発に成功した。武漢733廠は精密プレス金型汎用フレームを開発し，業界から注目を集めた。また，建西工具廠が86年に開発した半導体パッケージ用金型とプラスチック異型材料射出成形用フルセット金型は，当時，中

国で最高レベルの金型技術を代表するものであった。

　CAD/CAM の技術に着目する動きも出始めた。たとえば，83年に上海交通大学と上海市手工業局，手工業聯社と共同で CAD/CAM の研究を遂行することを目的に上海金型技術研究所が設立され，産官学連携で CAD/CAM 技術のキャッチアップに取り組み始めた。

　これらの技術導入や技術開発の取り組みは，中国政府の出した一連の金型産業振興政策を反映するものである。改革開放への政策転換が進む中，産業政策の担当者は製造業の基礎である金型に関して先進国との大きな技術ギャップにいち早く気づいた。1984年2月，国家経済委員会は機械工業部の傘下に中国金型工業協会を設立することを決定し，10月に同協会が正式に発足した。翌年9月，協会初代会長の楊鏗を団長とする欧米金型産業考察団一行6人がアメリカ，フランス，旧西ドイツ，スイスの4ヵ国の金型産業に対し訪問視察を行った。この視察の結果を踏まえて，中国金型協会は86年4月に『金型工業の振興に関する報告書（関於振興模具工業的報告）』を題とする政策提言をまとめ，中央政府（国務院）に提出した。それを受けて，国務院の国家計画委員会，国家経済委員会，機械工業部の3省庁は同年5月に連名でこの報告書を正式な公文書として公布した[4]。報告書でまとめられた政策提言はその後，金型に関する産業政策の基本指針となった。

　1986年からの第7次5ヵ年計画では金型産業が重点育成産業に指定された。さらに87年10月に国家経済委員会は『金型プロジェクト計画の優先的実施に関する通知（『関於優先安排模具規劃建設項目的通知』経機〔1987〕657号文）』を発し，金型産業向けの設備投資を優先的に執行することを督促した。また，国務院の89年3月に発表した『当面の産業政策要点に関する決定（国務院関於当前産業政策要点的決定）』の中で，金型産業は極めて重要な産業に位置づけられている。

　金型産業を重点的に育成するための一連の政策措置は1990年代に入ってからも継続・強化された。92年から2002年にかけて，国務院および関係省庁の出した多くの決定や通達の中で，金型産業の発展を奨励しサポートする方針が繰り返し明確に示されている。たとえば，『今後，国が発展を重点的に奨励する産業，製品，技術の目録（当前国家重点鼓励発展的産業，産品和技術目録）』と『外資による投資を奨励する産業の目録（鼓励外商投資産業目録）』に，金型関

連産業が奨励産業として列挙されている。また，1997年から金型企業の成長を支援するために，国は一部の金型専門企業に対し増値税（付加価値税）の70％を還付するという優遇政策を開始した。2003年度までの7年間で延べ約5億元が還付されたという。この優遇策の適用企業は1997年の88社（ほとんど国有企業）から2003年の160社まで拡大され，多くの民営金型企業も含まれている。これらの対象企業の売上高年平均伸び率は20％近くに達し，業界平均水準と比べて約5ポイント高いという。優遇策は一定の効果が得られたと評価される。

　2011年11月に国務院工業と情報化部は『金型産業の「第12次5ヵ年計画期」発展企画』と『機械産業の基盤部品と製造業の基盤技術，基礎材料産業の「第12次5ヵ年計画期」発展企画』を発表した。その中で，大型・精密・高効率・多機能の金型を重点育成対象として取り上げており，とりわけ高級乗用車のボディ成形用金型，複雑な大型プラスチック金型を20種類の代表的な機械産業の基盤部品リストに，5つの金型用の特殊鋼を12種類の代表的な基礎素材に盛り込んでいる。また，企画の中で，これら基盤産業の振興を目的とする基金を設立し，100社ほどの有力企業と30ヵ所ほどの特色産業集積地を傾斜的に助成する方針を定めている。

## 地方政府への波及

　多くの地方政府も金型産業の振興を目的とするさまざまな政策を導入している。代表的な政策として，金型工業団地の整備と金型企業のハイテク企業認定の2つが挙げられる。工業団地を造成し企業を誘致するというのは中国のみならず，多くの国や地域の経済開発の常套手段であるが，金型産業に限定した工業団地の整備は世界的に珍しい。中国で初の金型工業団地は浙江省余姚市の「模具城」である。この「模具城」は1996年から整備され，97年から供用が開始した。2003年になると，同「模具城」は500社余りの金型企業および関連企業が入居し，年間金型生産総額は15億元以上にのぼるまで順調に拡大していった。10年には入居企業数はさらに985社に増え，生産総額は69.25億元まで伸びた。余姚市は08年に中国金型工業協会から「中国プラスチック金型製造基地」と命名され，09年に国家科学技術部から「国家タイマツ計画寧波余姚プラスチック金型特色産業基地」という称号を授与された[5]。

　2番目に設立された金型工業団地は，江蘇省昆山市の金型工業園区（江蘇省

模具工業実験区。以下，実験区）である。1999年供用開始した。実験区は昆山市北部にある城北鎮にあり，延べ250haの面積を有する工業園区である。98年からフィージビリティスタディを開始し，翌年の99年に正式に供用された。実験区は03年に中国科学技術省より国家級の金型産業基地（国家タイマツ計画昆山模具産業基地）と認定され，中国の代表的な金型園区として広く認知されるようになった。

　実験区設置の背景には，この地域に急速に形成されたユーザー産業の集積から生成した金型需要の大半は輸入・移入で賄われていたということがあった。昆山市政府は投資環境をいっそう改善し，地域の産業競争力を強化するために，金型の輸入・移入代替政策を掲げた。その政策の目玉が金型実験区の造成と域外金型企業の誘致であった。具体的に，昆山市政府は江蘇省の機械工業庁と連携しながら昆山市ハイテク工業園区内の一角（250ha）を金型実験区に指定する。実験区内は生産・設備エリア（金型製造・工作機械製造），素材エリア（素材流通），標準部品エリア（金型部品製造，流通）に分かれ，それぞれ該当業種の企業に入居してもらうよう誘致活動を展開していった[6]。

　実験区管理委員会は産学連携を通して，技術開発の推進や人材育成に積極的に取り組んでいる。たとえば，同委員会は清華大学や南京大学と提携してCAD関連の研究プロジェクトを立ち上げ，また，常州機電職業技術学院に協力して加工技能工育成コースを開設している。

　折しも，1990年代後半から長江デルタ地域に大挙進出してきた電子，精密機器，情報通信機器のメーカーに追随しようと，金型企業を含める数多くの域外サプライヤー企業は蘇州進出を検討し始めた。実験区設立のタイミングと見事に合致したため，2000年前後，台湾系と香港系（その多くは深圳・東莞から渡ってきた），浙江系などの金型関連企業は次々と実験区入居を決めた。同時に地元の金型企業も多く入居したため，実験区およびその周辺は中国有数の金型集積地として浮上してきた。03年末の時点で，実験区入居の企業数は100社余りで，そのうち6割強は台湾系をはじめとする外資系に占められ，累積資総額は15億元に達した。

　2003年以降，中国本土系の金型関連企業は急速増え，11年になると，850社の入居企業のうち，本土系は6割を占めるようになっている。実験区は08年に中国金型工業協会から「中国（昆山）精密金型生産基地」という称号を授与さ

れ，同年に，昆山の金型産業集積は，「中国百選産業集積」に入選し，全国数々の金型集積の中で最大級の規模を誇り，11年の金型輸出額だけで7,000万ドルに達したという[7]）。

余姚と昆山の金型工業団地の成功に刺激を受け，2000年以降，金型工業団地が各地で相次いで企画され，造成されている。筆者らの把握するところでは，深圳（広東），東莞（広東），仏山（広東），掲陽（広東），台州（浙江），上海，大連（遼寧），重慶，寧海（浙江），成都（四川），青島（山東），武漢（湖省），泊頭（河北）などで金型工業団地が整備され，積極的な企業誘致を展開している。

これらの団地整備は政策目的の違いによって2種類に分けられる。余姚，寧海，泊頭の団地は地域にそもそもあった金型製造の基礎をいかし金型産業クラスターの形成を目指すパターンで，団地の入居企業は域内金型企業を中心に構成されるのが特徴である。それに対して，昆山，大連，重慶などの団地は金型輸入・移入代替に主眼を置き，域内金型企業の育成と域外金型企業の誘致を目的としている。そのため，入居企業の多くは域外金型企業となるのが特徴で，前者と比べて入居企業間の分業・協業関係は希薄で，団地内の新規創業も少なかった。

中国金型工業協会の推計によると，2011年の時点で，一定規模以上の金型工業集積地は全国で26ヵ所あり，年間金型関連製品の生産総額は300億元を超えており，全国の金型生産能力の半分以上がこれらの金型クラスターに集約しているという。いずれの金型クラスターも，1つ以上の金型団地（模具園区ないし模具城と呼ばれる）を擁している。なお，昆山（江蘇省），黄岩（浙江省），余姚（浙江省），横瀝（広東省），泊頭（河北省），長安（広東省），象山（浙江省），北侖（浙江省）の8つの代表的な金型産業集積地について，中国金型工業協会はそれぞれの特色を踏まえて，下記のような称号を授与している。

　昆山――精密金型生産基地
　黄岩――プラスチック金型産業基地
　余姚――国家タイマツ計画プラスチック金型特色産業基地
　横瀝――中国金型製造名鎮
　泊頭――中国自動車プレス金型生産基地
　長安――中国機械五金金型名鎮

象山──中国鋳造金型の都
北侖──中国ダイキャスティング金型産業基地

　団地整備と並んで，地方政府の採用するもう1つの重要な政策手段は金型企業をハイテク企業に認定することである。ハイテク企業に認定されると，法人税減免，特恵価格での土地譲渡，設備投資のための低利融資，設備輸入関税の減免，公的研究開発プロジェクトへの関与など，さまざまな優遇措置の対象となり，企業にとって大きなメリットが得られる。もっとも，ハイテク企業の認定と助成については地方政府のみならず，中央政府も大きく関与しており，また，金型産業に限定した政策ではないことに留意する必要がある。

**金型工業協会の役割**
　金型産業の育成政策の立案，実施において，業界団体の中国金型工業協会が重要な役割を果たしていることは特筆すべきである。前述したように，同協会が1986年に作成した『金型工業の振興に関する報告書』に盛り込まれた政策提言は，その後の金型に関する産業政策の基本的な考え方として受け入れられている。また，同協会の提案を受け，中央政府は87年に金型産業全体の技術水準を底上げするために，大規模な研究開発プロジェクトを計画した。このプロジェクトは中国金型工業協会がコーディネーターとなって88年から実施され，全国100社以上の金型製造企業および多くの研究機関，大学が参画した。92年までの5年間，プレス用金型，プラスチック成形用金型，ダイキャスト用金型，鍛造用金型の設計・加工技術，金型表面処理技術，金型材料開発，CAD・CAM・CAEシステム開発，加工設備開発，金型寿命研究など多岐にわたるテーマに取り組み，多大な成果を上げたという。
　中国金型工業協会は市場化推進，人材育成，業界標準の確立，技術交流などにおいても重要な役割を果たし，その最たる例は中国国際金型技術と設備展示会（中国国際模具技術和設備展覧会；DIE & MOULD CHINA。以下，DMC）の主催である。1986年5月に，上海で1回目を開催して以来，2010年まで中国金型工業協会はすでに13回連続でDMC（西暦偶数年に開催）を主催してきた。中国国内の金型企業のみならず海外からも数多くの企業が出展し，開催回数を重ねるにつれて規模と影響力が増してきた。第10回（DMC'10）は16ヵ国

1,500社余りの出展で延べ10数万人の来場という盛会となり，規模としては既に欧州金型展示会（毎年フランクフルトで開催）を超え，世界1位の金型見本市となっている。第11回（DMC'06）の出展企業は更に数が増え，1,200社に達したという。

　また，中国金型工業協会はDMCを開催しない年度に，国内企業のみの出展で開催地を固定化させない中国金型と金型設備展示会（中国模具及模具設備展覧会）をも主催している。展示会を通じて，多くの中国金型企業は取引先を開拓し，また先進技術に接する機会が得られた。内外のユーザー企業も金型調達先を探索するため，積極的に展示会に足を運ぶ[8]。こうした展示会のほかには，中国金型工業協会は，「金型企業情報化促進大会」と称する交流会を開催している。

## 3　中国金型産業の現状と課題

**産業規模と産業構造**

　本節では中国金型工業協会の公表した資料とデータなどに基づき，中国金型産業の現状と直面する課題について概観する。上述したような政府による産業育成政策が奏功して，1990年代に入ってから金型産業は年平均伸び率15％以上と高度成長を続けている。87年に全国の金型製造企業（含兼業）は約6,000社で，生産総額は約30億元にすぎなかったが，2005年にそれぞれ2万社余り，610億元にのぼり，日本とアメリカに次ぐ世界3位の金型生産大国となった。10年にはさらに約3万社，約1,120億元の規模に達し，世界最大規模となった。

　2010年に金型の販売額が500万元を超える企業の数は2,884社で，これらの企業の売上総額は1,630億元（金型以外の製品の売上を含む）に達している。金型産業の従業員総数は100万人弱と推計されている。金型自給率は1990年代初頭の6割未満から2005年の8割弱に改善され，輸出額も年々増加傾向にあり，10年に遂に輸入額を上回り，歴史上初めて金型貿易額の出超（1.34億ドル）を果たした。もっとも，中低級の金型の自給率は100％を上回るようになったものの，精密・高効率・高性能のハイエンド金型は依然として7割未満の水準にとどまっているという。金型産業全体の労働生産性水準を見ると，1987年の1人当たり約1万元から03年の約9万元に，10年の約19万元へと向上し，設備の

第 1 章　中国金型産業の生成と発展

表 1-1　中国金型の生産額，輸入額，輸出額の推移

| | 1990 | 1992 | 1994 | 1995 | 1996 | 1997 | 1998 | 1999 | 2000 | 2001 | 2002 | 2003 |
|---|---|---|---|---|---|---|---|---|---|---|---|---|
| 生産額（億元） | 60 | 100 | 130 | 145 | 160 | 200 | 220 | 250 | 280 | 316 | 360 | 450 |
| 輸入額（万ドル） | 21360 | 42000 | 67500 | 81100 | 91799 | 63000 | 66300 | 88300 | 97799 | 11174 | 127220 | 136930 |
| 輸出額（万ドル） | 1452 | 3000 | 3890 | 4941 | 7000 | 9428 | 9591 | 13300 | 17374 | 18775 | 25234 | 33680 |

出所：『中国模具工業年鑑2004』，pp.153-156，171-172より筆者作成

| | 2004 | 2005 | 2006 | 2007 | 2008 | 2009 | 2010 | 2011 |
|---|---|---|---|---|---|---|---|---|
| 生産額（億元） | n.a | 610 | 720 | 870 | 950 | 980 | 1120 | 1240 |
| 輸入額（億ドル） | n.a | 20.68 | 20.47 | 20.53 | 20.04 | 19.64 | 20.62 | 22.35 |
| 輸出額（億ドル） | n.a | 7.38 | 10.41 | 14.13 | 19.22 | 18.43 | 21.96 | 30.05 |

出所：『中国模具工業年鑑2012』，pp.3，9より筆者作成

表 1-2　生産規模で見る金型産業の地理的分布（2003年度）

| 生産規模 | 都市（所在省・直轄市） |
|---|---|
| 生産総額 ＞ 50億元 | 深圳（広東），東莞（広東），寧波（浙江） |
| 生産総額10〜50億元 | 台州（浙江），温州（浙江），昆山（江蘇），上海（上海），蘇州（江蘇），広州（広東），仏山（広東） |
| 生産総額 1〜10億元 | 北京（北京），天津（天津），重慶（重慶），瀋陽（遼寧），大連（遼寧），長春（吉林），ハルビン（黒竜江），滄州（河北），青島（山東），十堰（湖北），銅陵（安徽），滁州（安徽），洛陽（河南），成都（四川），西安（陝西），揭陽（広東），汕頭（広東），泉州（福建），アモイ（福建），南京（江蘇），無錫（江蘇），常熟（江蘇），恵州（広東），珠海（広東），河源（広東），常州（江蘇），福州（福建），株洲（広西），莆田（福建），晋江（福建） |

出所：『中国模具工業年鑑2004』，p.107より筆者作成

近代化と技術進歩が急激に進んでいることが窺える。

　1990年代以降，金型産業は急速な量的拡大に伴って，産業の地理的分布と製品構成に顕著な変化が現れている。まず，地理的分布を見ると，珠江デルタと長江デルタは中国で金型産業の最も発達した地域となり，金額ベースで約7割の金型がこの両地域で生産されている状況である。省・直轄市単位で見ると，2003年度で200億元の生産総額を超える省は広東省のみ，100億から200億元の省は浙江省のみ，50億から100億元の省・直轄市は江蘇省と上海市であった。山東省，安徽省，福建省，遼寧省はいずれも10億から40億元の規模で，それ以外の省・直轄市は10億元以下にとどまっていたという。金型生産高の順位で全

第Ⅰ部　発展の構図

国の都市を並べて見ると，表1-2で示されているとおりである。トップテンが珠江デルタと長江デルタの都市に占められていることからも，この両地域の比重の大きさが窺える。

　このような金型産業の地理的分布はユーザー産業の分布と明確な相関関係が見られる。即ち，1990年代以降，珠江デルタと長江デルタに工場が集中し世界規模の製造基地となったため，金型需要が爆発的に増加した。中国の金型産業の発展はこうした需要拡大に牽引される側面が極めて大きかった。もっとも広東省の深圳と東莞，浙江省の寧波（余姚を含む）と台州，江蘇省の昆山，河北省の滄州では多数の中小金型企業の集積が形成しているのに対して，吉林省の長春，安徽省の銅陵，四川省の成都，山東省の青島などでは特定の大規模な金型企業が存在するが，中小金型企業があまり発達していない9)。地域によって市場拡大への対応に差異があり，その差異は各地域における金型産業の構造に反映されているものと認識できよう。

　金型製品の構成比率も1993年から2003年までの10年間で変化が見られる。表1-3で示されているように，プレス金型のシェアは1993年の54.5％から2003年の40.9％まで低下していったのに対して，同期間でプラスチック金型のシェアは27.3％から39.1％まで上昇した。家電製品，情報通信機器，日用雑貨，半導体といったユーザー産業の興隆がプラスチック金型需要を押し上げたことと，軽量化を図るためにプレス部品からプラスチック成形部品へ転換したことが主な原因であったと考えられる。鋳造金型のシェアはほぼ横ばいの推移となっている。このような構成比率はその後大きな変化が見られない。11年において，プラスチック金型，プレス金型，鋳造金型，その他の占める割合はそれぞれ，45％，37％，9％，9％となっており，03年から大きく変わっていな

表1-3　各種金型の全体生産高に占める割合の推移（1993-2003年）

(単位：％)

|  | 93年 | 94 | 95 | 96 | 97 | 98 | 99 | 00 | 01 | 02 | 03年 |
|---|---|---|---|---|---|---|---|---|---|---|---|
| プレス金型 | 54.5 | 53.8 | 51.7 | 51.3 | 50.0 | 48.2 | 46.2 | 43.9 | 42.6 | 41.1 | 40.9 |
| プラスチック金型 | 27.3 | 27.7 | 29.0 | 30.0 | 31.0 | 31.8 | 33.3 | 35.7 | 38.0 | 38.9 | 39.1 |
| 鋳造金型 | 18.2 | 18.5 | 18.3 | 18.7 | 19.0 | 9.0 | 9.5 | 10.0 | 10.0 | 10.5 | 10.5 |
| その他 |  |  |  |  |  | 11.0 | 11.0 | 10.4 | 9.4 | 9.5 | 9.5 |
| 計 | 100 | 100 | 100 | 100 | 100 | 100 | 100 | 100 | 100 | 100 | 100 |

出所：『中国模具工業年鑑2004』，p.171

い。

## 人材育成

　金型産業の急速な発展は膨大な金型関連人材のニーズをもたらした。1990年代中葉以降，ほとんどの金型産地では技術者や高度な加工・仕上げ技能者が不足し，企業間，地域間の人材争奪戦が次第に激しくなっている。従来の金型人材は主に企業内部のOJT方式，徒弟制で育成されていたが，人材需要の急増と定着率の悪化という状況が進行している中，教育機関による金型人材の育成と供給は重要性を増しつつある。

　1950年代後半から，一部の中等専門学校と技工学校（職業高校）では金型専攻が設置され，加工技能工を中心に人材育成を始めた。たとえば，成都電子機械高等専門学校（前身は中等専門学校）はすでに50年間以上にわたる金型教育の実績があり，金型設計と加工の基幹的人材を輩出してきた。80年代以降，中央政府は3つの大学で国家級の金型研究機関を設置した。即ち，上海交通大学の金型CAD国家エンジニアリング研究センター，華中科技大学（武漢）のプラスチック成形シミュレーションおよび金型技術国家重点ラボ，鄭州大学のゴム，プラスチック成形金型国家エンジニアリング研究センターの3つである。ほかには，浙江大学，ハルビン工業大学，西安交通大学，北京航空航天大学，吉林工業大学，合肥工業大学，湖南大学，大連理工大学，四川大学，江蘇大学，重慶大学などにも金型関連技術の専門研究機関が相次いで設置され，金型材料から製作技術まで多方面にわたる研究と人材育成が行われている。2003年以降，金型専攻もしくは金型コースを正式に設立している高等教育機関（大学，短大）はすでに60校以上に達し，年間2,000～3,000人の修了生を金型産業に供給しているという。

　中国金型工業協会も教育訓練において多大な役割を果たしている。協会の下部組織である模具人材培訓部（桂林）は金型従業員のOff-JT短期教育コースの整備を推進し，2003年まで全国で33ヵ所の教育訓練拠点を認定した（表1-4）。これら拠点の短期教育訓練は金型の設計，CAD/CAM/CAE，機械加工，モデリング，プログラミング，仕上げ，RP（rapid prototyping）など多岐に及ぶ内容となり，金型企業のニーズに合わせて柔軟に研修プログラムを編成することもできるという。

第Ⅰ部　発展の構図

表1-4　中国金型工業協会の2003年まで認定した33の金型技術・技能教育訓練拠点

| 教育訓練拠点 | 主な教育訓練内容 |
|---|---|
| ・寧波精意工業造型設計有限公司 | ・金型開発，金型CAD/CAM，CNC工作機械のオペレーション |
| ・上海模具CAD国家工程研究中心 | ・金型CAD/CAM/CAE，技術コンサルタント |
| ・大連理工大学模具研究所 | ・研磨，金型設計，金型CAD/CAM |
| ・四川大学模具設計与製造専業 | ・金型設計，金型CAD/CAE，熱流動技術 |
| ・思美（Cimatron China）科技有限公司 | ・金型CAD/CAMソフトCimatron，プログラミング |
| ・湖南鉄道職業技術学校 | ・金型の設計と製造，金型CAD/CAM，工作機械オペレーション |
| ・重慶工業職業技術学校 | ・金型の設計と製造，金型CAD/CAM |
| ・広西南寧高新区模具培訓基地 | ・金型の設計と製造，金型CAD/CAM，工作機械オペレーション |
| ・栄昌機械技校模具鉗工専業 | ・金型加工技能，金型CAD/CAM，工作機械オペレーション，NCオペレーション |
| ・北京二軽工業学校現代模具実訓中心 | ・金型の設計と製造，金型CAD/CAM，工作機械オペレーション |
| ・武漢大学計算機推広中心職業技能学校 | ・金型の設計と製造，CAD/Pro/E/UGソフト |
| ・福建省漳州工業学校 | ・金型の設計と製造，金型CAD/CAM，工作機械オペレーション |
| ・成都電子機械高等専科学校 | ・金型の設計と製造，金型CAD/CAM，工作機械オペレーション，モデリング |
| ・瀋陽模具技術培訓中心 | ・金型の設計と製造，CAD/CAM，プログラミング |
| ・銅陵市三佳電子有限公司 | ・金型の設計と製造，工作機械のオペレーション |
| ・広東高州迪奥（香港）第一理工学校 | ・金型の設計と製造，CAD/CAM，CNC，EDM工作機械のオペレーション |
| ・常州市勁克馬模具花紋廠 | ・各種金型模様，文字の制作技術 |
| ・江蘇大学機械学院 | ・金型の設計と製造，金型CAD/CAM，表面強化 |
| ・重慶市栄昌職業高級中学 | ・金型の設計と製造，工作機械のオペレーション |
| ・広東省高級技工学校 | ・金型の設計と製造，金型CAD/CAM，工作機械オペレーション |
| ・山東莱蕪CAD教育培訓基地 | ・金型CAD/CAM，CNC工作機械のオペレーション |
| ・福建工程学院 | ・金型の設計と製造，金型CAD/CAM |
| ・太原重形機械学院材料加工技術中心 | ・金型CAD/CAM/CAE，CNC工作機械のオペレーション，RP（rapid prototyping）技術 |
| ・南京陽帆軟件有限公司 | ・金型CAD/CAMソフトCimatron，プログラミング |
| ・広州白雲工商高級技工学校 | ・金型のデジタル設計と製造，CAD/CAM/CAE |
| ・広州市高級技工学校 | ・金型の設計と製造，工作機械のオペレーション |
| ・泉州模具技術培訓基地 | ・金型の設計と製造，CAD/CAM/CAE，CNC工作機械のオペレーション |
| ・浙大旭日科技開発有限公司 | ・3D造型とプログラミング，リバース・エンジニアリング |
| ・広西桂中模具技術培訓中心 | ・金型の設計と製造 |
| ・上海現代模具技術培訓中心 | ・金型の設計と製造，工作機械のオペレーション |
| ・温州市模具技術培訓基地 | ・金型の設計と製造，工作機械のオペレーション |
| ・広州南方模具工業学校 | ・金型の設計と製造，金型CAD/CAM，工作機械オペレーション |
| ・華中科技大学模具技術国家重点実験室 | ・金型CAD/CAM/CAE |

出所：『中国模具工業年鑑2004』，pp.38-39

中国金型工業協会の認定した拠点は2005年に46ヵ所に増え，10年にさらに78ヵ所まで拡大した。これらの拠点は06年から10年までの5年間だけで延べ30万人余の教育訓練を施した。中国の金型企業の大半は内部の教育訓練体制を整っておらず，また高い離職率のため社員の教育訓練に本腰を入れる企業が少なく，金型工業協会によって認定されたこれらの拠点は金型企業にとって教育訓練のプラットフォームとなっている。また，最近はこれらの拠点の多くは金型企業と長期的な提携関係を締結し，企業の従業員教育訓練を受託するとともに，企業の要望に応じて学生，卒業生を送り込む，いわば一種の派遣事業を手掛けている。プラットフォームとしての機能がますます充実していることが見て取れる。

**問題と課題**

　急成長を続け，膨大な生産能力を有する金型産業には問題も山積している。その多くが速い成長スピードと乏しい技術蓄積の不釣合いに起因するものと考えられる。とりわけ，製造精度，製作リードタイム，寿命といった金型品質の基本的な項目において，国際先進水準と比較すると，依然として大きな格差が存在し，その格差を縮めるには持続的な努力と長い年月が必要と指摘されている。表1-5と表1-6は精度，製作リードタイム，寿命など主要指標をめぐる中国のトップ水準と世界トップ水準の比較をまとめたもので，この中から，技術・品質に関する大きな格差を確認することができる[10]。また，労働生産性においても，際立った格差が見られる。中国金型産業の労働生産性は最高で1人当たり3～4万ドル強に対して，世界トップ水準は35万ドルと中国の10倍である。

　技術水準の低さが原因で，難易度が高くて寿命の長い金型の輸入依存度は6割ほどにのぼっている。たとえば，乗用車の外板ボディのプレス金型，精密モーターの鉄芯のプレス金型，複合機のカートリッジ成形金型は依然として日本やドイツなどから数多く輸入せざるを得ない状態が続いている。中国金型工業協会の推定によると，2005年度中国金型産業の610億元の生産総額のうち，大型・精密・複雑系・長寿命のハイグレード金型は3割にすぎなかったという。10年にこの比率は4割まで向上したものの，依然として低い比率にあることに変わりはない。

第Ⅰ部　発展の構図

表1-5　主要指標から見る中国の金型生産水準と世界トップ水準との格差

| 分野 | | 世界トップ水準 | 中国国内トップ水準 |
|---|---|---|---|
| 金型の最高精度 | | ナノ単位 | ミクロ単位 |
| 自動車部品用のプレス金型の中に，多工程自動順送り型の割合 | | 30％以上 | 10％程度 |
| 射出成型のプラスチック金型の中に，熱流道金型の割合 | | 70〜80％ | 20％程度 |
| 海外輸出比率 | | 30％前後 | 13％ |
| 順送り金型の工程間精度 | | 0.002〜0.005mm | 0.003〜0.01mm |
| 金型最高使用寿命 | 高効率の精密多工程順送り金型 | 5億回 | 3億回 |
| | 精密プレス金型 | 4万回 | 2万回 |
| | 射出成型プラスチック金型 | 2,000万回 | 1,000万回 |
| 金型製作リードタイム | 大型ダイキャスト金型 | 2〜3カ月 | 3〜4カ月 |
| | 自動車ボディ用プレス金型 | 8〜10カ月 | 1年間前後 |
| 金型の平均価格 | プレス金型 | 2万ドル／t | 8,000ドル／t |
| | プラスチック金型，ゴム金型 | 3,000ドル／セット | 900ドル／セット |
| 労働生産性 | | 25万〜35万ドル／人 | 3万〜4万ドル／人 |

出所：『中国模具工業年鑑2012』，pp.10-11より加筆・整理

表1-6　主要種類の金型をめぐる中国と世界トップ水準との格差

| 項目 | 金型の種類 | 世界トップ水準 | 中国国内のトップ水準 |
|---|---|---|---|
| 精度（mm） | 大型自動車ボディ外板用金型 | 0.03〜0.05 | 0.05〜0.10 |
| | 高効率多工程順送り金型 | 0.001〜0.002 | 0.002〜0.005 |
| | 大型プラスチック金型の内腔 | 0.01〜0.02 | 0.02〜0.05 |
| | 中型アルミ鋳造用金型の内腔 | 0.01〜0.03 | 0.02〜0.05 |
| 表面の精度（μm） | 大型自動車ボディ外板用金型 | 0.2〜0.4 | 0.4〜0.8 |
| | 高効率多工程順送り金型 | 0.05〜0.1 | 0.1〜0.2 |
| | 大型プラスチック金型 | 0.03〜0.08 | 0.06〜0.16 |
| | 中型アルミ鋳造用金型 | 0.2〜0.4 | 0.4〜0.8 |
| 製作のリードタイム（カ月） | 大型自動車ボディ外板用金型 | 6〜10 | 8〜12 |
| | 高効率多工程順送り金型 | 1〜2 | 2〜3 |
| | 大型プラスチック金型 | 2〜3 | 2〜4 |
| | 中型アルミ鋳造用金型 | 1〜2 | 2〜3 |
| 使用寿命（回） | 大型自動車ボディ外板用金型 | 50万〜100万 | 40万〜80万 |
| | 高効率多工程順送り金型 | 3億〜5億 | 2億〜3億 |
| | 大型プラスチック金型 | 100万〜200万 | 50万〜100万 |
| | 中型アルミ鋳造用金型 | 10万〜25万 | 8万〜15万 |

出所：『中国模具工業年鑑2012』，p.11より加筆・整理

金型技術水準の向上には先端設備（精密工作機械，測定設備，CAD/CAM/CAEシステムなど）の導入と企業内熟練の蓄積が鍵となる。しかし，先述したように，多くの中国企業内において，熟練の蓄積はまだ極めて不十分な状態である。熟練不足を補うために，多くの企業は過剰なほど高度な加工設備の導入に踏み切る。しかし，こうした高度な工作機械類は中国国内で生産できないものが大半で，これもまた輸入に依存している。2004年度の実績を見ると，中国の工作機械類（部品，消耗品を含む）の輸入額は60億ドルにのぼり，そのうち約7～8割は金型製造向けとされる。

つまり，高級金型と金型製造用の設備，標準部品，材料の輸入代替は中国金型産業の直面する最大の課題と言って過言ではなかろう。金型に限っていえば，中国政府は第11次5ヵ年計画（2006～2010年）で向こう5年間の取り組み方針を明確に示している。具体的には，次のような金型製品を重点的に育成することである[11]。

① 自動車ボディ用金型，とりわけ乗用車のボディ外板用の金型
② 精密プレス金型，とりわけ多工程順送り金型と精密プレス金型
③ 大型プラスチック金型，主として自動車と家電の大型射出成形用金型
④ 精密プラスチック金型，主としてプラスチックのパッケージング，複層，複合材質，複雑形状，多色金型など
⑤ 大型，薄壁，精密，複雑なダイキャスト用金型およびマグネシウム合金のダイキャスト用金型
⑥ プラスチック異型材とパイプジョイント用金型
⑦ ラジアルタイヤゴム用金型
⑧ 最新のRP金型
⑨ 主要な金型標準部品，たとえば，フレーム，ガイド，エジェクター，スライド，熱流動部品など

これらの課題への取り組みは一定の成果を上げた。2010年になって第11次5ヵ年計画で掲げた目標はほぼ達成できた。たとえば，金型製作の平均リードタイムは05年頃の水準より30％ほど短縮できた。また，国産金型は国内金型市場における占有率は85％に達するという目標も実現できた。まだ数が少ないも

のの，一部の優良金型企業は日本やドイツの金型先進国の水準に確実に近づいてきている。06年から10年の5年間で，中国金型産業全体で取得した特許は5,000件余り，実用新案は7,000件余りであった。

# おわりに

　以上，中国金型産業の展開と現状を概観した。1950年代から70年代にかけて，計画経済システムの下で国営大型工廠を中心に金型に関する基礎的な技術や製造能力が構築されていった。こうした産業基盤は80年代以降，海外から導入された先端設備や先進的な製造技術と結合して，金型産業の飛躍的な発展に結実した。その過程で，政府が積極的な産業振興政策を採用し，業界団体と連携しながら，金型産業全体の技術水準のレベルアップ，金型企業の育成，技術の普及，人材の教育訓練，市場開拓といった面において大きな役割を果たしている。

　さらに，現代においては一部の地域では政府主導型から民営企業主導型へと移行しつつあることが指摘される。こうした流れは，国有企業の再編が続く東北地域と中西部地域の工業都市に何らかの影響を与えるであろう。これまでの政府主導型から民営企業が台頭する産業構造へと中国の金型産業が変貌しつつある。

　世界最大となった中国の金型産業は多くの都市，地域に分布していること，「世界の工場」となった中国で多種多様なユーザー産業が存在し集積を拡大していること，改革開放の下で国有，民間，外資など多様な形態の金型企業が共存していること等といった点から，中国金型産業の多様性が容易に指摘される。その中で，地域間，企業形態間の違いや取引ネットワークの構築，技術蓄積と技術水準，起業連鎖と集積形成，集積内の分業・協業関係，ユーザー企業とのパートナーシップなどをめぐる相違は産業の基本的な特徴と発展傾向を左右する重要なファクターであり，それらを解明することは中国金型産業研究にとって必要不可欠な課題といえる。

（李　瑞雪）

**注**

1 『中国模具工業年鑑2004』，p.40。
2 桂林電器研究所模具研究室以外に，1978年に設立された北京機電研究所の模具研究室も80年代中葉まで中国で重要な金型研究機関であった。
3 『模具通訊』は1985年に『模具工業』に名称変更，中国金型工業協会の機関誌となった。
4 機計函聯字873号文〔1986〕『転発中国模具工業協会「関於振興模具工業的報告」的通知』。
5 国家タイマツ計画（国家火炬計劃）とは，1988年から実施するハイテク産業発展の促進を目的とする産業政策である。2008年まで全国で53ヵ所のハイテク・インダストリー・パークを設立し，また数多くのタイマツ産業プロジェクト，タイマツ産業基地，ハイテク企業を認定してさまざまな優遇・補助策を講じている。昆山の金型実験区はその1つである。
6 筆者らの現地視察によれば，それぞれのエリアに必ずしも該当する業種の企業が入っていない。そもそも金型園区に金型と無縁な企業も多数入っており，金型園区以外のところに立地する金型関連企業も少なくないようだ。結局，企業の立地要望と行政の企画の折り合いの中で用地が決定されるが，やはり企業の要望が優先されなければならない。その結果，当初の構想に反して，金型関連企業は必ずしも園区に集約されていないのが現状である。
7 『中国模具工業年鑑2012』，p.113。
8 中国金型工業協会の主催する展示会以外に，中国でいま年間50以上の金型関連の展示会が各地で開催される。その多くは規模が小さくて出展企業も少ないという。
9 長春，銅陵，成都，青島に全国トップクラスの金型企業が立地している。具体的には，一汽模具製造有限公司（長春），銅陵三佳模具股分有限公司（銅陵），四川成飛集成科技股分有限公司，四川宜賓普什模具有限公司，青島海爾模具有限公司（青島），青島海信模具有限公司（青島）などが挙げられる。
10 この比較データは中国金型工業協会が2011年の調査に基づいて公表したもので，その後の中国金型企業の技術水準と管理水準の改善が反映されていない。なお，データの根拠は公表されていない。
11 「"十一五"振興模具工業的途経与対策」（中国金型工業協会編）より抜粋。

# 第2章　政府の役割—産業育成・振興政策—

## はじめに

　前章では，中国の金型産業における発展の経路と現状について分析が行われた。計画経済時代の産業基盤が1つの初期条件となり，中国の金型産業の形成はスタートしており，1980年代以降，金型産業に対する育成政策が中央，地方両政府によって打ち出され，外資系企業の進出と民族系企業の勃興により発展を遂げることになる。

　近年，世界銀行のレポートをはじめ，発展途上国の経済発展における政府の積極的な役割が再確認されており，共産党による一党独裁の中国においてもそうした傾向は顕著にみられる。ただし，前章で明らかにしたように，一国の産業政策の策定が独立して進められることはなく，多分に当時の国際関係に依存する。改革開放後の中国において金型産業を育成し始めた当初，日本や欧米の方法を強く意識し，ベンチマークも行ったことは明らかである。たとえば，1985年に欧米金型産業視察団を派遣し，のちの金型産業政策の土台となる「金型工業の振興に関する報告書」をまとめている（李・行本，2007）。また，1980年代後半から90年代前半にかけて，日本に金型産業視察団を幾度にもわたり派遣し，産業発展の経験を学んだという。

　本章では，こうした先行研究の知見を踏まえ，政策導入の効果について「産業政策のソフトな側面」という概念を援用しながら検討を加える。とりわけ，中国金型産業の生成・成長過程において，政策的な取り組みによって，経営資源がいかに誘発されているのかを中心に分析を試みる。先発国の日本などの金型産業政策を研究した後発国の中国は，間接的な効果をも視野に入れた政策策定を行い，「ソフトな側面」を政策内容に積極的に取り入れている。次節から

それを検討し，日本の歴史的経験と比較する。

本章の構成は次のとおりである。第1節では，産業政策のソフトな側面を先行研究から明らかにする。第2節では，日本金型産業の育成における産業政策の役割を分析することによって，次節以降の比較軸を導入する。第3節，第4節では中国の中央政府と地方政府の金型産業育成政策について取り上げ，第5節において日本との比較分析を試みる。

## 1　産業政策のソフトな側面とは

産業政策の効果をめぐって，さまざまな議論がある。たとえば，ポーター・竹内（2000）は戦後日本の主要産業の国際競争力を分析し，国の産業政策によって手厚く保護された産業はたいてい国際競争力が弱く，振興政策が導入されず放任されてきた産業こそ高い競争力を獲得していると論じた。一方，MIT産業生産性調査委員会（1989）では，日米欧の主要産業の実態を比較することによって，後発国であった日本が戦後に推進した産業振興政策の有効性を強調した。

日本の金型産業が，戦後間もなく形成され始め，1990年代に国際競争力を徐々にもつようになったことは周知の事実である。金型は大量生産システムには欠かせないツールであると共に，自動車や電機製品の品質に大きな影響を及ぼすため，日本企業の国際競争力を規定する重要な製品である。日本製品の高品質の背景には，強い金型産業が国内に形成されていることを認識した後発国の政策立案担当者は，自国においても同様な産業形成を目指すべく，積極的な育成政策を打ち出すことになる。東南アジア諸国では，程度の差こそあれ，金型技術の移転や移植，人材の育成などに積極的に取り組んできた。同育成政策は，中小企業やサポーティングインダストリーの育成と直結しているため，輸入代替，国内企業の発展という後発国の産業政策における究極的な目標が目指されているといえる。

日本の金型産業も同様に，戦争直後には産業として認められず，貿易自由化や輸入の増大により，中小零細企業は存続するのが非常に困難な状況であった。産業政策の経済学的アプローチとして最も伝統的なものは，「市場の失敗」に関するアプローチであろう。市場競争が規制もなく行われれば，さまざまな

不均衡，失敗が発生するため，それを補正するのが政府であり，政策であるという考え方である（小宮，1984）。日本の中小零細企業のケースを考えてみると，当時，まさに市場競争のみに委ねられたとすれば，存続が非常に困難であり，何らかの高度化政策が求められていたと考えられる。さらに，産業政策のもう1つの大きな役割は，特定業種の産業や企業の成長を促進することである（伊丹・奥野・清野・鈴村，1988）。動態的に観察することにより，産業の成長過程に政策が及ぼす効果を分析することができる。

つまり，産業政策の効果についての賛否両論は，その背後に政策の効果に対する評価基準の違いがある。政策実施の直接的な成果に当初の政策目的を照らした場合，各国のこれまでの産業政策の多くは必ずしも高い評価が得られないであろう。純粋に費用便益分析で判断すればなおさらである。しかし，間接的，または長期的な結果を視野に入れて見てみると，政策の大きな誘発効果や波及効果はしばしば発見できる。

こうした誘発効果や波及効果は，多くの場合，政策立案者の意図せざる効果でありながら，直接的な効果（もしあるとすれば）と比べて，規模的にも範囲的にもより大きなものであり，かつ持続可能なものである。一方，産業政策の間接効果に着目し，当初からそれを狙うように，政策の立案と実施を行うというケースも少なからず存在する。いわば，「意図せざる効果」を「意図する効果」に組み込むことである。

米倉（1993）によれば，間接的な効果をもたらすという産業政策の特性は「産業政策のソフトな側面」という。すなわち，明示的な政策内容や産業への直接的な働きかけではなく，情報の流通や世論の喚起，知識の啓蒙などを通して，産業の認知度を向上させ，経営資源の集中と起業家や企業の主体的対応を誘導するという取り組みである。かつて日本は金型産業の育成を含む機械工業の振興を目的に，「機械工業振興臨時措置法」（以下，機振法と略す）を施行した際に，政府（旧通産省）と個別企業の間に，業界団体や銀行などを介在させながら，資金や技術に関する非常に濃密な情報蓄積と情報流通が行われていた。

このことは，日本の金型産業の力強い成長に大いに寄与したものと考えられる。政策が政府からの一方通行的な措置に陥らず，企業の主体的な対応をもたらしたという意味で，米倉は機振法のもつ「産業政策のソフトな側面」を強調

している。さらに，松島（2004）では，オーラルヒストリーの手法に基づいて，当時の政策当局の立案過程が詳細に分析されている。そこで，次節では，米倉と松島の研究を主として参照しながら，日本の金型産業の発展に対する機振法の効果と金型産業形成のプロセスについて概観することにする。

## 2　日本における金型産業の育成振興政策

　機振法は，1956年に成立した5年の臨時法である。その後，61年と66年に5年間ずつの延長が決定され，71年と78年には関連法制と統合されたが，85年にはその役割を終えている。機振法の主な目的は，機械工業の設備の近代化，能率の増進，生産技術の向上などであり，これらにより機械工業の振興を図ろうとするものである（松島，2004）。振興対象は，機振法の中で「特定機械工業」と呼ばれている業種であり，基礎機械，共通部品，輸出機械部品の21機種が含まれていた。基礎機械には，工作機械，鍛圧機械，切削工具（研削砥石を含む），金型，電動工具，風水力機械，電機溶接機，試験機，工業用長さ計，ガス切断機が含まれていた。共通部品には，歯車，ねじ，軸受，バルブ，ダイキャスト，強靭鋳鉄，粉末冶金が含まれていた。輸出機械部品には，自動車部品，ミシン部品，時計部品，鉄道車両部品が含まれていた。対象業種を見れば明らかなように，今日の日本産業を支える多様な業種が含まれている。輸出機械部品も対象になっていることから，機振法が輸送機械産業や電機産業など，いわゆるセットメーカーの競争力を強化しようとする明確な意図があったことが分かる[1]。機振法の5年間で470件，294社に対して，約112億円の旧日本開発銀行資金が特別金利の6.5％で貸し付けられたという。

　機振法では，金型企業の経営者に学識経験者と金型ユーザーを加えた機械工業審議会金型部会が準備されており，その会において「金型製造合理化基本計画」が作成されていた（米倉，1993）。この合理化基本計画に照らし合わせて，金型企業が設備近代化計画を旧通産省物資別原課に提出し，審査の後に旧日本開発銀行の特別融資を受けられるという流れになっていた。その結果，上記のように，294社の470件の設備近代化計画に対して融資が行われたということになる。つまり，機振法制定に至った問題意識とは，当時主流であった重化学工業と比較して基礎機械工業が中小零細企業から構成されており，セットメー

カーが社会的分業の利益と品質および生産性の向上を達成するためには，そうした中小零細企業の設備高度化が欠かせないというものであった。

　米倉（1993）は，機振法の効果を直接的，間接的の2つに分けて議論している。直接的な効果の中では，たとえば，生産設備や機械の保有台数の顕著な伸びが挙げられる。1958年の金型工場（1,164工場）における1社当たりの保有台数が14.9台であったのに対して，64年には23.6台へと増加している。さらに，金融支援措置における旧日本開発銀行の誘発効果も指摘されている。金型業界に対してどれほどの旧開銀融資が行われたのかについては定かではないが，米倉（1993）によれば約3割であったと推測されている。現在と変わらず中小零細規模の事業所が多い金型産業にとっては，市中の銀行から資金調達するに当たり旧開銀融資が1つのプラス材料に働いた可能性は高いという。

　間接的効果としては，先程も触れたように，旧通産省がもっていた中小企業振興に対する明確な意図と戦略性である。つまり，国家から非常に重要な業種であるというシグナルが，中小零細企業に対して明確に発せられたことにより，産業として1つにまとめ上げていく大きな契機となった可能性があるという。さらに，機振法に申請し，融資認可を受けるというプロセスそのものが，中小零細企業における経営体質の転換，財務面での能力強化に結びついたという見方もある。

　機振法を契機として日本金型工業会が1957年に設立されており，同会を通じてさまざまな情報収集活動が展開されるようになった（日本金型工業会，1987）。その活動により，中小零細企業が国内外の情報に触れることができたことの効果は大きいという。米倉が主張しているのは，機振法の制定により，国家（旧通産省）と個別企業との間に，工業会，審議会，開発銀行，中小企業金融公庫，ジェトロなどの組織を介在させながら，資金や技術に関する非常に濃密な情報蓄積が行われている点である。この濃密な情報蓄積を可能としたのは，企業の自主性を重んじた政策の基本姿勢であり，この部分が米倉のいう「産業政策のソフトな側面」ということになる（米倉，1993）。そして，この「産業政策のソフトな側面」が計画経済体制との本質的な差異であると指摘している。

## 3 中央政府による金型産業育成政策の「ソフトな側面」とその効果

　前章で明らかになったように，改革開放の方向に舵を切った中国政府は1980年代中頃に入ると，いち早く金型の重要性と自国金型製造能力の後進性を認識し始め，大型国営製造企業を中心に金型関連の設備投資や技術導入，人材育成を積極的に推進していった。計画経済体制が依然として残存する時期においては，政府が自ら投資主体となって産業発展を主導せざるを得なかったといえる。しかし，財政事情が逼迫する中で，金型製造の発展に割り当てられた投資金額は極めて限られたものであった。第6次5ヵ年計画（1981-1985年）の5年間で国営企業の固定資産投資総額は合計5,330億元にとどまり，その内の大半は緊急性のあるエネルギーや交通，住宅などの分野に仕向けられ，金型に充てられた金額はごく僅かであった（劉他，2006）。

　その一方で，中国政府は1987年に初めて「国家機電製品目録」に金型をリストアップし，第7次5ヵ年計画（1986-1990年）において金型産業を重点育成産業として指定した。さらに，1989年に「当面の産業政策要点に関する中央政府の決定」において，金型産業を極めて重要な産業の1つと位置づけた。これらの一連の政策発表は必ずしも十分な財政的裏付けを有してはいなかったが，政府が金型産業を重視するという姿勢を示すことで，金型産業がこれから大きく発展していく，または，発展していかなければならない産業であるというシグナルを社会全体に対して送ることになった。まさに産業政策のソフトな側面である。

　こうしたシグナルは市場経済体制への移行過程にある中国社会では，実に大きな反応を引き起こした。1980年代中頃までは金型が量産のためのツールとして，独立した製品と見なされていなかった。つまり，大型国営企業の内部に組み込まれていた金型産業が独立した産業として認められていなかったが，80年代後半に入ると，こうした認識が徐々に変わり始めた。たとえば，金型は取引対象の財と認識されるようになり，独立した産業としての金型産業も認知度が急速に高まり，有望視されるようになった。

　社会的認知度の向上は，中国金型産業の発展に大きな意味をもっていた。こ

れまで製造企業内の設備投資の一環としてしか行われてこなかった金型関連の投資が，一気に加速することになったのである。まず大型国営製造企業の内部にある金型工場は次々と分社化し，もしくは独立を果たした[2]。そして，民間の金型起業もこの時期に徐々に増え始めた。浙江省の余姚と台州では，同時期に零細型の金型企業が叢生し，のちに中国有数の金型産業集積地を形成していったのである（行本，2007；金，2007）。このように，金型は単なる製造工程や量産ツールにとどまらず，有望なビジネスとして捉えられるようになった。李（2009）が指摘したように，中国の金型産業はユーザー産業から分化・独立することで，設備投資が急速に拡大し，生産能力が増強された。

国家の財政的バックアップを受けられない民間企業の創業は，当時の中国では常に資金調達の面で多大な困難に直面していた。金型企業の創業も例外ではなかった。しかし，政府から重点育成産業に指定された金型産業は今後ますます発展し，投資回収が期待できるという認識が次第に浸透していったため，多くの金型起業者はインフォーマルな資金調達方法で必要な資本金を確保できた。金型ビジネスに対して人々がポジティブなイメージをもつことは，私的融資が円滑に行えることに少なからず寄与したに違いない。

類似する私的融資の事例は，筆者らがフィールド調査を実施した浙江省の余姚と台州においても確認された。これらの地域では，金型産業に対する社会的認知度の向上が公式的な融資にも良い影響を及ぼした。浙江省は中国の中でいち早く私営企業が勃興し始め，地域の経済発展を牽引する主体となった地域である。1990年代に入ると，民間金型企業が商業銀行やノンバンクなどからも融資を受けることが可能になったことが，筆者らの調査から明らかになった[3]。

政府の発信した「金型産業重視」というシグナルは，金型人材の育成と供給にも大きなインパクトを与えた。1980年代中頃までは，ごく僅かな金型技術者のほとんどが大型国営製造企業内部の出身者であり，徒弟制の下，技能形成が図られていた。金型の研究開発と教育に従事する専門的な機関としては，桂林電器研究所金型研究室や成都電子機械高等専門学校，上海交通大学の金型CAD研究センターなど国内の数ヵ所に限られていた。しかし，金型産業が国により極めて重要な産業に認定されると，金型専攻を開設する高等教育機関が相次いで設立された。高等教育機関の数は，2003年には60校を超え，年間2,000人以上の修了生を金型産業に供給しているという。また，金型技術の研

究開発を行う研究機関も多くの大学内に設立された（李・行本，2007）。大学などの高等教育機関以外にも，金型製作現場の技能者を教育訓練する拠点も次々と設立されていった。2003年に中国金型工業協会の認定した金型技術・技能教育訓練拠点だけでも33ヵ所にのぼる。

　中国金型工業協会は，金型業界の最も影響力のある団体として，人材育成の促進や情報の流通などさまざまな役割を果たしているが，協会自体の誕生はまさに産業政策の賜物であった。1980年代の中頃，金型の重要性を認識し始めた中央政府の産業政策の立案担当者（旧国家経済委員会）は，金型産業を一産業としてまとめ上げ，政府と業界とのパイプを務める金型工業協会の発足を主導し，有力な金型部門を擁する大型国営製造企業のトップや旧機械工業省の上級官僚出身者を発足当時の協会理事会と事務局の中心メンバーに据えた。いわば官製協会といえる。協会は発足以来，金型産業の地位向上と発展に積極的に取り組んできた。金型産業とともに，協会は社会に広く認知されるまでそれほど長い時間を要しなかった。

　人材育成の促進と並んで，情報の流通も中国金型工業協会の重要な役割である。流通する情報の内容によって，2種類に分けることができる。1つは金型産業政策に関する情報で，もう1つは金型技術に関する情報である。政策にかかわる情報流通は，たとえば，金型業界を代表して政府に政策提言を行い，政策立案に関与すること，または政府に代わって政策の周知や適用を促進することなどが挙げられる[4]。金型技術にかかわる情報流通は，産学官連携の研究プロジェクトのコーディネート，国際金型技術と設備展示会の主催，海外視察団の派遣，業界年鑑や情報誌の編集・発行，業界標準の確立など多岐にわたっている。その結果，一般の民間金型企業にまで政策や技術に関する最新情報が行き渡り，また政府も業界動向やニーズを協会を通して吸い上げることが可能になっている。

　要するに，中国の中央政府は金型産業を独立した産業として認定したうえで，それを重点育成産業と指定し，さらに業界団体である金型工業協会を組織することによって，金型産業の社会的認知度の著しい向上をもたらした。金型産業重視というシグナル発信は金型産業有望論につながり，それに加えて，業界団体は積極的な情報流通活動を展開しているため，大量のヒト，カネ，情報といった経営資源が金型産業に向けられるようになった。こうした経営資源誘

発力は中央政府の金型産業政策におけるソフトな側面のもつ最大の効果といえよう。

## 4 地方政府の政策運用のソフトな側面とその効果

　広大な国土面積をもち，多様性に富む中国は，中央集権的な国家体制を堅持しながら，各地の地方政府に政策運用面で多大な裁量権が与えられている。改革開放後，各地の地方政府は，産業振興や企業誘致を目的に熾烈な優遇政策競争を展開してきた。金型産業政策については，金型産業を重点的に育成するという中央政府の方針を受けて，数多くの地方政府は金型団地の造成や金型企業の誘致などの政策を打ち出し，金型産業集積の形成を目指している。

　金型産業に特化した工業団地の造成と企業誘致を行うこと自体が世界的に見ても極めてユニークな取り組みといえる。しかし，筆者らの調査した余姚の「模具城」と昆山の「模具工業実験区」を除けば，地方政府の区画した金型団地に金型企業が実際に集積しているところは少ない。金型団地の成功例と見なされている昆山の団地でも，団地内の金型生産高が域内金型生産高に占める比率は3割前後にすぎないという。大連，重慶，武漢，成都などの金型団地ではその比率が更に少ない。金型団地内の入居企業の中に，金型と関連性のない企業も多数含まれているのが実態である。

　しかし，団地への金型企業の集約が期待されるほど進んでいないという事象だけで，政策は失敗したと評価を下すのは早計である。なぜなら，金型団地が造成され，金型企業の入居が奨励されているということは，当該地域に金型企業が集積してくるという期待と観測をもたらし，こうした期待と観測は金型の供給と需要の両面にインパクトを与えるのである。浙江省と広東省の金型企業は，昆山や大連，重慶に数多く進出しているものの，金型団地に入居はしていないが，進出を検討し始めた契機は，これらの都市に金型団地が造成されたことであったという。一方で，域内に金型製造の基盤が存在し，もしくは金型産業集積が形成されてくるということは，進出可否を考える電機や機械などの製造企業にとって，プラスの判断材料になるに違いない。

　たとえば，昆山と成都の金型団地の管理委員会の担当者は，域外訪問者に対して，常に団地のみならず，域内の金型産業とユーザー産業全般に関する情報

を幅広く紹介している。そうした情報からビジネスチャンスを感じ取り，団地ではないが域内に進出を決断し，地域内で取引関係を拡大してきた金型企業やユーザー企業もあると，両団地の関係者は筆者らのインタビューで指摘している。団地自体の興隆に必ずしも担保されないものの，団地が1つのハブになって，金型に関する需要と供給の情報が結合され，さらに取引ネットワークの形成につながっていく。

団地のインパクトは金型企業とユーザー企業にとどまらない。筆者らは金型団地に対する調査過程で，工作機械メーカーの拠点や技術技能訓練学校が団地内に存在していることを発見した。昆山金型団地内の牧野フライスと成都模具工業園にある成都高級技工学校がその好例である。団地を中心に域内の金型産業集積が拡大していけば，工作機械に対する需要も金型技能工に対する需要も増大するし，その需要情報を収集するという点で団地内に立地することは有利であると牧野フライスと成都高級技工学校の経営者は判断している。また，団地の存在を聞いて，広東省や浙江省などの金型先進地域から流れてきた技術者と技能者が大勢いると，昆山と大連の団地関係者が話してくれた。

このように，地方政府の進めている団地造成の取り組みは，大きな呼び水効果をもたらしている。金型産業集積の形成と産業の高度化という目標を掲げて域外企業の関心を引き寄せ，そのうえで，情報を結合させることによって，金型企業とユーザー企業の域内進出を促進し，域内における取引ネットワークの形成を支援する。また，人材や設備といった産業発展のために必要な経営資源を吸引するという点においても金型団地は重要な役割を果たしている[5]。

地方政府の用いるもう1つの間接的な政策手段は，地方の金型工業協会を組織し，それを通して政策目標を誘導することである。地方の業界団体は一般的に地方政府の影響下にあり，地方政府はしばしばそれを産業界につながるパイプ役として政策の実現に活用している。金型協会は政府の関係部局と協力しながら，業界内で情報交換を活発化させ，遊休資源の有効活用を図っている。

たとえば，上海金型協会は上海市政府のサポートを受けて，金型技能教育訓練センターを運営し，人材育成と人材データベースの構築に取り組んでいる。また業界内の設備保有・稼働状況を把握し，企業間で設備使用の融通を促す仕組みとして，金型加工設備ネットワークを立ち上げた。四川省金型協会は省政府の関係部局と共同で金型産業フォーラムを運営し，会員企業のニーズや課題

を集約したり，政策提言を行ったり，さらに近隣地域の金型協会を巻き込んで，地域横断的な産業協力を模索したりしながら産業発展の方向性を誘導している。こうして，政府の金型産業を振興させるという意図が政策の直接的な働きではなく，業界団体という媒介を通して実現されていく形となっている。

中国産業発展の歴史を振り返れば明らかなように，1980年代の四川省を中心とする金型産業振興政策は必ずしも成功したとはいえなかった。外資系企業が華南地域へ進出し始め，さらに華東地域へと数多くの拠点を設立し始めたからである。欧米系，日系，台湾系，シンガポール系などの多数の外資系企業を受け入れたことにより，華南地域や華東地域には膨大な金型需要が発生し，その需要を満たすべく金型産業が急速に発展してきたのである[6]。多様な顧客と取引することにより，華南地域，華東地域の金型産業は技術能力を高めていったと考えられる。

膨大な金型需要と共に，中国金型産業の発展を促したのは，前項でも触れた金型団地の存在である。専業市場の創設という考え方が浸透している中国では，同業種を1つの団地にまとめて，競争力を強化しようとする戦略が採用されている。セットメーカーや部品メーカーがこれまでの産業発展の主体であり，基盤技術を担う企業群，産業の脆弱性が危惧されていたが，後発国，後発地域のキャッチアップ戦略として注目されるようになり，中国各地に設立されたのである。

## 5　日本の産業政策におけるソフトな側面との比較

前節までで見てきたように，日本の経済発展，産業発展に果たした政府の役割が評価されるにつれて，後発国である中国において日本型の産業政策が研究され，一部，導入が試みられてきた。中国の金型産業では，1986年に開始された第7次5ヵ年計画において，初めて「産業政策」という概念が紹介されている（橋田，1997；栗林，1990）。先述したように，日本の金型産業の振興に果たした機振法の役割は非常に大きいと考えられており，その学術的論争はともかくとして，中国政府当局は「産業政策」概念を導入する際に，機振法を参考にしながら国内金型産業を育成しようとしていた。金型産業の育成は，中小企業やサポーティングインダストリーの育成に直結すると共に，後発国にとって

のボトルネック，つまり基盤技術型産業における輸入代替を実現していくことにもなる。

　開始時期の違いはあるにせよ，日中両国の金型産業では，政府による積極的な関与が見られた。四川省には中国初の金型協会が設立されており，改革開放後の中国金型産業の中心の1つであった。成都市や重慶市を含んだ四川省（当時）には，有名な三線建設により重工業の基盤が築かれていた。これは，当時の中国国内における随一の技術基盤があることを意味する。中国政府は，この基盤を起点とした金型産業の振興を狙っていたといえる。

　橋本（2001）は法整備の視点から産業政策の意味合いを検討する中で，「スポンサーなき法律」という概念を提示した。前項で触れたシグナルの効果とこの概念は関連する。それは，特定産業の利益を代弁する業界団体がなく，政策策定の後に，あるいは同時に特定の業界が認識されていくことを指している。日本の金型産業では，機振法が制定された後に精密金型合理化促進懇談会を母体として日本金型工業会が発足した。即ち，業界団体が法律制定後に設立されたことになる。米倉（1993）による産業政策のソフトな側面とは，政策と受益者である民間企業との相互作用を指しているものと思われる。

　栗林（1990）によれば，中国において産業政策概念が導入された背景には，産業間の不均衡発展（特に基盤産業と加工産業との間），需給構造の不均衡，地域間の産業構造の重複，加工産業の発展による輸入増加と外貨準備の不足などが挙げられているという。そして，こうした不均衡を是正するために産業発展政策が導入されたのであり，重点産業を選択する際の基準は，日本に倣って採用されており，それらは所得弾力性の高さ，生産性増加率の高さ，技術進歩と産業高度化の方向，他産業への連関効果などが含まれる。産業政策が導入された1980年代に，金型産業が政策対象として浮上してきたのは，こうした不均衡是正という意図があったと考えられる。

　他方で，松島（1996）が指摘するように，機振法の大きな特徴の1つは，旧通産省の原局と業界団体との密接な関係である。原局が機振法に定められている技術基準を詳細に策定するためには，業界団体，あるいはそれに該当する組織との緊密な情報交換が必要であったと考えられる。業界団体が組織化されていなくても，何らかの形で企業と緊密な連携を図り，情報交換が行われていたことが有効な政策展開に結びついた。

第Ⅰ部　発展の構図

　橋田（1997）によれば，1986年に中国国務院発展研究センターから日本や韓国の産業政策に関する報告書が提出され，翌87年に国家計画委員会内部に「産業政策司」という部署が設立されたという。産業構造政策，産業組織政策，投資政策，技術政策，税収政策，労働賃金政策，内外貿易政策，企業整頓政策などから中国の産業政策は構成されており，日本の産業政策をほぼ踏襲したものである。

　ただし，日中の産業政策に関する概念を比較すると次のような点で違いがみられるという（栗林，1990）。第1に，日本の産業政策では，地域の産業発展という概念は含まれていないのに対して，中国では沿海地区産業発展優遇政策，外資導入優遇政策等のような形で大いに意図されている点である。第2は，産業分野の定義にあり，中国の場合は，第一次産業である農業から交通通信，エネルギーまでを含む広い範囲の産業を想定しているという。

　上記したように，機振法の場合，旧通産省内部の原局が政策実行の主体となっていた。日本では，この原局を中心として審議会や業界団体が組織化されたことにより，より効果的な政策が実行可能となったといえる。中国では，この原局に当たる部署が旧機械工業部であるほかに，先程述べた国家計画委員会内部の「産業政策司」という部署が調整機関に当たっている。ただし，旧機械工業部は国有系の機械製造企業と緊密につながったものの，民間の中小企業を必ずしもまとめ上げていなかった。

　その一方で，各地域，各レベルの地方政府は産業育成において大きな権限と影響力を行使できる点で日本と大いに異なっている。日本の産業政策が旧通産省を中心に形成，実行されてきたのに対して，中国の産業政策は地方政府の意向が強く働いていることに大きな特徴がある。さらに言えば，中国国内の産業発展水準に明らかな地域間差異が認められる。そのため，産業政策がもつ効果にも明らかな差異がみられることになる。

　たとえば，上記したように，昆山の金型実験園区，金型工業団地はすでに歴史的な役割を果たしたと考えられている一方で，大連では金型工業団地の造成と誘致に積極的に取り組んでいる。浙江省の台州市では，地域内のセットメーカーの台頭を受けて，民営企業の創業が非常に活発であり，金型産業内部の過当競争が懸念されていた[7]。そのため，台州市政府は，過当競争を回避するために金型工業団地を設立して，一定規模の民営企業を優遇する措置を講じて

いる。つまり，台州市では，競争力のある金型民営企業を選定，育成していくために金型団地が造成されているのである。

これまでの議論を整理すると次のようになるであろう。まず，日本の金型産業の形成には，産業政策とそれに呼応する企業の存在があった。いわゆる産業政策のソフトな側面が産業形成に大きな影響を与えたということである。その上で，日本の場合は，国のみが政策遂行を担っており，金型産業を含むサポーティングインダストリー，裾野産業の育成は，大企業との取引関係を中心に行われてきた。その結果として，日本各地に「企業城下町」と呼ばれる企業集積が形成されたといえる。地方自治体の誘致主導型の政策もこの流れを助長したと考えられる。

他方で，中国金型産業は，国家統一的な発展を遂げたというよりは各地域独自のパターンがあり，その複線的発展をもたらした要因には企業家精神があったといえよう。米倉（1993）では明示されていなかったが，産業政策のソフトな側面という場合，何らかの形での企業家精神が発揮されているのである。中国の金型産業の場合，それが民営企業，私営企業の勃興という形だけではなく，政府機関までもが，日本の過去の経験からの知識導入，国内の技術基盤の利用という形で旺盛な企業家精神を発揮しているのである。

政策とその効果の多様性をもたらしたのは，繰り返しになるが，民営企業と政府機関の企業家精神であり，その発揮パターンが地域ごとに異なるのである。産業政策のソフトな側面という議論を本章では継承しつつ，「企業家精神」という重要な要素を中国の金型産業の発展過程から見い出した。本来であれば，管理組織になりがちな政府機関に旺盛な企業家精神があり，それらが民営企業の活動と重なって現在の発展がもたらされたといえる。

## 小括

中国金型産業が急速に発展した背景には，日本の歴史的経験に対するベンチマークがあり，産業政策のソフトな側面を少なからず重要視したことがある。日本と顕著に異なる点は，中央政府と地方政府との役割分担である。財政的な裏付けがない中，社会全体に対して金型産業の重要性をシグナルとして送り続けたのが中央政府である。その受け皿として業界団体，金型工業協会が設立され，同組織が業界内部の情報流通の主要な担い手となった。日本の戦後の中小

企業政策では，下請体制にかかわる支払代金問題への対応と共に協同組合の組織化が行われていた（西口，2000）。日本の協同組合組織と同様に，中国の場合でも人材育成や経営資源の相互活用，設備投資に関連した融資の問題などが検討されており，ほぼ類似した機能を果たしている。

　無論，上記したように，海外直接投資の集中による膨大な金型需要を国内だけで供給することができず，輸入や外資系企業に依存している点は，後発国としての側面も依然として残っていることを示している。ただし，地方政府の政策やそれによる金型団地の実態を詳細に調査してみると，自動車，電機産業を取り巻くさまざまなサポーティングインダストリーが整備されつつあり，その一部に金型産業も含まれていることが分かる。華東地域の昆山には，中国で2番目の金型専業団地が建設された。さらに，大連や成都など国内各地に設立された。これらは，域内の情報通信関連のセットメーカーの金型需要を満たすために設立されたものであり，メッセンジャーとしての中央政府，実働部隊としての地方政府という両輪が上手く機能することにより，中国全体の裾野産業の整備が進んでいる。

　一方で，金型企業の技術能力という観点からは，問題点も多いといえる。第10章で取り上げるように，セットメーカーや部品メーカーとの協同，研究開発活動の協働化により，金型メーカーは能力を向上させていく傾向があり，金型専業団地はその連携，取引関係を断ち切る要因になりかねない。これは，日中両国のサプライヤーシステム，研究開発システムのあり方と深くかかわる点でもある。

　中国の金型産業の発展を考える上で，政策と共に重要であると考えられるのが技術の吸収パターンである。日本の場合，国内のセットメーカー，部品メーカーとの協同による技術吸収，ノウハウ獲得が重要であったのに対して，中国の場合，旧ソ連の金型技術，機械加工技術をベースとしながらも，改革開放以降は，外資系企業，多国籍企業との取引による技術吸収が見られる。グローバル化が進む中での技術能力向上が目指されている。日本企業，台湾企業，欧米企業との取引から始まり，その後，中国企業の台頭により国内企業同士の取引関係が成立しつつある。

　さらに，外資系企業の進出，中国企業の台頭による爆発的な需要増加が，中国金型産業には見られる。日本においても高度経済成長期に金型需要の爆発的

な増加が見られたが，基本的には自国内において供給体制を構築してきた。中国では，金型の輸出や輸入が産業形成の早い段階で見られることも大きな特徴であろう。金型メーカーがどのように市場と連結していくのか，顧客を開拓していくのかといった点で日本と中国では大きく異なるといえる。ミクロ的側面では企業間関係（サプライヤーシステム，研究開発システム），マクロ的側面では貿易構造や政府の専業重視政策などによりこうした差異はもたらされていると考えられる。

　最後に，民営企業の位置づけを明確化していくことが求められる。民営企業は華南地域を中心に数多く設立されており，従来の旧国営，国有企業のように政府との関係が構築されておらず，統制が利かないことが推測される。いずれの論点も本章以降の各章の議論と密接に関連している。詳しい議論はそちらに譲り，本章ではその問題提起のみにとどめることとする。

（行本勢基）

注
1　既に明らかなように，松島（2004）や米倉（1993）は，こうした旧通産省の戦略性とその意義を重視する立場をとっている。
2　たとえば，李（2009.: p. 75）によれば，1980年代末から第一汽車製造集団（FAW）は金型工場を分社化させ，また同じ時期に，FAW の金型工場や機械加工部門からスピンアウトした技術者による金型創業が長春地域で現れ始めた。
3　筆者らは2006年2月に浙江省の余姚と台州の二大金型産業集積に対してフィールド調査を実施した。
4　政策提言の最たる例は1986年にまとめられた「金型工業の振興に関する報告書」である。また政策適用の促進に関しては，たとえば，1997年から金型専門企業に対して付加価値税の一部還付という税制優遇策を実施しているが，協会は政策の周知徹底と申請喚起に努めている。具体的には前編の関連記述を参照されたい。
5　中国各地の金型産業集積の生成・発展と取引ネットワーク形成は金型団地造成の間接的効果のみに帰することができない。最も重要なファクターは市場の広がり（ユーザー産業の発展）と金型に関する産業的，技術的基盤の存在であり，また取引ネットワーク形成のための企業戦略であることに注意しておきたい。これらの点に関する検討は李（2007, 2008, 2009）を参照されたい。
6　李（2007）はこうした需要主導型の産業発展を詳しく論じている。上海・蘇州地域の金型産業を事例としながら，「多様性」と「市場主導」というキーワードに基づき産業発展過程を分析している。

第Ⅰ部　発展の構図

7　浙江省台州市の民営企業の生成と発展について，詳しくは行本（2007）を参照。

**参考文献**
伊藤元重・奥野正寛・清野一治・鈴村興太郎（1988）『産業政策の経済分析』。
尾高煌之助（1996）「機振法と自動車部品─高度成長期直前における産業政策の経済的効果について─」『経済研究』第47巻第4号，一橋大学経済研究所。
栗林純夫（1990）「中国の産業政策」藤森英男編『アジア諸国の産業政策』第8章所収，アジア経済研究所。
小宮隆太郎（1984）『日本の産業政策』。
中国金型工業協会編（2004）「"十一五"振興模具工業的途経与対策」。
中国模具工業協会（2004）『中国模具工業年鑑2004』。
永池克明（2004）「産業政策に見る官と民の関係─日本の経験を通した中国へのインプリケーション─」『経済学研究』第70巻第4・5合併号，九州大学経済学部紀要。
西口敏宏（2000）『戦略的アウトソーシングの進化』東京大学出版会。
日本金型工業会（1987）『創立30年のあゆみ』。
橋田　坦（1997）「中国における産業政策の展開」『東北大学大学院　国際文化研究科論集』第5号，東北大学大学院国際文化研究科。
橋本寿朗（2001）『戦後日本経済の成長構造』有斐閣。
藤森英男（1990）「アジア諸国における産業政策の意義」　藤森英男編『アジア諸国の産業政策』第1章所収，アジア経済研究所。
マイケル・ポーター/竹内（2000）『日本の競争戦略』。
マイケル・L・ダートウゾス・リチャード・K・レスター・ロバート・M・ソロー，依田直也訳（1990）『Made in America アメリカ再生のための米日欧産業比較』草思社。
松島　茂（2004）「「機械工業振興臨時措置法」の成立のプロセスと制度能力」黒岩郁雄編『国家の制度能力と産業政策』第2章所収，アジア経済研究所。
松島　茂（1996）「産業政策と産業合理化運動」『ビジネス　レビュー』第44巻1号，一橋大学イノベーション研究センター。
松島　茂（1998）「中小企業政策史序説─中小企業庁の設立を中心に─」『社会科学研究』第50巻1号，東京大学社会科学研究所。
行本勢基（2007）「中国金型産業における民営企業の生成と発展プロセス─浙江省余姚市・台州市の事例─」『国際経営・システム科学研究』第38号，早稲田大学アジア太平洋研究センター。
米倉誠一郎（1993）「政府と企業のダイナミクス：産業政策のソフトな側面─機械工業振興臨時措置法の金型工業に与えた影響から─」『一橋大学研究年報　商学研究』33号，一橋大学。
李瑞雪（2009）「中国金型産業集積の市場連結メカニズムと金型企業の市場戦略─地域間比較分析を中心に─」『組織科学』第42巻第3号。
李瑞雪（2007）「上海・蘇州地域における金型産業─多様性と市場主導─」『世界経済評

論』第625号,社団法人世界経済研究協会。
李瑞雪・行本勢基（2007）「中国金型産業の発展と産業政策（前編）」『富大経済論集』第53巻第1号,富山大学経済学部。
劉国光・張卓元・董志凱・武力（2006）『中国十個五年計画研究報告』,人民出版社。

# 第3章　市場と組織の相互作用—産業発展と市場組織化—

## はじめに

　資本主義経済社会の特徴を現すために，しばしば市場原理，市場機構・価格機構という概念が用いられる。こうした市場原理，市場機構・価格機構が働くためには，市場という存在が前提される。

　他方，市場を前提にしながらも，市場とは異なる存在として，人間が意図的に作り出したものが企業組織である。産業化の進展に伴って，この企業組織が市場を動かす主体としての重要性を高めてきた。企業経営を考える上で市場との関連の解明が欠かせなければ，市場の発展を考える上でも企業との関連の解明が欠かせない。その意味で，市場と組織の相互作用が常に起っているといえる。

　また，結果物としての組織ではなく，そのプロセスに着目して，組織の要素を意図的に市場に浸透させていくプロセスを組織化と定義すれば，市場の組織化も常に行われていることになる。こうした発想から描いてみた概念図が図3－1である。

　この図に従って，もう少し説明をつけ加えておこう。この図3－1の"↑"の矢印は，市場の組織化の方向を表す。そして，円の中心に近ければ近いほど，組織化がより進んでいることを，逆に，円の中心から遠く，周辺にいけばいくほど，組織化の度合いが低いことを，それぞれ現している。従って，円の中心部に企業組織があり，そこから遠くなればなるほど，組織性が低い，つまり，より組織化されていない市場が現れ，円の最も周辺の部分は，経済学の教科書によく登場する自由市場がおかれる。

　このように考えると，いくつかの点が分かってくる。まず，市場は，組織化

第3章 市場と組織の相互作用―産業発展と市場組織化―

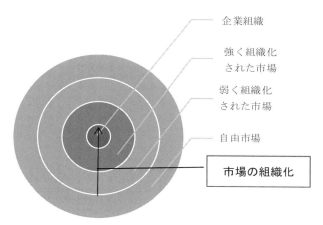

図3-1　市場の組織化の概念図

の度合いによる多様なスペクトラムからなる．また，すでに述べたように，本章で定義している組織化とはプロセスであるため，こうしたスペクトラム構造が常に変化していることも想定できる．

　さらに，市場と組織が相互作用し，なおかつ，こうした相互作用の仕方が常に変化していることが考えられる．もう少し具体的に断っておけば，各経済社会や地域，各時代には，それぞれ市場と組織の固有の相互作用の仕方やその変化の仕方をもっているということができる．従って，市場の要素と組織の要素がどのように表れて，両者がどのように絡み合っているかを明らかにすることが，各社会や各時代の特徴やその変化を理解する鍵になるということができる．本章は，こうした視点に立って，中国の金型産業を分析する[1]．

　本章は2つの部分から構成される．第1節では，中国東北部の金型産業において市場の発展および市場の組織化の現象を分析することによって，同地域の市場と組織の相互作用を解明する．第2節では，華東地域を対象にして同じ分析を行う．

## 1　中国東北部の金型市場の発展と組織化

　総じて，中国東北部は，資本主義的な市場の発展が遅れている．しかし，同地域は，最近になって，資本主義への急速な移行を経験している．それまで同

41

地域の変化が小さかっただけに，近年の金型産業の変化も短期間に集中的に現れている。従って，同地域の金型産業の分析は，資本主義市場経済のスタートが遅く，なおかつ，最近の変化が極めて著しい地域において，市場と組織がどのように相互作用しているかを観察できるという意義がある。

そこで，本節では，同地域の金型産業における市場の発展の様相・内容を明らかにした上で，こうした金型市場が組織原理とどのように相互作用しているかを市場の組織化を中心に見ていくことにする。

### (1) 市場の発展

**需要の増大と多様化**

長春では，同地域の特徴が金型市場の発展を妨げる面がある。まず，金型の供給面で，第一汽車という大手国営自動車企業が組織の中に多くの活動を抱えて，この大組織の外では，他組織の活動領域が相対的に狭く抑えられていた。また，第一汽車グループとその外の中小企業との関係を見ても，市場の要素は弱く，民間中小企業の活力が乏しかった。

金型の需要面においても，市場の拡大を妨げる要素があった。まず，第一汽車は，長年トラックなど商用車の生産に特化しており[2]，商用車部品の生産のための金型への精度要求水準は，乗用車部品用のそれより低かった。そのため，第一汽車が乗用車の生産を増やそうとした際，地域内にそれに対応できる中小金型企業は育っていなかった。それに，金型の大手需要家としての第一汽車の影響で，長春地域の金型需要分野は自動車に集中，多様な需要分野は現れなかった。つまり，金型の需要構成において偏りがあった。

長春と違って，大連の場合は，より多様な需要分野が存在する。日系企業をはじめ，外資系企業がこの地域に集積していることが，金型需要の多様化および需要の伸張に寄与している。特に，大連では，こうした外資系需要家が要求する金型の品質水準が高いため，需要の質的な面での多様化も進んでいる。

実は，長春の場合も，最近，需要の質的な多様化が徐々に進んでいる。例えば，市場セグメントごとに自動車用金型の精度要求水準がかなり多様になっている。大雑把には，外資系自動車メーカーの乗用車向け，一汽製造集団の乗用車向け，同集団の商用車向けの3つに分けることができるが，細かく分ければ，もっと多い市場セグメントが存在する。さらに，同じ需要家向けの場合に

も，精度要求が高い箇所もあれば，そうでない箇所もある。

　大連だけでなく，長春においても，外資系自動車メーカー，そして，乗用車の需要が加わることによって，金型市場の多様化が急速に進んでいるのである。

**供給者の成長**

　需要の成長に伴って，東北部の金型企業が増加し，供給者が成長している。市場発展のもう1つの軸である供給が増えているのである。

　長春においては，第一汽車グループの金型分社が生産量を増やし，グループ外への外販を拡大している。組織内取引より市場での取引が速く伸びているといえる。たとえば，一汽鋳造模具は，金型生産の中での外販の割合が6割（鋳物部品の加工を含む）にも達している。同社が外資系自動車メーカーに金型を外販する際，同社の高い知名度のため，外資系需要家が先にアプローチをしてくるケースが多い。

　一汽グループの商用車向けの金型を生産する中小企業も多く叢生してきた。1990年代初めまで，第一汽車はもっぱら商用車生産を行っていたが，その後，全国的な乗用車需要の拡大に刺激され，乗用車生産の比重を高める戦略に転じた。よって，同社は，商用車向け部品・金型などに注ぐエネルギーを相対的に減らした。その結果，商用車向け金型の市場にも，中小企業が新規参入する余地が生じた。一汽グループの外の中小企業との取引がそれまで一汽グループ内の取引にとどまっていた部分にとって代わる形で，市場が成長したのである。

　反面，大連の金型市場では，多様な需要の増加がただちに供給増加に結びつかず，需給のミスマッチが大きい。たとえば，我々の調査時点で大連の金型需要のうち，同地域内で活動する金型企業によって供給される分は，約1/3強にすぎないとされる。逆に，需要の2/3が，海外からの輸入か，中国他地域からの移入によって満たされており，特に，輸入が需要の半分近くを占めている。

　ただし，大連地域内の金型生産が増加していることは間違いない。同地域の金型生産の主体は，第1に，新たに創業された民間企業，第2に，他地域に本社をおく子会社，第3に，日系企業の現地子会社の3つに大別できる。

　こうした日系金型企業等の輸出も少なくない。たとえば，大連大顕高木模具は，輸出比率が50％にも達しており，大連誉銘精密模具は，売上高の3～4割

を日本向け輸出に充てている。大連鴻圓精密模塑も，売上高の25％を日本などに輸出している3)。

このように，大連においては，金型の需要と供給の両方が伸びる中で，輸入と輸出も増えている。同地域では，金型の市場が量的に成長する中で，需給のミスマッチも拡大再生産されているということができよう。

**競争の激化：市場原理の強化**

需給の量的な拡大の中で，販売拡大をめぐる金型企業間の競争も激しくなっており，その限りで，市場原理がより強く働いている。

長春の金型企業は，第一汽車以外の需要家，たとえば，外資系自動車メーカーへの販売拡大を図っているが，こうした販売拡大をめぐって他地域の金型企業との競争がより重要になりつつある。つまり，外資系需要家の部品・金型調達方針の変更が金型企業間の競争を扇いだ。

すでに断ったように，一汽グループの分社金型企業が外販を増やしているが，これは，一汽本体が金型調達において市場の要素を導入したことへの対応であるとみることもできる。国営の金型需要企業の金型調達行動に市場原理がより多く導入されていることが示される。

大連においても，金型企業間の競争が本格化している。殊に，金型企業数の約2/3が日系企業であり，大連経済技術開発区には日系金型企業がひしめき4)，販売拡大のための競争を繰り広げている。

金型メーカーにとって取引の拡大は決して容易ではない。たとえば，中小金型メーカーが新たに大手自動車メーカーと取引関係を作ることは不可能に近いといわれる。それゆえ，金型企業が販売先を拡大するためには，努力の積み重ねが必要である。たとえば，大連誉銘精密模具は，当初金型のメンテナンス業務を受注することから始めて，信頼を積み重ねることによって，金型単品の受注に成功した。さらに，こうした金型単品の納入を積み重ねることによって，フルセットで金型を受注できるようになった。大連鴻圓精密模塑も，創業当初，金型のメンテナンス事業に集中し，同事業で需要家からの一定の評価を得て，成形メーカーから金型の受注を受けるようになった。長春地域の民間金型企業も，第一汽車以外の企業，たとえば，第二汽車，VW，マツダなどの大手自動車メーカーからは，最初は，修理事業を受注した。

つまり，当初は金型の補修業務や単品の小型金型などの受注を始めて，こうした経験によって技術を磨くとともに，ユーザー企業の商慣行に慣れていったのである。

また，販売先の拡大は，金型企業自身の売り込みだけでは成し遂げられない。すなわち，新規の受注獲得のためには，金型企業の経営者が各種の展示会や交流会などに積極的に参加することも重要であるものの，誰かに販売先を紹介してもらうことが販売先拡大の重要な契機になるケースが多い。こうして，成長を成し遂げている金型企業が大連で増えており，その中で競争も激化している。

**国有企業の変化による市場発展**

長春は，自動車城下町として未だに国有企業比率が高く，重工業の国有企業に組み込まれる形で金型にかかわる産業基盤，技術基盤が蓄積されていたが，国有企業の地盤沈下に伴って同地域の金型産業も衰退感をみせた。

このような状況の中で，同地域の金型市場が発展するためには，国有企業を代替する新たな主体として民間企業が浮上するか，それとも，既存の国有企業が大幅な体質変化を成し遂げるしかないが，長春は後者の道を辿ってきた。既存の国営企業の改革によって，金型市場の発展が図られているのである。

まず，需要家の一汽製造グループは，1980年代末以降，金型，部品，工具などの製造部門を分社化してきたものの，一汽グループ内の金型取引では，供給者に甘えが発生する誘因が常に存在していた。

こうした問題に対応して，最近，一汽製造は，金型の調達に際して，競争原理を強化している。つまり，基本的には安いところに発注しており，そのため，他地域の金型メーカーなど一汽グループ外部の企業が入札に参加するケースも増えている。要するに，大手国有企業の金型需要家と供給者の両方に市場の要素が入り込んでいるのである。

さらに，長春地域の国有中小金型企業も，需要が変化し，競争が激しさを増している中で，組織改革に本腰を入れている。具体的に，経営に市場原理を取り入れて，過剰と判断した人員を大幅に解雇するとともに，設備の拡充などによって製品の品質水準の向上を図っている[5]。

東北部の金型市場の発展は，需要の伸張と多様化に触発された供給者数・供

給能力の増加，競争の激化と国有企業の変化，紹介をいかす供給者の努力の積み重ね等を伴うプロセスであるということが分かる。

## （2） 市場の組織化：組織と市場の相互作用

他方，市場の発展に伴って市場の組織化の余地も広まった。実際に，中国東北部の金型産業においても，さまざまな組織化の試みが現れた。順を追って，こうした市場の組織化を中心に，同地域における市場と組織の相互作用について考察しておこう。

### 取引の組織化

重要な需要家との取引時に，金型の供給者と需要家間に緊密な情報交換・協力が行われるが，これは市場の組織化の試みということができる。

もちろん，両者間の協力や情報交換が行われることだけで，それを市場の組織化というには無理がある。しかし，契約に基づく1回限りの取引活動に止まらず，意図的に両者の関係をより濃密にすることによってドライな市場関係とは異質的な関係を作っているという意味で，中国の金型取引において，市場の組織化の現象を見い出すことができる。

たとえば自動車用金型は多様である。こうした多様な需要に，最初から供給者の対応が十分に行われるとは言いがたい。需要家からのクレームが発生することが日常茶飯事である。長春一汽製造の例でみれば，同社は自動車用金型の検査に力を注いでおり，同社の技術者がチェックリストをもって年2～3回のペースで定期的に金型企業をチェックしている。

金型の品質上のクレームの理由として最も多いのは，需要家のニーズを正確に理解していないことによるものである。クレームが発生した場合，一汽製造の場合，技術者が金型企業に行って，金型企業の担当者と一緒に対応している。

クレームを未然に防止するためには，金型の供給者にとって，需要家との間に濃密なコミュニケーションをとることが大事になる。つまり，金型の供給者と需要家の間には頻繁な情報交換を行って，需要家のニーズを正確に把握することが，品質上の問題を軽減させ，良い金型をつくるための鍵になる。

金型の新規性が高い場合，金型の設計段階から，需要家と供給者の協力が密

接になる。たとえば，製品図面と金型図面の突き合わせ，構造方案などの詰めを行うために需要企業の設計者が金型企業に来ることもある。

金型供給者によって作られた金型は，需要家に納入される前に，プレス機械を使って試し打ちされる。とりわけ，鋳造用金型では，需要家に納品されてから，需要家のサイトでも同じ試し打ちが行われるが，その際には，金型企業の技術者と需要企業の技術者が一緒に鋳造を試す。もし，金型が需要家の要求を満たせなかった場合，需要家とすり合わせながら繰り返しトライして少しずつ解決していく。

さらに，需要家との情報交換は，受注した金型の製造局面に限らず，日常的に行われる。取引にかかわる用事がなくても，需要企業の技術者が金型企業を訪問することが多いなど，両社の担当者は，友達の感覚で付き合っていたとされる。

金型メーカーは，外資系需要家や海外金型メーカーとも情報交換を行っている。たとえば，長春の一汽模具製造は，外資系自動車メーカーや海外金型メーカーからの人が駐在できる部屋を設けている。たとえば，上海VW，ドイツ系の金型メーカーのミュラー・ヴァインガルテン，イタリア系金型メーカーのフォンタナ，ダイハツなどからの人が駐在する部屋が設けられている。ここに駐在する人達は，一汽模具製造の工場に入り，同社の従業員と一緒になって作業を行うとされる。

大連の事例からも，金型企業と需要家の協力・情報交換が観察される。たとえば，金型の需要企業が新製品や新機種を投入するとき，3次元データをベースに性能保証，構造保証，生産可能性を検討した上で，製品図を準備し，金型企業や成形メーカーがチームを組んで[6]検討会を行う。これを受けて，金型企業が金型図面を起こしており，この金型図面についてはこのチームが繰り返し検討や修正を加える。最後の仕上げ時にも金型企業とユーザーや成形メーカーとのすり合わせ作業が行われる。

また，需要家との取引関係を維持するために，金型企業は，金型のメンテナンス事業を続けている。一般的に，1つのモデル製品を生産するに，金型を100万ショット以上打つため，金型が頻繁に磨耗する。よって，需要家との取引関係を維持・拡大するためには，新たな金型の販売だけでなく，磨耗した金型を需要家から引き受けてメンテナンスする作業も欠かせない。特定需要家と

の関係を維持するための市場組織化の例である。

　市場の組織化の一側面としての取引の組織は，金型に限らない。金型材料，金型部品の取引においても，取引の組織化がみられる。こうした金型の材料，部品の組織化には，金型需要家が主導権を握っていることが特徴的である。さらに，取引の主体である金型材料企業，金型部品企業には，中国東北部という特定地域の企業に限らず，海外企業も含まれる。空間的により広い地域を巻き込んで，金型の材料・部品の市場組織化が現れているのである。

**兼業化：市場の組織化の極端な形態**

　長春においては，金型事業とその需要事業の部品加工の両方を手がけている企業が多い。

　こうした兼業金型企業になる経路は多様である。たとえば，元々金型の需要家が金型事業まで内製化したケース，金型専業としてスタートしてその需要事業にまで多角化したケース，元々両事業からスタートした企業などがある。

　一汽製造グループは，元々金型需要家の立場から金型事業まで内製化した例で，上記の第1のケースに当たる。現在は，金型事業を分社化しているものの，基本的に同事業をグループ内においている点では変わらない。

　商用車向け金型を主力とする中小金型企業の中にも，兼業企業が多い。これらの企業の多くは，金型事業だけでは，採算維持が難しかったため，成形加工など金型の需要事業を手がけた。これが第2のケースである。

　こうした内製化を，市場と組織の関連という角度から解釈すると，本来なら市場で行われていた活動が1つの組織内に取り入れられているという意味では，市場の組織化の極端な形態であるといえる[7]。すなわち，分業が発展すると，金型事業とその需要事業を別々の経済主体が担って，価格機構がこれらの経済主体間を結びつけるという形になったはずである。しかし，複数の経済主体の機能を，また，複数の経済主体間の取引関係を，ある1つの経済主体が組織の中に取り入れている。

　このように考えると，兼業の金型企業が多いということは，市場の組織化が進んでいることを示すということができる。このような兼業の金型企業は，社内取引関係が長期にわたる可能性が高いという意味でも，市場の組織化の特徴を現す。

反面，専業の金型企業は，最終需要家への販売のために，成形業者やめっき業者，部品商社などと取引を行う。こうした取引は，社内取引より，市場取引，あるいは，スポット取引になりやすい[8]。つまり，市場の組織化の余地が狭い[9]。

**外資系金型企業の市場組織化**

同地域に進出している外資系金型企業は，当初から特定の需要家への販売を狙うケースが多く，新たに現地の販売先を開拓することが容易でない。特に，中国現地の金型ユーザーは低コスト指向が強いため，外資系金型企業にとって取引の収益性も低い。

それに対応して外資系金型企業は，本国の本社の単純な生産委託先としての性格を強めるか，比較的高精度の金型を要求し，なおかつ収益性も確保できる少数の外資系需要家との取引関係強化を図る。いずれも，市場の組織化の試みである。

このように中国東北部に進出した外資系企業が市場の組織化を図った結果，輸出が増加しており，こうした輸出増加は，当初から意図した結果というより，市場の組織化が生み出した意図せざる結果であると解釈できる。

他方，中国への進出に極めて慎重であった欧米の金型メーカーが，最近，長春への本格的な進出を検討しているとされる。すでに長春に進出していた欧米系の自動車メーカーは，それまで，主として，金型を輸入してきたが，徐々に現地調達への転換を図っており，それに伴って，海外金型企業も，金型需要が急速に増えている長春地域に生産拠点を設ける必要性があると判断している。

こうした判断には，中国ローカルの工作機械メーカーの技術水準向上も影響している。かつて海外金型企業が現地で金型を作りたくても，工作機械の精度が足りなく，現地に進出することができなかったとされる。工作機械産業のような金型関連産業の発展が欧米からの金型企業の参入を呼び起こす機能を果たしているのである。欧米の金型企業にとって，金型の関連産業を含めた市場の組織化の可能性程度が，現地への進出の踏み切るかどうかを決める重要な要因になっているといえる。

**需要家に合わせた対応差別化**

　金型企業が多様な需要家の要求水準にいかに対応するかは，市場の組織化のもう1つの重要な側面を現している。

　長春の例を挙げておこう。長春の金型企業は，需要家の要求水準に合わせて，製品の製造にかける手間，あるいは，コストに手加減をして，それに従って，納入価格も調整している。

　総じていえば，長春のローカル需要家の精度要求が低く，外資系需要家の精度要求が高い。さらに，外資系の中で，最も精度要求が厳しいのが日系企業であり，ドイツ系企業の精度要求が相対的に低いといわれる[10]。

　金型の要求精度が高い場合，たとえば，需要家が半径0.05mm以下の加工精度を要求したり，穴の間隔について厳しい要求をしてくる場合[11]，これらの需要家向けには，全体工数の約1/3も占める磨き工程がさらに長くなり，その分，金型企業は，納入価格を高く設定している。逆に，それほど高くない精度が要求される金型は，磨き工程にさほど時間をかけず，工数をかけない分，価格を下げて出荷する。

　要求精度に従って工数を調整し，工数に従って価格を設定するという金型企業の行動は，市場原理，あるいは価格機構に従いながらも，多様な要求精度水準に合わせて意図的に製造コストを調整しているという意味で，市場の組織化の一例であるということができる。

## 2　華東の金型市場の発展と組織化

　周知のように，長江デルタと珠江デルタは重要な金型生産地域である。前者は華東地域であり，後者は華南地域である。本章では，華東地域を取り上げ，金型市場の発展と同市場の組織化を検討する。

### （1）市場の発展

**金型需要の伸張と他省からの移入**

　1990年代半ば以降，上海では，自動車や半導体，蘇州・昆山では家電，情報通信機器，一般機械などの産業が急速に伸び続け，金型需要の増加が著しかった。華東地域の中でも，金型需要がそれほど伸びていない浙江省と対照的であ

る。

　このように，上海・蘇州地域において，短期間に金型需要が急速に増加したため，地域内の既存金型企業だけでは量的にも質的にも対応できず，需給間のミスマッチが大きかった。こうした需給ギャップのため，外資系需要企業は本国からの金型輸入を多く行った。

　需給ギャップは，輸入以外に，他地域からの移入によっても賄われた。その代表的な地域が浙江省であり，1990年代半ばに，浙江省の金型企業は，家電，自動車，オートバイ，ミシン，機械などの需要家への販売を拡大した。これが，浙江省の台州，余姚などの金型企業や金型集積地を成長させた。浙江省には，上海周辺の外資需要家との取引により急成長している金型企業が少なくない。つまり，ある地域の需要伸張が他地域の供給者を育てるという地域をまたがった金型市場の発展が見られたのである。

**供給者の参入増加**

　需給ギャップをビジネスチャンスとして捉え，生産拠点を移してくるか，新たに創業された金型企業も頻出した。

　第1に，中国の他省からの参入企業が多かった。浙江省の金型企業は，移出を行っただけでなく，直接上海・蘇州に生産拠点を移してきた。なかには，深圳，東莞など華南から流れてくる金型企業も少なくなかった。相対的に金型産業の発展が遅れている省からの進出もあった。

　第2に，日本，台湾，香港から進出してきた外資系金型企業もある。上海・蘇州の金型需要が，持続的に拡大する中で，外資系金型企業のもつ高度な技術力のニーズも高まり，これら外資系企業にとって潜在的な取引機会が広がったからである。なかには，上海に直接製造拠点をもつ企業もあれば，営業拠点だけを設ける企業もある。

　ただ，これらの外資系金型企業は，現地進出した当時，ターゲットにしていた需要先に限らず，異なる需要先にまで販売を拡大している。

　さらに，中国進出を勧めた需要企業との取引が現地進出当初から絶たれて，まったく別の販売先を開拓せざるを得なかった金型企業もある。

　第3に，同地域内で創業した金型企業である。金型企業家についての詳細は第11章で分析するが，上海・蘇州に外資系企業の進出が多いだけに，創業した

企業の取引先は外資系企業が多い。また，他の組織に勤めていた人による創業も少なからず，その場合，前に勤めていた企業の需要を奪う形でビジネスを展開するケースもある。

　こうした金型企業の進出および創業によって，需給ギャップのかなりの部分が埋まりつつある。事実，金型企業の地理的な分布はユーザー産業の集積地とかなり整合的である。市場の発展が需給のマッチを高める形で進められているのである。

### 関連産業の発展

　金型市場の発展は，金型の関連産業の発展を伴う。特に，浙江省や上海などの長江デルタ地域においては，長春に比べて金型関連産業が発達している。そのためこれらの関連産業間の細かい分業も進んでおり，これが同地域の金型企業のコスト競争力の優位を支えている。金型の関連産業の発展が金型市場の発展を促しているのである。

## （2）市場の組織化：組織と市場の相互作用

### 需要家との協力

　長江デルタ地域においても，金型企業は有力な需要先との取引を開拓し，この需要先と緊密な情報交換を行っている。たとえば，同地域の金型企業は，有力な需要家向けの金型製造を開始すると，毎週需要家の品質保証部において進捗報告会を行うが，その際，金型企業の担当者は金型の写真や工程表などを用いて需要家に進捗状況を説明している。需要企業のスタッフが金型企業の生産現場を訪問する場合もあり，金型が需要企業に納品されるまで毎日のように何らかのコミュニケーションが行われている。

　それに，新たな用途の金型市場に参入する際，金型企業は試行錯誤を繰り返すが，その過程で，需要企業がさまざまな指導や協力を行っている。とりわけ，問題が発生したとき，その原因がどこにあるか，どうすれば解決できるか等について，需要企業が指導しているという。

　こうした需要家とのコミュニケーションという市場の組織化の行動によって，完全に市場取引に任せたときに起こりうる問題点を補完している。

　さらに，需要家との関係は，金型企業の技術やノウハウの蓄積，向上に大き

く貢献している。特に，需要企業の製品設計者，生産技術者の技術能力は金型の生産，工程管理，設計に大きな影響を与えており，取引している金型企業の技術能力の向上に貢献している。

工作機械の導入，利用をめぐっても，金型企業と工作機械企業間の情報交換が行われており，とりわけ，工作機械企業が同地域のローカル金型企業にとって技術や技能のソースの提供者としての役割を果たしている。

また，東北部と同じく，長江デルタにおいても，金型の取引の組織化だけでなく，金型材料の取引の組織化も図られている。金型材料の調達時には，鋼材のコストと品質，大きさ，寸法などが考慮されるが，最終的には，金型ユーザー企業の製品図面に規定されるケースが多い。とりわけ，東北部と同様に，金型材料は金型需要家があらかじめ指定する場合が多い。

### 意図された企業間分業

すでに断ったように，長江デルタには金型の関連産業が整っているが，これは，企業間の分業を作り出すための意図的な努力の産物ではない。しかし，関連産業が整うと，意図した企業間分業の発展という市場の組織化が進んだ。つまり，関連産業の発展の上で，金型各社が意図的に企業間分業を活用しており，なおかつ，関連企業も意図的に相互協力を図っている点で，市場の組織化が進んでいるということできる。

まず，上海周辺では，金属加工の分業ネットワークが形成されている。分業ネットワークを活用して金型を製作することが可能になっているのである。

こうした金属加工の分業ネットワークは，この地域の金型産業の発展に大きな柔軟性を与えており，最近，海外の金型企業の中には，営業と設計部門のみで上海へ進出するという形態がみられる。浙江省においても，金属加工の分業ネットワークが働いている。

こうした意図した分業が順調に機能するためには商社の役割も大きいが，実際に商社の活動も活発である。

### 金型需要家の金型内製化：市場の組織化の極端な形態

域内で金型調達が困難な状況にあるため，上海地域の日系金型需要家が，金型事業を内製化している動きも現れている。

浙江省の金型産業においては，長春と同じく，社内に金型の需要部門をもつ兼業金型企業が多い。つまり，金型そのものを売るだけでなく，自社の金型を使って成形部品を製造して，その部品を外販する企業が少なくない。

こうした金型内製化も，本来なら市場を通じて行われるはずの活動を組織内に取り入れているという意味で，市場の組織化の極端な形態であるといえる[12]。

**需要家に合わせた対応差別化**

前述したように長春の金型企業は，要求精度に合わせて工数を調整し，その工数に従って価格を設定することによって，需要家ごとに対応を差別化しているが，浙江省の金型企業も，類似した対応をとっている。

市場原理に規定されながらも，多様な要求品質水準に合わせて意図的に製造コストを調整するという意味での市場の組織化が，東北部だけでなく，華東地域の金型企業において現れているのである。

ただし，金型の精度と納期の間にトレードオフ関係にも表れ，とりわけ，中国ローカル金型企業にこうした現象がみられる。たとえば，日系金型企業は納期の遵守率が高いのに対して，中国企業では製品設計者，技術者の見通しが甘いこともあり，納期に遅れる場合が多く，無理やりに納期を守ろうとする結果，金型の精度が低くなる。

つまり，納期との兼ね合いで，一部の金型企業が需要家の要求品質水準に合わせないという現象も現れているのである。

## おわりに

東北部での金型市場の発展は，需要の伸張と供給者・供給能力の増加，競争の激化，国有企業の改革や成長，積み上げ的な努力や紹介などを伴うプロセスであるということができよう。

華東地域の金型市場は，需要増加に触発された需給ギャップをビジネスチャンスとして捉えた，他地域の金型企業の参入と新企業の創業によって，拡大の一途を辿ってきた。こうした金型企業の進出および創業によって，需給ギャップのかなりの部分が埋まりつつあり，なおかつ，金型の関連産業も発展してき

た。市場が発展するに伴って市場の組織化の余地も広がり，実際に市場の組織化の試みが多く観察される。

　東北部では，まず，重要な需要家との取引時に，金型の供給者と需要家間に緊密な情報交換・協力を行う，など金型の取引をめぐる市場の組織化が見られる。さらに，取引の組織化は，金型に限らず，金型材料，金型部品の取引にまで広がっている。こうした取引の組織化が，金型企業の技術やノウハウの蓄積・向上に大きく貢献している。

　特に，長春においては，金型事業とその需要事業の両方を手がけて兼業の形をとっている金型企業が多く，これは，本来なら市場で行われていた活動が1つの組織内に取り入れられているという意味で，市場の組織化の極端な形態であるといえる。

　外資系金型企業は，現地需要家とのミスマッチのため，市場の組織化の誘因を強くもっており，現実では，本国本社の単純な生産委託先としての性格を強めるか，現地に進出した少数の外資系需要家との取引関係を強化する形で市場の組織化を進めている。

　それに，金型企業が多様な需要家の精度要求水準に合わせる方式にも，市場の組織化の側面がみられる。

　他方，華東の金型市場の組織化をみれば，金型関連産業の発展水準や分業の発展水準，商社の役割の度合いなど，いくつか東北部との相違点が見られるものの，共通点が圧倒的に多い。各地域の多様な状況にもかかわらず，市場の組織化に多くの共通点が見られる。なぜこうした共通点が現れるかの解明は別の論考に譲ることにして，差し当たり，ここでは金型市場の組織化という角度から見られる各地域の共通点を整理しておこう。

　第1に，金型企業が有力な需要家と緊密な情報交換を行い，それによって，技術を蓄積してきたという共通点がある。第2に，金型だけでなく，材料や金型部品の取引の組織化も図られ，こうした組織化を主導しているのは金型需要家である。第3に，金型企業を含めて，金型関連企業が意図的に企業間分業を活用して，相互協力を図っている。第4に，金型事業とその需要事業の両方を手掛ける形で市場の組織化も多くみられる。第5に，需要家からの要求精度に合わせて工数を調整し，その工数に従って価格を設定するという方式で，需要家ごとに対応を差別化している。市場原理に規定されながらも，多様な要求品

第Ⅰ部　発展の構図

質水準に合わせて意図的に製造コストを調整するという意味で，これも，各地域に共通にみられる市場の組織化の行動であるということができる。

（金　容度）

**注**
1　中国は，社会主義経済から資本主義市場経済への移行の中で，急速な経済成長を成し遂げている。しかし，資本主義先進諸国に比べ，市場の発展が遅れていることも事実であり，まだ社会主義的な要素を少なからず残している。

　　その意味では，中国は，市場が発展途上にある国であるということができる。それゆえ，中国の事例を観察することによって，新たに資本主義的市場が発展していく際，市場と組織がどのように絡み合っているかについてヒントが得られることが期待できる。また，中国において市場の組織化がどのように行われているかを実証的に検討することは，資本主義経済の導入が早かった諸国の歴史的な経験を相対化する上でも，多くの示唆点が得られることを期待できる。

　　ただし，市場領域に何らかのコントロールを図ることが組織化の主要な内容であるとすれば，意図的な計画を重視するという社会主義的な要素も，組織化と深く関連するといえる。しかし，本章で取り上げる組織化は，あくまで資本主義経済の民間主体によるものに限定する。
2　この点は，商用車生産の経験を積んでから乗用車生産に本格参入してきた日本の自動車企業と類似しており，最初から乗用車生産に参入してきた韓国自動車企業とは対照的である。
3　大連の金型企業の輸出が多い背景には，大連が港町で海上運送の要衝にあるという地理的な条件に加えて，現地需要家は低コスト志向が強いため，金型企業にとって同地域内の販売の収益性が低いことがある。なお，長春の一汽鋳造模具の場合も，売上高の25％が輸出であるとされる。
4　この点は，同じ東北部の中でも，外資系金型企業の影が薄い長春との相違点である。
5　こうした国有中小金型企業の改革は，一汽グループという大手国有企業の改革に影響されている面がある。たとえば，これらの中小金型企業は，第一汽車の経営改編に伴って外部に流れてきた中古機械を買い集める上，一汽から解雇されるか，定年退職した人を雇用することによって，比較的に高い精度の金型の製造にも進出しようとしている。
6　設計をアウトソーシングしている場合は，設計業者までこのチームに加わる。
7　もちろん，この内製化，あるいは，兼業を組織の市場化とみることもできる。しかし，関連多角化した企業が多角化していない企業より，市場化された組織であると限らない。従って，本章では，兼業金型の存在を市場の組織化の一形態として捉える。
8　現実で，市場取引は，長期相対取引のような組織化された取引と複雑な関連をもつ

場合が多い。日本の鉄鋼産業の歴史において，長期相対取引と市場取引の関連については，金（2006）を参照されたい。
9　さらに，成形部品メーカーと比べて，金型専業メーカーはサプライチェーン上の下位層（tier2以下の層）に位置づけられるため，取引関係の形成が成形部品メーカーや部品商社の市場戦略とネットワークに左右されやすく，金型企業のマージンも低いとされる。
10　ドイツ系と日系の取引慣行も異なり，ドイツは日本よりも文書化とマニュアルによる標準化を重んじるとされる。
11　その際，金型企業は，需要家からゲージをもらって，指定されたゲージとおりの精度で加工を行うとされる。
12　逆に，兼業金型企業が販売を拡大することによって，専業金型企業へ移行する可能性もある。たとえば，販売ロットが大きい場合，専業金型企業が部品企業に金型を納めて，その部品企業が成形加工を行うという分業が成立する。このような専業企業への移行は，市場の発展の一環と理解することができる。

**参考文献**
金容度（2006）「長期相対取引と市場取引の関係についての考察―高度成長期前半における鉄鋼の取引―」『経営志林』（法政大学経営学会），第42巻第2号。
李瑞雪（2007）「上海・蘇州地域における金型産業‐多様性と市場主義」『世界経済評論』9月号。

# 第Ⅱ部

# 発展の地域別特徴

# 第 4 章　長春：国有企業の影と改革

## はじめに

　長春の金型産業には他地域では見られない独特な特徴が表れている。すなわち，長春においては，一汽製造集団（FAW）という大手国有企業の存在感が極めて大きく，それがこの地域の金型企業の活動に，直接的に，間接的に影響している。とりわけ，同地域の金型企業にとって，一汽製造集団は有力な需要家であるだけに，企業間取引を通じた一汽製造集団の影響が重要である。

　また，同地域の金型産業の有力なプレーヤーとして，需要家の一汽製造集団自身の内製金型部門，あるいは金型分社が存在している。一汽製造に金型を供給している企業のほとんどもまた国有企業であり，民間企業，あるいは，民間企業家の活動は極めて限られている。長春の金型産業においては，需要と供給の両面から国有企業の存在感が大きいということができよう。

　他方，一汽製造集団からの金型需要が一様であるわけでもない。たとえば，商用車か，乗用車かによって，要求される金型は大きく異なる。さらに，乗用車の中でも，車種によって金型需要は変わってくる。

　しかも，一汽製造集団の金型内製部門をはじめ同地域の金型供給者は，一汽製造集団以外の需要家，長春以外の地域の需要家等への販売を増やしている。

　こうした金型需要の多様化によって，この地域の金型企業の間に，主力製品，技術力の水準などの面で格差が広がる可能性も高まっている。こうした格差の拡大は，金型企業間の競争の結果でもあり，需要の多様化がこうした金型企業間の競争の激化をもたらした側面もある。

　企業間の競争の激化と格差の拡大によって，多くの長春の国有金型企業は，経営体制の変化を迫られている。事実，最近になって，この地域の国有金型企

業,一汽製造集団の内製金型部門の経営改革が目まぐるしく行われている。

本章では,このような長春地域の金型産業の特徴や最近の変化に注目して,我々の企業調査の結果に基づいて,以下の順で分析を進める。第1節では,長春の金型産業を取り巻く環境とその変化について概観する。第2節では,こうした環境との相互作用の中で,長春金型産業においてどのような特徴が表れているかを産業レベルで検討する。第3節では,第2節の産業分析をより具体化するための準備作業として,我々が調査した国有金型企業の特徴について検討する。第4節では,販売先の拡大と競争の激化という最近の変化に,長春の国有金型企業がどのように対応しているかについて分析する。

# 1 長春の金型産業を取り巻く環境

## (1) 産業構造および金型の需要構成

東北部は,かつてから機械設備を中国全土に供給する基地であり,長春,ハルビン,瀋陽などは,軍事・交通・造船・発電・飛行機の製造拠点であった。

しかし,その後,中国東北部は,沿海部より改革開放のスピードが遅く,経済発展が遅れた。ただし,最近になって,地方政府を中心に,企業活動の活性化のための投資環境整備に取り組んでいる。

表4-1で分かるように,最近の長春の成長には,目を見張るものがある。たとえば,GDPは,1993年の1.23億元から11年後の2004年には,150倍以上の191.5億元になり,工業総生産額は同じ期間に400倍以上になった。

かつての重工業中心の産業構造も変化している。長春の最大産業は自動車産業であり,それ以外の産業としては,光学電子[1],生物・医薬などの産業もある。軽工業の発展は遅く,改革開放後にやっと軽工業が成長し始めたものの,食品(農産品加工)産業は,同地域の重要産業になっている。

こうした長春の産業構造上の特性は,金型の需要構造にも反映されている。

表4-1 長春の経済指標の変化(1993年と2004年の比較)

| 年 | GDP | 工業総生産額 | 財政収入 |
| --- | --- | --- | --- |
| 1993年 | 1.23億元 | 1.08億元 | 0.58億元 |
| 2004年 | 191.5億元 | 456.0億元 | 20億元 |

出所:長春経済技術開発区へのインタビューから筆者作成

金型の需要先として圧倒的な重要性を誇るのは自動車向けであり，これが同地域金型需要の7割を占めている。他需要分野向け金型は3割にすぎず，主に，電機向け，農業機械向けなどである。

長春の金型需要構成が自動車向けに集中していることは，同じ東北部の大連とも異なる様相である。すなわち，第5章で検討されるように，大連の金型需要構成では，自動車向け（二輪車を含む）が25％にとどまり，家電，電子・通信など電子向けが5割を占めている。大連と比較すると，長春の金型需要構成は，特定重要産業への集中が高く，その特定重要産業が電子関連ではなく自動車であるという2点が特徴的であるといえよう。東北部の中でも，地域別に金型産業の特性が異なるのである。

### （2）国有企業の突出した重要性

長春の自動車産業のほとんどをカバーしているのが国有企業の一汽製造集団である。一汽製造集団が長春地域の自動車生産の圧倒的なシェアを占めているだけに，自動車に使われる部品や素材を製造する企業のほとんども，一汽製造集団への依存度が極めて高い。さらに，一汽製造集団は，各種の学校と病院まで所有しており，長春市で一汽製造集団と関連する職場で働く人とその関係者が50万名にのぼるとされる。したがって，長春は，国有企業の一汽製造集団の企業城下町といっても過言でない。

実は，長春における国有企業の存在は，自動車産業に限らない。重工業の中では，現在も外資による所有が制限されている国有企業が多い。さらに，加工したトウモロコシからエタノールを精製している企業，生物・医薬業の「ゴタイ薬業」など，農産品加工業と医薬産業においても，国有企業が少なくない。

### （3）外資系企業の進出の不振

一方，1980年代に，一汽製造集団は外資企業と合弁する形で乗用車の生産を開始した。その際，外資として最も早く一汽製造集団と組んだのはVW（フォルクスワーゲン）であった。VWは中国の上海と長春で乗用車の製造を始めた。

長春と上海に早く進出したVW社は，1990年代を通じて中国乗用車市場を掌握し，莫大な利益も享受したとされる。それに触発され，1990年代後半以

降，日本の自動車メーカーも中国市場の将来性を認識し，ようやく長春地域への進出に本腰を入れている。実は，長春の地域政府の立場からは，長春に早く進出してもらいたかった海外自動車メーカーは，VWより日本自動車メーカーであり，特に，トヨタ自動車であったといわれる。しかし，長春政府とトヨタ自動車の間の2年間の交渉は決裂した。

VWの進出が早かったこともあって，外資系自動車部品企業の進出も欧州系が中心になっているが，最近，後述する一汽豊田発動機のように，日本企業との合弁部品メーカーも生まれつつある。最近，日系部品メーカーが長春に進出し始めている理由としては，第1に，同地域の豊富な労働力と低賃金，第2に，鞍山の鉄鋼等，隣接地域からの素材・原料の調達の利点，第3に，成長している自動車市場の存在，などが挙げられる。

しかし，総じて言えば，沿海部と比べると，長春地域には，外資系自動車部品企業の進出がまだ少なく，これらの企業の影が薄い。さらに，大連と比べれば，同じ東北部の中でも，長春への外資系部品メーカーの進出の不振が，とりわけ著しいといえる。

## （4）政府の政策

長春の地方政府がインフラの整備に積極的であったことはすでに述べたとおりであるが，最近になって，地域の経済，産業，企業の活性化や成長のために，地方政府はさらに積極的に取り組んでいる。それには中央政府レベルのサポートが伴うケースもみられる。その例が長春経済技術開発区である。

この長春経済技術開発区に立地する企業の熟練作業者が生産技術の変化に適応できないこともしばしばであることに鑑み，開発区内に職業訓練学校を設け，2～3年でCADやNCについての知識・技術を教えている。それゆえ，長春経済技術開発区は，前述したような，長春に外資系企業の影が薄いという問題点への対応としての意味もある。同開発区の企業の中では，外資系企業も含まれている。

長春政府も自動車産業を基盤産業として育成する方針を示しており，外資系自動車部品の誘致に積極的である。たとえば，自動車工業園区を設置して，自動車部品企業の誘致を図っている。

それに，長春政府は，最近にハイテク開発区をつくり，バイオ企業などの医

薬関連の先端技術をもつ企業を誘致，育成することにも積極的に取り組んでいる。

## 2　長春の金型産業の概観

### （1）一汽製造集団による影響

　一汽製造集団はトラック生産だけに長く特化してきており，乗用車部品に比べ商用車部品への品質要求水準は低い。それゆえ，部品のほぼ100％を長春地域とその周辺から調達することができた。従って，長春にはトラック用部品メーカーの発展基盤が存在するといえる。

　しかし，商用車部品の製造経験が直ちに乗用車部品の製造につながるわけではない。実際に，一汽製造集団の乗用車部門は良い部品を長春で調達できないため苦労しており，毎年，他地域から乗用車部品を調達するプログラムを展開しているといわれる。長春地域内のローカル部品企業に依存していては，乗用車部品の調達に限界があると判断したからである。そして，これは，外資系自動車メーカーが長春への進出を躊躇った重要な理由でもあるように思われる。

　この地域では乗用車部品のサプライヤーがそれほど育ってこなかったため，一汽製造集団や外資系自動車メーカーは，乗用車部品を天津市，上海市，浙江省など中国内の他地域から調達するか，輸入に依存してきた。

　一汽製造集団は，グループ内で乗用車部品の内製部門を育成するという行動もとっている。長春地域内の金型供給者間に棲み分け，あるいは，両極化が表れている。すなわち，一汽製造集団の内製金型部門のような，品質要求や技術要求の水準の高い乗用車向け金型に特化している企業と，品質要求や技術要求の水準の低い商用車向けに特化している多数の中小金型企業という両極化が表れている。

### （2）同地域の金型の産業組織

　こうした両極化は，長春地域の金型産業の産業組織面の一特徴である。長春地域の金型の産業組織についてもう少し具体的に検討しておこう。

　長春地域には，30〜40社の金型企業がある。大連の金型企業数の約120社に比べても，少ないことが特徴である。これらの中小企業が金型市場に参入でき

た背景として，1990年代に入ってから，一汽製造集団が乗用車の比重を高める戦略をとったことが重要であった。つまり，一汽製造集団が，商用車向けの部品・金型などに注ぐエネルギーは相対的に弱くなり，そのため，それまで同グループ内製部門だけによって賄ってきたトラック向け金型の市場にも，中小企業の新規参入余地が生み出された。それに，当時の国有企業の経営改編に伴って外部に流れてきた中古機械を購入できた上，一汽から解雇されるか，定年退職した人を雇用することによって，中小企業も，金型を製造することができた。

この地域の，上位の供給者は，一汽製造集団の内製金型部門であるが，それを除けば，トラックなど商用車向け金型を主力とする中小零細金型企業であり，兼業企業も多い。零細な事業規模の金型だけでは，採算維持が難しいためであるが，このように，金型供給者が兼業企業中心である点は，大連の金型産業と似通っているといえよう。

同地域の金型企業を所有形態別にみれば，国有企業が圧倒的に多い。長春地域の各産業を支えているのが主として国有企業であると述べたが，金型産業も例外ではないのである。第11章で述べられるように，同地域は，新たな民間企業の立ち上げが難しい環境である上に，創業の意欲もそれほど強くないためである。

もちろん，数は少ないものの，長春においても民間の創業型金型企業が存在する。これらの民間の創業型金型企業も，人材，販売，設備などの面で国有企業に依存してきた。ここにも，長春における国有企業の強い影響力が表れているのである。

一方，長春の金型の供給者として，外資系金型企業の影は薄い。ただし，最近，欧米系金型メーカーが長春への本格的な進出を検討しているといわれる。当初，先行して長春に進出していた欧米系需要企業は，主として，金型を輸入に頼ってきたが，現地の金型需要が急速に増え，大きな市場が形成され始めたので，現地生産が有利であると判断し始めている。それには，中国ローカルの工作機械の技術水準の向上も寄与している。

### （3）長春金型産業の技術水準

1980年代後半まで，中国の自動車用金型生産は全国の５ヵ所に集中して，一

第4章　長春：国有企業の影と改革

汽製造集団の内製金型部門もその一角をなしていた。

　しかし，中国全体と比較した場合，長春金型産業の発展は相対的に遅れている。たとえば，長春地域内の高いレベルの金型需要は，一汽製造集団グループの内製金型部門，あるいは金型分社を除けば，輸入や地域外の金型企業の供給によって満たされている。地域内の中小金型企業は低い品質水準の金型の供給に限られている。さらに，トヨタと一汽製造集団の合弁エンジン企業の場合，このエンジン向け金型について，長春のローカル企業に発注することができない状況であるとされる。それに，自動車向けに限らず，光学電子機器向けなど精密金型をつくるローカルメーカーも長春には存在しないとされる。

　長春の金型企業に限って言えば，金型の需要と供給のミスマッチが発生しているといってよかろう。ただし，前述したように，長春の金型企業の間には，棲み分け，あるいは，両極化の現象が現れており，一汽製造集団の金型分社は，中小の金型企業に比べ，その生産規模が大きく，競争力や技術水準も格段に高い[2]。

## 3　国有金型企業の事例

　ここまでの検討は産業レベルの分析であった。しかし，分析の具体性を高めるために，個別企業の事例分析が欠かせない。そして，すでに述べたように，同地域の産業構造や金型産業において，国有企業の重要度が高い。そこで，以下では，長春の国有金型企業の事例を検討しておこう。

### （1）一汽模具製造

　一汽製造集団の金型の内製企業のうち，プレス金型の主力製造拠点が一汽模具製造である。同社の前身は一汽製造集団内のプレス金型製造部門として1954年に新設された沖模車間である。実は，一汽グループ内向けの金型製造を初めて行ったのも，この沖模車間である。

　この一汽模具製造と，後述の一汽鋳造模具が，一汽製造集団はグループ内で必要な金型のかなりの部分を製造している。特に，一汽模具製造は，かねてから中国金型産業におけるトップ企業と知られてきており，現在も中国屈指の金型企業である。

なおかつ，一汽製造集団の金型の技術力は持続的に高まっている。たとえば，元々乗用車ボディー用金型は全量輸入していたが，一汽の中に金型センターが設立され，一部自作に転じている。この金型センターは，一汽製造集団の開発能力を高める戦略の一環として設立されたものである。さらに，同社が手掛けている自動車向け金型製品のほとんどは，輸出可能な競争力をもっているとされる。

一汽模具製造の工場は，第1工場と第2工場に分かれており，これらの工場は，いずれも中国のプレス用金型では突出した規模の工場である。第1工場の敷地面積だけで，1万m$^2$であり，7,000m$^2$の分工場も設けている。第2工場は組立測定から仕上げ加工を行う工場である。

一汽模具製造の技術力を支える人的資源についてであるが，同社の第1工場だけでも，1,200名の従業者が働いており，そのうち，技術・設計関係者が140名であるとされる。そして，後述するように，従業者を日本企業に研修させることも人材の育成に寄与している。

なお，一汽模具製造は設備投資にも積極的である。たとえば，我々の調査時点でNC，CNCの工作機械33台，3次元測定機4台，熱処理設備2基，プレス機械23台が稼働されており，そのうち，7台の工作機械と22台のプレス機が中国製で，それ以外の機械が輸入機械であった。

もう少し具体的に工場別の設備導入状況をみれば，まず，第1工場では金型表面の加工精度を出す必要性があるため，17台のNCマシニングセンターやボーリングマシーン（3軸加工と5軸加工）を導入していた。これらの機械の中には，日本製が多く，平均して1台1,000万元ほどの価格のものである。それに，第1工場では，部門間でデータを共有しており，納期や進捗状況などを管理する電子システムも導入されている。同システムでは，製造番号，時間（計画と実際），製品番号，鋳物の到着時間，納期，進捗状況，素材進捗状況などをデータ化している[3]。

第2工場では，イタリア製機械が多く導入されてきたが，最近は日本製機械の導入が増えている。同工場には，マシニングや5面加工機などが20台位設置されており，済南第二機械など中国製のプレス機も4台設置されて，金型の試し打ちに使われている。また自動溶接ラインも併置してあり，試し打ちされたボディプレスを溶接して，ボディが完成されているかどうかをチェックできる

仕組みになっている。

### （2）一汽鋳造模具

　一汽鋳造模具有限公司（以下，一汽鋳造模具）は，鋳物製品の機械加工と鋳物（ダイキャスト）金型の製造を行っており，主に，一汽製造集団内に鋳造金型を供給している。同社は，1999年に，一汽製造集団の鋳造金型に関するすべての設備を吸収して設立された鋳造金型製造工場である。

　もちろん，その前から鋳造金型をグループ内に供給する組織はあった。たとえば，1950年代後半に，一汽製造集団は，鋳造部門内にダイキャスト製造を担う鋳模車間を設けた。その後，99年まで同集団内の鋳物，鋳造部品および鋳造金型の製造組織として，鋳造模具設備廠，第１鋳造所，第２鋳造所，有色鋳造所，特殊有色金属鋳造所の５つが並列して存在していた（図４-１）。第１鋳造所はエンジンフレームを，第２鋳造所はエンジンの蓋を，有色鋳造所は非鉄やアルミを，特殊有色金属鋳造所は有色鉄をそれぞれ鋳造してきており，鋳造模具設備廠は，これらの一汽グループ内組織と対等な立場で，これらの組織に鋳造金型を供給してきた。

　しかし，1999年の組織改編によって，鋳造模具設備廠から一汽鋳造模具が分社され，一汽鋳造模具が，鋳造模具設備廠，第１鋳造所，第２鋳造所，有色鋳造所，特殊有色金属鋳造所などより上位の組織になり，鋳造関連の事業を統括している（図４-２）。その限りで，一汽鋳造模具の母体，あるいは前身は，鋳造模具設備廠であるといえる。

　一汽鋳造模具の主力事業は大型の金型であり，年に40～50型の大型の金型を製造している。殊に，同社は，あらゆる鋳造用のダイキャストを製作することができるが，こうした金型は，主として，エンジンボディー部品用として使われる。小型金型については，一汽製造集団グループに小型部品用金型を供給するもう１つ工場[4]があり，その工場で，金型の小物部品をつくり，接合する作業も行っているとされる。

　一汽鋳造模具は，2000年に製品製造（鋳物製品の機械加工）にも乗り出しており，05年現在，同社の製品構成は，鋳造金型が50％，自動車部品が40％である。鋳造部品も生産している。

　次に，一汽鋳造模具の人的資源，設備などの経営資源について検討しておこ

第Ⅱ部　発展の地域別特徴

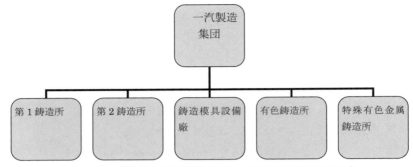

図4-1　一汽製造集団の鋳造金型関連の組織図（1999年まで）
出所：筆者ヒアリング調査

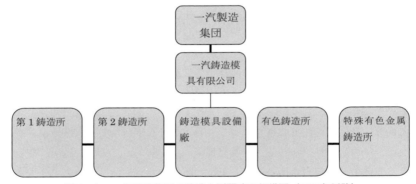

図4-2　一汽製造集団の鋳造金型関連の組織図（1999年以降）
出所：筆者ヒアリング調査

う。同社の従業員数は約400人であり，そのうち，設計が30人，部品製造作業者が100人，金型製造作業者が100人であるとされる。特に，同社のエンジニアの中には，高級工程士が19名も働いており，1級から8級に分かれている現場作業者の中で，1級の人も2名いる。この1級の現場作業者は，一汽製造集団全体で約10人しかいない貴重な人材である。

　従業員の学歴に関しては，大卒，短大卒など高学歴の男性が多いが，その重要な理由は，需要企業の設計者とのコミュニケーションのためである。たとえば，金型企業のオペレータが大卒でないと，設計図面が読めない上，ユーザー側の設計者と技術面の会話ができないとされる。さらに，上型と下型を合わせたり，削ったり盛ったりする作業には，かなりの技能と熟練が必要であること

も，高学歴化の一理由である。

　同社の設備に関しては，まだ自動化されていない中国製（たとえば，済南第二機械製）の旋盤が多いが，NC旋盤も約30台導入されている。こうしたNC旋盤は，とくにエンジン内部の部品の精密加工に欠かせない。また，同社は，Hartford，DMG，牧野など8ヵ国製のNC加工機20台をも保有しており，大連製のマシニングセンター1台，3D測定器2台も導入している。

### （3）聖火模具製造5）

　聖火模具は金型専業の国有企業である。前述したように，長春の金型産業では兼業企業が多い点で，聖火模具は異色の存在であるといえる。同社の売上高規模からみると，前述の一汽グループの金型内製部門，あるいは，分社より小さい企業である。同社の主力製品は，クラッチ部品用などのプレス金型であり，中型，小型の金型から徐々に大型金型にも事業を広げている。金型のトン数基準で，最大40tのものまで取り扱っているとされる。

　同社は，1958年の創業以来，かなりの期間，専ら一汽製造集団の商用車向け金型を製造，販売してきた。聖火模具の製品構成に重要な転機が訪れたのは90年頃であった。その時期，一汽製造集団が商用車から乗用車に主力製品をシフトしていったが，こうした一汽の経営方針転換は，聖火模具にとって，一汽の商用車向け金型の製造だけでは，企業成長が限界に達することを意味することであった。それに対応して，同社は，一汽製造集団への依存度を低めるための方法を探り，90年にタイ系企業との間に合弁契約を結んだ。

　ただし，同社は2005年にはタイ系外資企業との合弁関係が解消され，調査時点で民有企業への転換を図っていた。民有企業への転換は国有企業の改革過程でもあり，その具体的な内容については次の第4節で詳述することにして，ここでは，外資との合弁とその解消についてやや立ち入って検討しておこう。

　聖火模具は，1990年に，タイのSummitr Co., Ltd.というタイの自動車メーカーとの合弁企業（聖火模具が51％出資）になった。このSummitr Co., Ltd.は，セメントのロータリー，現金輸送車など特装車の製造を主力事業とする企業であり，日産との関係が緊密で，日産のエンジンを搭載していた。聖火模具にとっての合弁の理由についてはすでに述べたが，Summitr Co., Ltd.が聖火模具との合弁に取り組んだ理由は，長春に特装車の組立工場を設けることにな

り，それに必要な金型の調達が切実な課題になってきたためである。

こうして続いた両社の約15年間の合弁関係は，2005年に，Summitr Co., Ltd.が長春の某企業に資本を譲渡することによって，終わりを告げた。

実は，その間，合弁の問題点は累積されてきた。その経緯をみると，このタイ系自動車企業は，長春での自動車生産が主たる目的であっただけに，合弁の金型メーカーをあくまでその部品工場として位置づけていたが，経営成果が思ったより悪いと判断した。聖火模具からみても，タイ自動車メーカーによる専属的な取引だけでは企業成長に限界があると判断していた。

こうした両者間の思惑が，2005年の合弁解消につながったが，実は，聖火模具は，1998年に，米企業との合弁への切り替えも試みていた。この米企業は，中国東北部におけるプラスチック成型部品の成長性を見通して，聖火模具との合弁を検討していた。しかし，同部品の需要急成長期の到来に対する確信がもてず，結局合弁の実行を諦めたという。聖火模具としても，プラスチック射出成形用事業を手掛ける絶好のチャンスと捉えたが，無為に終わった。

## 4　国有企業の改革

金型企業間の競争の激化と格差の拡大で，既存の経営体制，経営行動では経営成果が得られなくなった。そのため，長春の国有金型企業は，競って経営改革に取り組んでいる。長春金型企業が極めてダイナミックな変化に晒されているのである。その上，その改革の舵取りをしている経営者の姿勢や行動によって企業間にかなりのばらつきも現れている。

### （1）一汽模具製造

一汽集団のプレス金型分社の一汽模具製造の場合，大胆な経営改革が実践されてきた。それまで同社の経営陣のマインドは保守的であり，「企業は国のもの」という意識から抜け出していなかったとされる。

とりわけ，一汽模具製造の経営に最も足りなかったのは，市場を見ながら経営することであった。一汽集団の内製部門であったことによるマイナス面であるといえる。一汽集団内の取引において，供給者に甘さが発生する可能性があることとも整合的である。

こうした問題に対応して，同社は，一汽集団以外の需要家への外販を積極的に増やしていった。外販の拡大の中で，競争の激化に耐え抜くために，組織内の経営資源をより効率的に活用するという課題が浮き彫りになった。特に，重要な課題として浮び上がったのが，人的資源の有効な活用と蓄積であった。
　人的資源と関連して，同社が重点的に行った政策は2つであった。
　第1に，従業員に日本の金型企業のものづくりを徹底的に学ばせた。たとえば，従業員を群馬県の荻原製作所に派遣して，技術を習得させた。ただ，当初の荻原製作所との関係は取引に限定された。すなわち，当初は，一汽模具製造が製造できない金型の調達のため，日本の金型メーカーを回って，その結果，荻原製作所との取引関係が結ばれた。
　しかし，その後，長い間，取引関係が続くことによって，両社間に技術協力も行われるようになり，一汽模具製造の従業員を日本に派遣した。こうして経験を積んだ一汽模具製造の従業員は約100人にも達しており，これらの人材は，高い目標をもって中国に帰ってきて，現場の第一線で活躍している。
　第2に，賃金制度を改革した。それまでは，従業者に対して一律賃金が支払われてきたが，問題点が多かった。「できの悪い人はいるもの」であるが，「そういう人をいかに有効に使うかということについて，知恵がなかった」のである。
　そこで，一汽模具製造は一律賃金制をとりやめて，出来高賃金制を採用した。ボーナス制度の導入も試みたが，うまくいかず，その後，完全な出来高賃金制に移行した。具体的に，各従業員の作業を1つのセットにして，その工数を換算した上で，工数に単価をかけて各自の賃金総額を計算する形である。この単価は，個々の従業員が納得のいく形で交渉して決めた[6]。こうした賃金制の改革によって，働くインセンティブを従業員に注入し，生産性を高めることができた。さらに，目的や実態が不透明な残業がなくなる効果も現れた。
　実は，経営陣は，従業員の働く誘因を高められるような制度の考案のために，トヨタ自動車など日本企業を訪問した。その際，トヨタの従業員が極めて高いリズムで仕事をやりこなしていることに大きな感銘を受けたという。もちろん，一汽模具製造は国有企業である上，中国はいろいろな側面で日本と異なる特徴をもっているため，日本企業の賃金制や人事の仕組みをそのまま導入しても，順調に社内で定着され，十全に機能するとは思わなかった。しかし，制

表4-2　一汽模具製造の年度別売上高

(単位：億元)

| 年度 | 1999年 | 2000年 | 2001年 | 2002年 | 2003年 | 2004年 | 2005年 |
|---|---|---|---|---|---|---|---|
| 売上高 | 0.32 | 1.1 | 1.8 | 2.4 | 3.2 | 4.5 | 5.8 |

度改革の基本精神ないし方向に関しては，日本企業の要素を多く取り入れた。

こうした改革，あるいは新しい政策の実施によって，経営成果が著しく改善された。まず，表4-2で確認できるように，売上高が急増している。たとえば，1999年は0.32億元にすぎなかった同社の売上高は，毎年増加して，2005年には5.8億円を記録し，6年間に15倍以上になった。年間製造型数も1,000型に至っている上，開発費として3,000万元を投資する企業になった。さらに，同社の経営収支の改善も顕著であり，赤字続きから，05年には，5,000万円の利益を計上した。

無論，今後同社が解決しなければならない課題も山積している。同社の社内の技術蓄積がまだ不十分であるため，貸与図方式の金型の受注がほとんどであり，承認図方式には至っていない。特に，現状のように，金型の設計段階から需要家に食い込むことが難しい限り，外資系需要家への外販拡大を図っている同社にとって，技術力のさらなる向上や高付加価値化にも限界がある。

## （2）一汽鋳造模具

鋳造金型の製造を担う一汽鋳造模具の場合も，最近になって，大きな改革を行っている。同社が1999年の組織改編によって，一汽製造集団の鋳造金型を統括する組織になったことはすでに述べたが，実は，こうした組織改編は，鋳造金型と関係ない組織を他の工場に移管するなど，同社の経営改革の一環として行われたものであった。それゆえ，組織改編の後も，経営改革の新たな試みが次々と実行に移された。

まず，人員の削減が行われた。55歳以上の従業員を一律退職させ，他の会社に転職してもらうか，やめてもらった。よって，1999年に2,000名であった従業員数が大幅に減った上，従業員の年齢構成も若くなった。

残った従業員に対しては，スキルアップを積極的にサポートした。たとえば，鋳造用金型の優秀な人材を選んで研修やトレーニングを受けさせた。多能工化された「複合型人材」の養成によって，人員数の削減を補う工夫が講じら

れたのである。

　さらに，若返った従業者は，同社の積極的な新設備導入[7]と連動された。たとえば，一汽鋳造模具は，新しい設備の導入に当たって，設備メーカーとの間に，設備購入の条件の1つとして作業者のトレーニングを支援することをも盛り込んだ。よって，若手技術者を工作機械の供給先に送り，教育を受けさせてきた。こうしたスキルアップの奨励は，従業者にとって働くための強いインセンティブになっている。

　このインセンティブをさらに促進しているのが出来高賃金制である。前述したように，一汽模具製造も経営改革の一環として，同賃金制を導入していることから，一汽グループ内に同制度の導入が急速に広がっていることが推測できる。

　また，同社の平均賃金は長春地域全体の平均賃金より高い。同社の場合は，相対的に高い賃金と，出来高賃金制の運用などで，人材の流出を抑制し，低い異動率を維持しているのである。

## （3）聖火模具製造

　聖火模具のような，一汽集団の外部の国有金型企業も，経営改革に取り組んでいる。

　遡っていけば，1990年にタイ企業との合弁を行ったことが，同社の経営改革の始まりということもできるが，本格的な経営改革は，2005年のタイ企業との合弁解消の後からである。合弁解消をきっかけに，同社は，急速な民営化とリストラを進めた。まず，同社は，2005年より株式改造に着手した。つまり，政府が所有している株式を民間に売却し始めた。

　他方，国有企業の場合，かつて雇用していた従業員への年金を払い続けなければならず，年金支出が多すぎて，経営悪化に陥っている例が多い。同社の場合も従業員の年金問題が経営収支悪化の重要な要因であった。具体的に，国有企業の特性もあって，それまでは，定年退職になっても，退職金を払い続けなければならない人員が多く，彼らも従業者数にカウントされていた。また，管理部門にいわば，「幽霊社員」が含まれていた。

　こうした問題に対応して，同社は，人員整理に取り掛かり，2004年末には，200人を超えていた従業者を80人余りまで減した。

## おわりに

　かつて重工業中心であった長春地域の産業構造は，自動車産業中心のものへと変化しており，この自動車産業は国有企業の一汽製造集団を中核にして成長している。こうした同地域の産業構造上の特性は，金型の需要構造にも強く反映され，金型の需要先として圧倒的な重要性を誇るのは自動車向けであり，特に，一汽集団向けのものが多い。金型需要構成が自動車向けに集中していることは，同じ東北部の大連とも異なる点である。

　同地域の金型の大手需要家の一汽製造集団は，金型の有力な供給者でもある。たとえば，同集団の金型分社の一汽模具製造は，かつてから中国金型産業におけるトップ企業と認知されており，現在も，中国屈指のプレス金型企業である。一汽集団のもう1つの有力な金型分社の一汽鋳造模具も鋳造金型で高い技術力を有している。

　この2社を除けば，商用車向け金型を主力とする中小零細金型企業が30～40社存在するにすぎない。これらの企業は，低い技術水準の金型の供給に限られており，そのため，採算維持が難しく，部品加工などの事業をも手掛けている。

　したがって，長春の金型企業は，一汽製造集団の金型分社のような，品質要求や技術要求の水準の高い乗用車向け金型に特化している企業と，品質要求や技術要求の水準の低い商用車向けに特化している多数の中小金型企業という両極化現象が現れているといえる。

　ただ，一汽製造集団の金型分社はもちろんのこと，ほとんどの中小金型企業も国有である。国有企業であるという点では，両極の企業群が共通しており，民間の創業型金型企業や外資系金型企業の影は薄い。従って，長春の金型産業においては，需要と供給の両面から国有企業の存在感が大きいということができる。

　他方，国有の金型企業各社は軒並みに経営改革に取り組んでいる。

　こうした改革の実行によって，すでに顕著な成果を上げている企業も出ている。さらに，長春の地方政府も，企業側の努力を後押しており，こうした政策方針は，直接的に金型産業の育成につながる可能性が高いと見受けられる。

第 4 章　長春：国有企業の影と改革

（金　容度）

注
1　長春地域の光学電子の代表的な企業としては，聯伸電子と北方彩色が挙げられる。聯伸電子は中国半導体研究院と韓国企業の合弁企業である。北方彩色は，東芝のラインを導入してスタートした企業であり，携帯電話機用液晶パネルを製造している。
2　一汽模具製造や一汽鋳造模具の詳細については第 3 節で述べる。
3　現在は納期管理を工場内のみに用いているが，いずれは鋳物メーカーなどのサプライヤーにも入れていくつもりであるであるという。
4　この小型部品用金型工場には，100人余りが働いているといわれる。
5　聖火模具製造は，タイ自動車メーカーとの合弁時期の社名は「万奇三友」であった。本章では，時期にかかわらず，同社の社名を聖火模具製造と統一する。
6　総経理より給料が高い従業員もいるという。
7　一汽鋳造模具の投資に必要な資金は，基本的に，一汽製造集団から調達されている。とりわけ，数千万元以上の投資は，一汽製造集団の管理委員会で調整，判断されており，国有企業という特性もあって，投資回収期間は比較的長い。ただ，最近は，集団内の各分社，各組織の内部留保を各自活用することが認められるようになって，一汽鋳造模具も，内部留保による投資を増やしているという。

# 第5章　大連：日系金型企業の進出と
　　　　　国際分業の展開

## はじめに

　第5章では大連市の金型産業を取り上げる。大連市は環渤海経済圏の中央に位置し，東北有数の工業都市である。中国沿海部都市の中でも日本企業の進出が多い地域の1つとしても知られる。

　大連市は中国の重機械工業の発展を担ってきた有数の地域である。改革開放以前の同市の工業化の担い手は，国営企業と大連市営・県営などの集体企業であった。彼らの多くは重工業企業であり，重工業部門の発展がこの地域の金型産業のレベルを高めてきた。

　しかし，沿海港湾都市の経済発展を進める改革開放政策の中で，こうした様相も大きく変化し，金型産業の盛衰に影響を与えてきた。大連市に経済技術開発区の設置が認可された1984年以降，同市は積極的に外資系企業の誘致活動を展開した。90年代を通じて日本企業を中心とする外資系企業の投資規模は増加し，外資系企業と地元の国営・集体企業の立場が逆転していった。こうした傾向は2000年以降も続き，現在では大連の工業生産高のうち国有企業が占める比率はわずか3～4％となっている。

　1990年代以降の国営・集体企業の経営不振の影響を受け，これら企業内部の金型事業部門や彼らと関係が深かった金型企業の多くは存続が困難になった。このことを背景に，大連市の金型工業は年々停滞感を強めていった。

　金型工業の低迷は，外資系企業の金型調達戦略によるところも少なくなかった。大連市の金型市場の半分が電子機械産業によるものであり，プラスチック成形が半分を占める。進出当初，外資系企業も金型を現地調達できるかを精査した。しかし，重機械工業向けのプレス金型やダイキャスト金型を製造してい

たローカル企業が新領域に迅速に対応できるとは想定できず，本国から金型を調達せざるをえなかった。

　外資系企業に需要される金型の多くを外国に頼っており，このことは大連市が経済発展をさらに進めるうえで大きなボトルネックとなった。2000年代に入り，大連市もそのことを強く意識し始め，03年には経済技術開発区内に金型工業団地を造成し，諸々の優遇制度を設けた。地元で必要とされる金型の輸入代替化を図っている。

　以上を念頭に置き，本章は次の構成で議論を進めたい。第1節で，大連市の近年の産業構造の変化と金型の需給構造，大連市の金型誘致政策に関する概況を説明する。金型の輸入依存状況が生まれた背景とそれに対する大連市の施策の妥当性を議論する。第2節以降は，金型という産業インフラにかかわる産業で輸入代替化を進めるための諸条件を，フィールド調査をベースに考察する。まず第2節は現地に進出し，定着を図る日系金型メーカーの事例を紹介しながら，外資系企業進出による輸入代替化の可能性を検討する。第3節では中国民営企業のアプローチを紹介する。2000年以降，中国沿海都市部で国有・集体企業に代わって経済発展の推進役として期待されているのが民営企業である。とりわけ金型産業は通常細かな作業に分業されており，小回りの利く民営企業の存在は欠かせない。大連市において，民営企業の存在はどのように捉えられているかを見る。第4節では，以上の議論を踏まえて，大連金型産業の発展の可能性を考えたい。

## 1　大連市の金型産業：概況と軌跡

### （1）大連市の概況と経済発展の軌跡

　遼寧省大連市は三方を海に囲まれ，環渤海経済圏のちょうど中央，遼東半島の先端に立地しており，昔から交通，経済，軍事の要所であった。歴史的に見ても日露戦争決戦の場であり，ロシアの南下政策の目的地，そして日本の満州経営の玄関であった。北方には瀋陽市，長春市，ハルビン市などの大都市をひかえ，ロシアのシベリア・極東部までを視野に入れることができる。渤海から黄海にかけては天津市，煙台市，青島市などの沿海主要都市，さらには朝鮮半島，日本の九州や日本海側の都市を展望できる位置にある。

現在，大連市は6区3市1県よりなり，全市の面積は12,574km，人口は562万人である。うち日本人は約2,800人と言われているが，駐在者まで含めると約4,000人の日本人が滞在している。大連市の2004年度GDPは1,962億元であり，青島市や瀋陽市などとほぼ同規模である。ただし成長率は高く（前年比16.2％），中国全土の成長率を大幅に上回る。

歴史的に見て，大連市の経済発展と工業の日本との結びつきは極めて強い。大連の近代工業化は1889年の大連ドック（現，大連造船廠）に始まり，その後は日本による1911年の機関車修理工場（現，大連機関車車輛廠），18年の大連機械製作所（現，大連重型機械廠）などが設立され，戦時体制が強化される中で，中国の戦地に向けて供給するための戦車部品，砲弾，蒸気機関車，コンプレッサー等が製造された。満州経営の重機械工業基地，軍需工業基地として工業化をスタートさせた（関，2000：p.41）。

こうした重工業の設備基盤は戦後の新中国体制下，国有企業に引き継がれ，大連市の経済活動の基礎を形成してきた。1984年の経済技術開発区設置以降，大連市の工業総生産額は急速に拡大を始める。これをリードしたのは外国企業の進出と生産拡大であった。

1980年代末に大連市は市独自の発展戦略として，「工業発展のために海外先進技術を導入し，技術の吸収と工業全般の刷新を図る」こと，ならびに「大型船舶，ディーゼル，石油化学，大型・汎用機械設備，特殊鋼，電子，建築材料，紡織，服装，軽工業の産品等10大輸出生産基地を建設する」ことを掲げていた。また地理的には，「大連を前線基地，瀋陽を後背基地とし，遼南地域全体の社会経済工業力の浮揚を図る。特に大連は東北3省，内モンゴル地区の対外窓口としての機能強化を図る。その一環として大規模な自由港の建設を計画する」「大連経済技術開発区の建設を開始し，拡大する。この経済技術開発区に世界中から外資を導入し，高度な技術集積を図る」（関，2000：pp.12-13）ことを考えていた。

大連市はこの戦略をベースに経済技術開発区や港湾などのインフラ整備に力を入れた。その結果，1990年代を通じて，大連市の工業総生産額は年率20％近いペースで拡大を続けた。GDPに占める工業生産の比率は約5割である。また総生産額に占める外国企業の比率は高まり，90年代末には5割を超えるレベルに達した。一方で7割近くあった国営企業の比率は大幅に低下し，1割を

割った。

　2006年現在，大連市には約3,000社の日本企業が進出している。経済技術開発区には約600社の日系企業が進出している。中国全土で進出日系企業数は3万社に達すると言われ，その数字から計算すれば，中国に進出した日系企業のうち約1割が大連市に進出していることになる。大連市の経済規模を考えれば，この比率は極めて高いと言える。

## （2）金型産業を取り巻く状況

　金型産業に焦点を絞って大連市の産業構造を見ていきたい。かつての重機械工業全盛の時代には，それに必要な大型金型は国営企業の中で製造されていた。しかし国営企業の衰退とともに，彼らは手間とコストのかかる金型製造部門をリストラの対象にした。だが，皮肉にも，国営企業から外部に放出された技術者や技能者が，次代の大連金型産業や機械工業の担い手となっていった。

　筆者ら調査の時点で，大連市内の金型生産企業数は約120社である。2005年の同市金型産業全体の売上高は約8億元である。金型産業に従事する従業者数は約5,000人であり，そのうち技術者は約20％を占めている。

　大連市内の金型企業の主な顧客は家電が約30％，自動車・オートバイが約25％，電子通信が約20％，建材が約15％，その他が10％になっている。金型の製品構成としては，プラスチック金型が全体の50％を占めている。その他，プレス金型が30％，ダイキャスト金型が20％である。

　2006年3月現在，大連市内の金型需要は約25億元である。上述のように大連市内の金型企業が約8億元（32％）を供給しているが，残り約17億元（68％）が中国の他地域か外国から調達された金型となる。ちなみに中国他地域からの金型の調達は約5億元（20％）であり，約12億元（48％）が輸入金型であった。これらの数字から大連の金型産業は輸入依存度が高いと考えてよいだろう。

　設備関連や部材関連のインフラは充実している。大連市の金型用設備は約6,000台あると言われるが，うち輸入設備は400台にすぎない。大連機械，放電加工機の大連三菱電機，スター精密，専用設備の宝山高木精工，ソディック，牧野など，この地域の中に主だった工作機械メーカーの供給拠点がある。また金型生産に使われる鋼材は，鞍山鉄鋼など主に国産鉄鋼メーカーのものを使う

が，日立金属，大同特殊鋼，アセロールなどの海外の有力な特殊鋼メーカーが大連に販売拠点を設けている。刃物や治具，金型標準部品などの消耗品もこのパターンである。

さらに，最近は大連の金型製造能力に期待を寄せる外部ユーザーも増加している。最大の理由は自動車産業の発展である。近年の中国自動車産業の発展に伴い，東北の自動車関連企業も相次いで増産を決め，金型の現地調達化を強化している。だが東北の自動車城下町の多くは未だに国有企業比率が高く，金型の製造能力や技術力が十分でない。そのため，大連市の金型企業に打診を図っている。たとえば長春一汽VW，北京現代，天津一汽などの自動車企業と関連サプライヤーである。彼らの増産計画は，大連市の金型メーカーに対して新たな需要を形成していると言える。

以上のように，大連市の金型産業を取り巻く需給関係は金型に従事する事業者に追い風となっている。現在，地域への金型需要が域内の金型供給を大幅に上回っており，需給ギャップを輸入で補塡している。この輸入をどれだけ国産で代替できるかが地域の産業政策上の焦点となるが，地域内外に確実に需要家が存在し，金型関連のインフラ産業が比較的充実しており，国産化への見通しはそれなりに良好と思われる。

## （3）高い輸入依存度の理由

ここで大連市の金型産業における高い輸入依存度の理由について整理しておくことは有効であろう。その理由について，ここでは3点ほど指摘しておきたい。

第1は，外資系ユーザーの数の多さと彼らの金型要求水準の高さである。金型ユーザーの中で占める外資系企業の比率が高ければ，それだけ輸入金型の使用率も高くなる。大連市の経済技術開発区内には約600社の日系企業が入居しており，金型の多くを本国からの輸入に頼っている。

第2は，地元金型メーカーの技術力と製造能力の問題である。改革開放後のこの地域の経済発展を主導したのは電子機械産業や精密機械産業などであり，従来からの重機械工業をベースとした金型関連能力は直接的にいかされなかった。さらに，国営企業の経営難の中で，金型部門における新しい設備の導入が抑えられてきたため，先進諸国の新しいプロセス技術を導入することが遅れ

た。

　第3は，日系金型メーカーの進出の消極性である。大連市は距離的にも日本に近く，約3,000社の日系企業が進出しているにもかかわらず，日系金型メーカーの進出は80社にとどまる。要求水準の高い日系ユーザーに対して地元金型メーカーの技術力と製造能力が十分でなければ，日系金型メーカーにとっては進出のチャンスとなるはずだが，進出件数が少ないのが実情である。

## (4) 大連市の金型産業育成政策

　2000年以降，経済技術開発区への外資系企業の誘致政策を柱とする従来の政策が一巡するなか，大連市は次代の経済発展に向けて舵取りを迫られた。その結果掲げられた政策の1つがソフトウェアパークの形成であり，いま1つが外資系企業に対する投資環境の整備である。後者の政策に対してリーダーシップを発揮したのが魏元大連市長であった。彼は元大連副市長と市長を歴任した後に，2002年より中央政府でも活動した人物である。

　魏氏は大連市長に赴任後，1年ほどかけて東北地域の産業について調査を行った。調査レポートの中で，大連市はこれまで道路，空港，港湾などの整備に政策的な努力を傾けてきたが，それをいかして外資系企業を誘致できるような投資環境の造成には目が向いていなかったと反省し，今後は設備や金型などの製造業の基盤産業や通信インフラの整備などに力を注ぐべきだと考えた。

　こうした魏氏の考えは大連市の政策にも大きな影響を与えた。金型産業育成という点について，大連市政府は金型産業の外部依存を解決すべく，2003年に経済技術開発区内に4ヵ所，総企画面積193万 $m^2$ に及ぶ大連金型工業団地を造成した。進出企業に対しては，大連開発区がすでに制定している企業所得税や地方所得税，輸出設備免税，再投資税還付，償却等の優遇措置に加え，賃貸料金の免除，貸付の利子補填等の特別優遇措置を追加した。

　さらに，大連市は他地域との差別化を図るべく，金型人材の育成についても力を入れている。大連には大学および専門学校が37校あるが，そのうち大連理工大などの5つの大学では金型専門学科が設立されており，2つの高等専門学校には金型製作技能コースが設立されている。こうした教育機関で，設計とプログラミングに従事する技術人材を毎年約300名，NC加工，放電加工，金型機械組立関連に従事する技能人材を約600名，それぞれ企業に送り出している。

設計開発と製造現場を視野に入れたこうした人材開発は，この地域の金型関連産業の発展に中長期的に寄与すると思われる。

## 2　日系金型企業の進出と国際分業の展開

　大連市は，自地域の金型産業の外部依存を克服するために大別して2つの企業群の誘致を図ったと考えられる。第1が外資系金型メーカー，とりわけ日系金型メーカーの誘致であり，第2が中国系の民営企業の誘致と育成である。これら2つの企業群の誘致は，既述の部品・設備関連インフラや教育関連施設の充実化とあいまって，地域内にクラスター効果を発揮するものと期待された。地域の中に多様な企業の集積を図ることが，地域内外から発生するさまざまなニーズに対応するために不可欠であり，大連市の政策が最終的に狙いとしたところは，このような強固な産業集積基盤の形成であった。

　以上の文脈を踏まえ，まず日系金型メーカーの進出状況を見ていきたい。大連経済技術開発区には現在約40社の日系金型企業が立地しているが，これらの企業の多くは，立地後にも業績を伸ばしてきた。

　これらの企業は進出する以前に日本国内でそれなりの優位性をもっていたところではあるが，進出後にさらに中国で業容を拡大している。そこで第2節では，共立精機と大連大顕高木模具の事例を中心に，進出日系金型企業の現地事業活動について検討していきたい。また金型部門を内製している電器メーカーとして華録松下電器のケースもとりあげたい。

### （1）共立精機（大連）
#### 世界のダイキャスト金型メーカーへ

　共立精機は1959年に大阪府堺市に創業し，91年に設立した三重県松阪工場をベースに業容を拡大してきた金型企業である。現在は本社も松阪市にある。資本金は9,800万円，従業員数は64名である。取扱製品は，自動車・オートバイ用のダイキャスト金型・部品，家電・通信機・船舶用のダイキャスト金型・部品になる。自動車・オートバイのエンジンシリンダーブロックの金型などは代表的製品であり，鋳鉄やアルミのダイキャスト金型の設計・製造・品質管理が同社の競争力のコアである。取引先はダイキャスト製品の部品メーカーであ

り，自動車・オートバイ・家電・船舶などの業界の主要企業にダイキャスト部品を供給するサプライヤーが，主な取引先となる。

共立精機の経営の基本となる考え方は経営ビジョンの中に述べられている。いわく「ダイキャスト金型の専業メーカーとして日本から世界に通じる金型メーカーへ脱皮する」「時代の流れに即応し，顧客第一主義をもって事に望む」「ガラス張りの経営と公正な配分で高能率，高賃金を実現する」「品質の向上とコストダウンを徹底的に追求する」「明るい，安全で快適な職場を作る」。中国進出はこうしたビジョンに裏付けられた大きなチャレンジであった。

中国現地法人となる共立精機（大連）有限公司は，1996年に設立された同社唯一の海外現地法人である。それだけに，当時の中国投資は同社の社運を賭けた決断であったと思われる。現在，大連には74名が勤務しており，本社に匹敵する規模の事業拠点となっている。

**中国事業のことはじめ**

共立精機の中国進出は，松本社長（董事長を兼ねる）と大連現地法人のM総経理との出会いにもよる。M氏はもともと洛陽で中国郵政省傘下のオートバイメーカーに勤務していた。専門は生産管理であった。1986年に日本の生産性本部と中国郵電省による研修生制度を利用して来日した。そして共立精機の本社で1年間工程管理の勉強をした。M氏が日本で学んだ頃，すでに本社では中国進出が検討されていた。だが89年に天安門事件が起きると，プロジェクトは一時中断となった。

その後，1992年に中国進出を検討していた社長からM氏に直々に依頼の手紙が届き，共同で進出先の調査に当たった。華南の広州，深圳から始まり，華東の上海，無錫，杭州，昆山にも訪問した。煙台や済南では実際に合弁の話もあったという。最終的には大連と天津が候補に絞られた。

当時の大連は，日本の商社や物流会社が入り，物流システムも整備され，気候も良かった。日系企業の誘致にも成功していた。それ以外に人材の適性もあったという。金型製作は根気の要る仕事である。寒い地域は忍耐力のある人材が多く，金型製作に適していると松本社長は考えた。すでに松下電器，スター精密，リョービ，東芝，富士電機，三菱電機などの日系企業が進出を決めており，日系ユーザーとの近接性も考慮された。総合的に見て，大連への進出

が決められた。

**現地での顧客層の拡大**

共立精機（大連）の2004年度の売上高は2,568万元であり，2001年の業容と比較しても2倍以上の規模に拡大している。納入先は85％が中国国内であり，15％が他のアジア地域への輸出である。すなわち，大連の現地法人は，日本本社からの金型の製造委託ではなく，中国国内で顧客層を拡大することに成功してきたと言える。加えて受注金型の中でも，更新金型ではなく，新規金型の比率が高いのも同社の特徴である。

最初は中国金型工業協会から紹介を受けた済南にある小型二輪メーカーからの仕事ならびにスター精密，リョービ，松下通信などの大連進出日系企業からの仕事が中心であった。しかしその後，中国市場での新規の仕事を増やすべく，展示会や交流会などに積極的に参加した。幸い中国の北部では小物ダイキャスト金型を製造できる金型メーカーが少なく引き合いがきた。その後，「顧客が顧客に紹介する」形で同社の評価は高まった。

顧客層拡大の最も重要な背景に，中国における二輪車と四輪車の市場の伸びがある。二輪ブームのときにはホンダ系中国5工場から引き合いを受けた。この仕事をこなしていくうちに，市場は四輪へと拡大していった。四輪では広州ホンダのみならず，長春一汽のVWとアウディ，武漢シトロエン，上海GMなどからも受注の獲得に成功した。二輪での丁寧な仕事が四輪での顧客層の拡大につながったと考えられる。

共立精機に中国の名だたる自動車企業から受注が集中した背景には，自動車・自動車部品企業の旺盛なる現地調達活動がある。広州や上海にある自動車企業も自地域だけで金型供給先を確保できず，調達活動を中国全土に展開している。共立精機への受注はエンジンなどの高度なダイキャスト金型を中国で製造する企業が未だ少ないことを示唆している。

**顧客とのインターフェイスと型づくり**

中国大連でのダイキャスト金型製作は次の手順で進められる（ここでは800～1,000tクラスの金型を想定する）。まず顧客企業から素材図と製品図が支給される。製品サンプルのみを提供してくる顧客もあり，その場合はサンプ

ルを測定して製品図を書く。そこから金型図を描くのが設計部門の仕事である。この作業に約1ヵ月を必要とする。共立精機（大連）は，社員74名のうち17名が設計を担当している。CAD/CAMのシステムにはプロE，ソリッドワークスなどが用いられており，顧客によって使い分けられている。

　たとえば二輪ダイキャスト部品の場合，顧客は製品図面を共立精機に渡し，共立精機側が金型構造・鋳造方案を提出する。2次元の製品図面をもとに3次元のモデリング（造形）をコンピュータ上で行い，鋳造方案に従って金型構造図を起こしていく。この箇所は熟練が必要であり，製品設計と鋳造条件の両方について詳しい人が進めねばならない。しばしば金型設計は日本本社の技術者や顧客企業の設計者を巻き込んだ共同作業となる。共立精機は日本本社にこの分野の造詣の深い指導的立場の方がいる。また本社ではアルミの材料研究にも力を入れている。

　扱う金型の新規性が高いほど金型設計において顧客との交流は密接になる。製品図面と金型図面の突き合わせ，構造方案などの詰めを行うために顧客の日本本社から設計者が来ることもある。彼らに対して有為な提案ができるかが金型設計者の腕の見せどころである。設計者の流動性が少ないこと，きちんとした指導ができていること，顧客の事情を理解した提案ができるようになることが鍵である。この企業ではユーザーに対して1人の設計責任者を決めて，体系的かつ包括的な対応ができるようにしている。

　設計された金型図面は一度顧客に戻して承認を得なければならない。顧客とは最終承認までの間に何回かやり取りをするが，そのプロセスで金型メーカーとしての素材や成形に関する知識をベースとした提案を発信していく。最終承認を経て，金型の製造が開始する。

　まず型に使う鋳物を鋳物工場から調達する。2002年に旅順に新たに鋳物工場を設立した。これによって品質とリードタイムに大幅な改善が見られた。なお型の素材については顧客の指定した特殊鋼を使う。ピンに至るまでの材料は日本製のものを使っている。

　持ち込まれた鋳物は社内の機械加工を経て金型となり，テストとトライを繰り返して仕上げていく。現在，100ｔと400ｔクラスの金型は大連の社内で鋳造機によるトライを行うことが可能である。800ｔクラスの金型の場合はトライと仕上げの工程を日本本社に委託している。設計後の機械加工から仕上げまで

に1.5ヵ月の時間を要する。

　機械加工の現場は自動化が進んでおり，日本製のNC加工機が並ぶが，仕上げは現地従業員の手作業に依存している。現在，仕上げ作業には7名の専門熟練者があたっており，彼らの流動性は極めて低い。このことが技術の蓄積に利いている。また，構内には最新鋭の3次元測定器などが設置されている。

### （2）大連大顕高木模具
#### 加速する中国展開

　もう1社，大連進出の日系金型メーカーを取り上げる。大連大顕高木模具である。同社は2002年に日方のタカギセイコーと中方の大連大顕集団，さらに住友商事ケミカルの合弁によって大連経済技術開発区の中に設立された（各々出資比率は45％，55％，5％）。

　親会社であるタカギセイコーの本社は富山県高岡市にある。資本金15億4,000万，従業員数は1,100人。プラスチック製品の製造・販売およびプラスチック成形用金型の製造・販売を行っている独立系成形・金型メーカーである。

　他方，合併相手である大顕模具有限公司は，大連大顕集団傘下の会社で，金型と成形事業をやっていた。成形事業の収益は高かったが，金型事業は不振だったようで，それを切り離して高木精工と合併を行うことにした。つまり新会社は，同社の金型部門をベースに，その人員と設備，取引先を引き継ぐ形でスタートしている。

　遼寧省と富山県は姉妹省・県の関係があり，数年前に遼寧省の高官と合弁相手の大顕集団トップが富山訪問の際，タカギセイコーを訪れ，金型とプラスチック成形を一緒にやろうと要請したことがきっかけとなった。タカギセイコーにとっても国際化は重要な経営課題であり，すでにインドネシア，上海，広州に現地法人を設立していたが，中国戦略をさらに加速させるべく，2002年に大連への進出を決断した。

　大連大顕高木模具（以下，大連高木）は2002年12月に設立され，業務開始は翌年1月からである。交渉やFSの段階で，双方が金型事業を大きくできる余地があると考えたこともあり，会社設立以降，人員は2倍，売上は3倍，機械の新規購入の実施など，業容を大幅に拡大してきた。設計者の増員も行い，現

在は約40名の設計要員がいる。

**差別化と集中化の戦略**

現在，大連高木が取引相手とする企業は日系と韓国系に限られる。2005年度の売上高は2,700万元で，輸出比率は50％である。日系や韓国系は本国と中国拠点の両方を取引先としているが，いずれもコスト削減のため，金型製作の発注先を中国に移している。大連高木はその受け皿になっているという。中国ローカル企業の金型需要も旺盛であるが，生産能力の限界もあり，代金回収の問題があるので，現在は手をつけていない。

合弁前の大顕模具の金型部門はサムスン電子という大手韓国系ユーザーがおり，同社との取引額は現在もほぼ変わっていない。売上の増加分は，中国日系企業との取引の拡大と，親会社であるタカギセイコーからの生産委託によってもたらされている。タカギセイコーへの販売は売上の約3割を占めるが，そのほとんどが日本ではなく，東南アジアに輸出されている。つまりタカギセイコーは東南アジアで受注しで，大連高木に生産を委託し，大連高木は製作した金型を直接東南アジアに供給している。最近このようなビジネスの形態は日系企業と韓国系企業の間で増えてきている。ユーザーの東南アジア拠点における金型現地調達化が進む中，現地に金型を製作できる企業が限られており，コスト面からも中国からの供給を選択する，いわば三国間貿易の形である。

進出後，同社はさまざまな意味で差別化と集中化を意識してきた。ユーザー企業数は多かったが，取引額の多いところに経営資源の集中配分を行った。プラスチック成形金型とプレス金型を両方やっていたが，得意とするプラスチック成形に集中化し，プレス金型の外注化を図った。また大連地域における競合関係は十分考慮した。たとえば，大連高木が手がける金型のサイズは350〜1,800ｔであるが，このサイズの成形金型を製造できる業者はこの地域には少ない。ローカル企業もその域には達していない。

事業領域の選定にも慎重である。たとえば，大型成形金型の代表格であるテレビ筐体用金型。中国ではこの需要が旺盛であるが，それだけにテレビ筐体用金型を専業とするローカル企業も多い。これらの企業とコスト条件のみの競争をすることはせず，シェアを追わない。他の家電についても同じ考え方である。むしろ日系企業や韓国系企業に本国の開発段階から参加させてもらい，そ

こにかかわる金型をワンセットで受注できる場合，そのような仕事の中で自社の型技術や材料技術の知識が発揮できるような場合には，積極的に関与する。

車両用金型も重視している。中国北部に車両用金型を製造する企業が少なかったことも，同社が大連に進出した理由の1つである。もともと日本のタカギセイコーの主力事業は四輪車・二輪車用のプラスチック製品と金型であり，そこを得意としている。そこで大連高木では車両用の大型金型の製作を強化し，その比率を上げようとしている。現在は大連高木のうち，四輪と二輪を合わせた車両用金型の比率は40％強であり，その半分がタカギセイコーからの発注である。

### ベースにある日本の事業基盤と技術蓄積の深み

このような立場を堅持できるのは，日本における金型の開発・製造技術の圧倒的な深さにあると考えられる。タカギセイコーは，日本国内に富山県高岡市，氷見市，新湊市のほか，長野県松本市，静岡県浜松市にも工場をもち，タイ，インドネシア，中国に製造拠点を構えるグローバルな企業である。

日本国内の工場では，射出成形に加え，押出成形，熱硬化成形，回転成形，ブロー成形などの幅広い成形技術をもち，これに金型の設計と製造，製品設計と樹脂化設計，金属プレスと二次加工などの技術を総合的に保有している。またユーザーや自社のグローバルな事業展開に対応するために，さまざまな支援体制を整備している。

日本のタカギセイコーの技術者は，まず顧客企業のゲストエンジニアとして，顧客企業の商品企画と基本設計から参画し，そこで成形や金型製作というプロセス工法の視点からさまざまな提案をしていく。たとえば成形から見た最適な肉厚の検討や部品の統一化や一体化と工数削減，金属部品から樹脂成形部品への代替などが具体的な提案内容になってくる。

その後，顧客企業からの製品図（2次元・3次元）に対して，3Dデータを完成させ，樹脂化設計，3次元金型設計，NCデータ作成と金型製作，試作評価へと展開していく。本社ではこの展開プロセスを強化するためにコンカレントシステムを導入し，さまざまな設計支援・金型加工・評価解析ツールと管理システムを導入している。

さらに興味深いのは，設計や加工に関する個人の熟練技能をデータベース化

し，グループ内で共有化していることである。加工性の優れた設計をするために，設計者は刃物，回転数，おくり，鋼材の種類，工具などの加工条件を十分に加味した設計をしなければならない。こうしたデータは「加工表」と呼ばれ，従来はベテランの加工経験者でなければつくることができなかった。そのことが高度な金型設計を海外展開する際のボトルネックになっていた。そこで数年がかりでベテランの加工条件をデータベース化し，設計者がデータベースから最適な加工条件を自動で選択し，その情報をシミュレーションやアウトプットとして利用することを可能にさせたのである。このことが設計活動のグローバル化を推進する鍵となった。

　以上のように，タカギセイコーの競争力は成形技術をベースとするさまざまな加工法の提案力，最新の管理システムと深い熟練技術に支えられた総合的なものづくりの能力である。つまり，多様な製品ニーズに対応できる堅牢な事業体制がまず国内にあり，大連高木はそれを強みとし，また本社との連携の中で事業を進めてきた。

**中国でのすり合わせ的な仕事の進め方**
　では，大連高木における仕事の進め方を見てみよう。中国に来ている二輪，四輪関係の日系企業に対しては日本のタカギセイコーが日本を中心に営業活動を行っており，そこで一括して受注した後に，各拠点に生産計画を配分している。短納期で難易度の高いものは日本が担当する。顧客の大半は成形と金型を合わせて発注するため，各拠点には成形と金型が一括して割り当てられる。大連高木もその一翼を担うことになる。

　多くの顧客企業の場合，中国現地法人が金型の発注権をもっており，大連高木は現地法人と図面や見積もり，データのやりとりを行う。しかし顧客のほとんどはグローバル企業であり，図面や生産計画の詳細は日本本社に知識がある。さらに金型や成形の技術に詳しい技術者は日本にいることが多い。

　そこで，最初の技術打ち合わせ，製品データ化の際には，タカギセイコーの営業担当と技術者，ならびに大連高木の営業技術者と金型技術者が日本のユーザー側で出張打ち合わせを行い，金型構想設計を固める。この後，タカギセイコーのフォローを受けながら，大連高木が金型設計・製作・試作まで仕事を進めていく。最後の金型の仕上げ・修正・検収の工程では，ユーザーが日本にい

る場合には、金型を一度タカギセイコーに送り、そちらで最終仕上げを行う。ユーザーが中国の場合には大連高木での仕上げとなる。

　顧客企業担当者の大連高木への来訪は、慣れてくると契約時と納品前の2回のみとなるが、新規取引の場合や新規金型の立ち上げの場合には、設計や製作の過程で担当者が何回も足を運ぶ。公差どおりにつくれているかを確認する意味あいもあるが、それ以上に近年は設計や製作の過程で修正や変更が加えられることが多くなっているためである。

　プラスチック成形の場合には成形と金型製作を同時に行う意義が大きい。ユーザーから要求される公差は、たとえば自動車部品の取り付けの部分などではミクロ単位に近くなるが、それ以外の部分については粗い。しかし、取り付けや組み合わせの部分は、図面に記された公差というよりも、すり合わせの世界になるので、実際の試作品を見て調整をしなければならない。プラスチック成形の部品の表面は見かけの形状の問題になる。裏面は取り付けのための複雑な形状が設計されており、この部分の調整も必要になる。

　そのため、成形金型のメーカーにとっては、少なくとも近くに成形機がなければ困るし、金型製作力のない成形メーカーは競争力が失われていくであろう。特に近年、顧客企業の設計は、軽量化、複雑化、ダウンサイズ化の傾向を強めており、金型も複雑になってきている。以前は試作品がなくても出来上がりが予想できたが、今は試作品を実際に見ないと分からない。すり合わせのもつ意味はますます強くなっている。

### 大連の管理システムと人材の育成

　大連高木は賃金システムを含め、管理体系はすべて日本式を導入している。当初は成果給も考えたが、現在のところ日本と同じ人事査定、ボーナス、昇給などでやっている。これに対して大顕集団からの抵抗はなかった。

　日本との連携で仕事をすることが多いため、従業員には日本語を習得させ、日本語での技術の打ち合わせを可能にさせている。また設計・営業・仕上げの担当者にはマルチビザを取得させ、日本への迅速な派遣ができるようにしている。設計者を中心に日本のタカギセイコーで研修させ、大連高木に技術をもち帰ってもらうほかは現地で指導・訓練を行っている。これが日本人出向者の主な仕事になる。

人材の育成は定着率と関係している。特に設計者や仕上げ工程では，一人前になるまでに5〜10年はかかるという。日本はすべて10年を超える人材ばかりであり，現地の中核人材をそのレベルまで引き上げていく必要がある。華南と比較すると大連は人材の定着性という観点からメリットがある。

### （3）中国華録松下電子信息

**大規模プロジェクトによる進出とその後**

最後に大手家電メーカー内部の金型部門のケースを取り上げたい。先述の2社に代表されるように，近年は大連に進出し，成果を出す日系金型メーカーも増えつつある。だが大連経済技術開発区に大手日系メーカーが進出をした1990年代前半には，周囲に有力な成形や金型のサプライヤーが見当たらなかった。そこで松下やキヤノンなどは，必要な金型や部品加工を内部で行わざるをえなかった。中国華録松下電子信息はそうした製造拠点の象徴的な存在ではないかと思われる。

中国華録松下電子信息有限公司は1994年6月に中国華録集団49％，松下電器51％のビデオ製造拠点として設立された。合弁当時，松下電器はビデオをテレビに次ぐ国産化対象品として重視していた。中国政府の呼びかけに応じて「一条龍」国家級プロジェクトに参加し，ここでビデオの基幹部品を製造し，自社と中国政府の指定企業に供給し，技術支援を行うことになった。

このプロジェクトの中で，中国華録松下電子信息は1995年にはビデオの部品とメカニズムを出荷し，96年から完成品の生産を開始した。だが，この頃から，ビデオ市場は急速に衰退し始めた。ビデオに代わり，VCDが急速に普及し，ビデオは中国では普及しなかったのである。

中国華録松下電子信息は設立直後に方向転換を迫られた。VCD（1997年），DVDプレーヤー（1998年），液晶プロジェクター（2000年），任天堂ゲーム機のユニット（2001年），DVDレコーダー（2003年）と矢継ぎ早に生産品目を増やしてきた。2005年には全体の販売額27.8億元のうちDVD完成品が35％，液晶プロジェクターが17％，ポータブルDVDが11％，任天堂メカニズムが10％となっている。輸出比率は80％を超える。

### 源泉一貫生産という基本方針

　中国華録松下電子の最大の特徴は，源泉からの一貫生産体制とそれによる強い製造力ならびに開発力である。そのために内部に金型部門をもっている。製造部門は「本体製造」と「源泉製造」の2つの部門からなる。源泉製造部門の傘下にある源泉部品製造部で部品と金型が製造されている。

　源泉製造部門の業務範囲は，①精密金型の設計・製造，②成形・プレス金型の補修やメンテナンス，③部品・冶工具の設計・製造，④プレス・洗浄・熱処理加工，⑤外装部品加工（塗装，ホットスタンプ，印刷など）となっている。その中の金型課ではプレス金型と成形金型の両方を製造する。研磨機，放電加工機，CAD, CAMなどの設備機械が整然と並び，約200名が勤務に従事している。

　源泉部品製造部では，工場内で必要とされるほぼすべての金型を自給している。また松下グループへの内販も進めており，日本，マレーシア，シンガポール，ブラジルなどに輸出されている。金型の内製は1995年に始まる。大連の金型産業が未発達であったこと，メカニズム部分に使われるプレス金型は非常に高い精度が求められるため，外注では品質保証が困難なことなどを考慮し，金型の内製化に踏み切った。その後，一流の製品メーカーとなるために，金型部門を拡充してきた。現在のところ内需を埋めるのが手一杯であり，外販はない。

　製造技術の中核をなす金型の内製化は，松下グループの「技術のブラックボックス化」という事業目的にも沿う。松下電器は他社が供給できない製品で差別化を図るために，一貫生産で商品力や品質が反映されるようなものづくりをしている。コストだけで内製率の問題を判断しないし，単純にすべてを内部でつくるか，外に任せるかという問題でもない。すり合わせによって競合他社のつくれないものをつくることが前提としてあり，そのための源泉からの一貫生産だと考えられる。

## （4）小括

　共立精機と大連高木はいずれも独立系金型メーカーであったが，両者のケースを見ると，当初は大連周辺に拠点を構えるユーザーとの取引関係などを頼りに進出したが，その後は当初の予想とは異なる発展の軌跡を残した。共立精機

の場合，ホンダを中心とする二輪向け金型での成功とその後の四輪向け金型での事業拡大が成長ドライブになった。大連高木も従来からの韓国系ユーザーとの取引関係を維持しながら，二輪や四輪の日系グローバル企業から受注を獲得していった。共立精機が中国国内での取引先拡大に努めたのに対して，大連高木は本社との緊密な連携プレイでグローバルな仕事を獲得していった。

　両社とも，進出に際して中国において何が自社の強みになるかということを綿密に考察していた。共立精機が手がけたダイキャスト金型は中国北部では競合が少なかった。大連高木も中国企業の追随が困難な中〜大型の金型に的を絞り，ユーザーとの共同開発的要素が強い分野のみを対象とした。同じ金型という分野でありながら，コストのみが競争条件になる市場は巧みに回避し，業容の拡大に成功した。

　ベースとなる日本の事業基盤や技術の高さも指摘されるべきである。両社が日本で培ってきた技術や事業の基盤は相当なレベルにある。多種多様な成形技術の幅，加工条件とユーザーの製品設計上のニーズ，素材特性などをすべて考慮に入れた型設計技術，機械加工，そして仕上げ。前後の工程を取り込んだ総合的なビジネスモデルとしての提案。これらものづくりの能力の全体的なレベルの高さが，上記のような海外事業展開を支えている。

　さらに，高度なものづくりの能力とグローバルな事業展開力を武器とする日系企業の中国進出拠点には，今後中国市場のみならず東アジアや南アジアという輸出市場が開かれている。共立精機のホンダトレーディングからの資本参加はこのことを示唆している。大連高木の金型輸出も東南アジアが中心であり，中国の金型製造能力が，他のアジア諸国における日系ユーザーの事業展開を支援する構図が鮮明になりつつある。

　他方，大連への進出が早かった日系家電メーカーにも変化が起きつつある。1990年代前半に進出した日系企業の多くは，現地のサプライヤーの不十分さから部品加工や金型の工程を内製化した。しかし彼らの事業規模が拡大するなかで，しだいに内外の業務区分を行い，外部の加工メーカーに発注をかけるようになってきている。このことは，二輪・四輪の市場拡大とあいまって，地域に新たな金型需要を創出している。

## 3　中国民営企業のアプローチ

　第3節では大連市における中国民営金型企業の状況を見ていきたい。既述のように，かつての大連市における金型産業の衰退は，国営・集体企業の経営不振と関係が深かった。伝統的な国有経済体制の下では，金型産業は重機械工業を担う国有企業の一部門として形成され，重機械産業の衰退とともに，金型部門も閉鎖・縮小を余儀なくされた。

　こうした中，大連市の金型産業衰退に新たな息吹を吹き込んできたのが外国企業と民営企業である。大連市における民営企業の位置づけは，たとえば華南や華東の主要都市と比べた場合に，まだまだ小さい。しかし，これまでの日本がそうであったように，金型産業はもともと中小企業が支えてきた産業分野である。こうした業界で企業家精神に溢れた中小企業が活躍する余地は十分にある。これらの企業は市政府の金型産業支援策の対象にもなりうる。以下では，大連誉銘精密模具と大連鴻圓精密模塑の取り組みを紹介したい。

### (1) 大連誉銘精密模具
**深圳から大連へ**

　1987年に香港で創業し，現在の本社は深圳市にある企業である。本社の売上高は1億元を超え，日系企業を中心とする外国企業に対してプラスチック成形部品と金型を供給している。華南の深圳や東莞はカメラやOA機器，家電などの世界的な集積地であり，プラスチック成形を手がける多数の業者が鎬を削っている。成形や金型の産業も若干飽和状態にあり，新天地を求めて2003年に大連で企業を立ち上げた。

　この会社は経済開発区内の金型園区の1つである金港企業配套園に入居しており，進出にあたって大連市政府や経済開発区からさまざまな便宜を受けた。2005年度の売上高は早くも1億元以上，従業員も100名を擁し，順調な立ち上がりを見せている。

　本社では成形と金型を両方手がけており，そのことが強みとなっているが，大連では金型事業から立ち上げており，現在の売上高の90％は金型事業によるものである。顧客は日系企業が主体であり，韓国系企業が若干含まれている。

販売先は売上の半分を大連市内の日系・韓国系企業に，3～4割を日本向けの輸出に充てている。中国国内の他地域への売上が1～2割である。金型の用途は，白物家電外形，携帯電話外形，コネクター，二輪・四輪用部品などである。

**中国企業の取引ネットワーク**

深圳から大連に移ってきた時，華南で取引のあった日系ユーザーとの取引関係を持続させながら生産を立ち上げた。二輪用部品（ギアボックス，エアコン部品）や炊飯器部品，携帯電話外形部品の金型などがそれである。最近は二輪に加えて，四輪用の部品も増えており，トヨタや三菱自動車系のドア部品の金型も受注し，一部日本に輸出している。

日系企業との取引関係は長期的な視野が必要になる。最初は金型のメンテナンスなどの業務を受注し，金型単品の受注に発展していく。これを何回かこなすと，フルセットで金型を受注できるようになる。深圳時代にさまざまなユーザーと接触があり，知り合いが多かったことも大連での営業活動にいかされた。

三洋電機の炊飯器向けの金型は単発金型からフルセット金型の受注に発展した典型的なケースである。深圳時代に本社が三洋電機から単発金型を受注し，それをフルセット受注に発展させた。大連誉銘での同社からの受注はその流れを継承している。この場合，特定の機種については大連誉銘がフルセットで金型を受注する。この中でプラスチック成形部品は同社が仕事を担当し，プレス部品についてはシンガポールの金型メーカーに発注している。シンガポールの企業とはパートナーシップ関係にあり，いずれかの会社がフルセットで金型を受注すれば，互いに仕事を融通しあう関係が成立している。炊飯器以外にも，熱風機やファンヒーター向けの金型でこうしたフルセット受注を手がけている。白物家電部品の納品リードタイムは40～50日である。

一方，携帯電話フレームの金型については，最終顧客である日系携帯電話メーカーが中国のファウンドリー会社に携帯電話の開発委託を行っており，その会社からの受注になる。この取引については，成形業者やめっき業者と提携しており，最終顧客には金型ではなく，成形部品が納品される仕組みになっている。

顧客企業が新製品や新機種を投入するときには3次元データをベースに性能保証，構造保証，生産可能性を検討する。元となる製品図は顧客企業が準備し，成形メーカーや設計業者（設計をアウトソーシングしている場合），金型企業がチームを組んで検討会を行う。これを受けて，金型図面を起こしていく。金型図については再三このチームで検討や修正を加えていく。仕上げのときにもユーザーや成形メーカーとのすり合わせ作業が必要になる。

以上の記述からも分かるとおり，金型企業の取引関係にはセットメーカーとの直取引と成形メーカーを介した取引がある。セットメーカーとの直取引はフルセットで受注できる傾向が強く，取引関係も長期にわたる場合が多い。こちらから開発提案する余地も大きくなり，マージンも高い。他方，成形メーカーを介した取引はスポット取引になりやすく，マージンも低い。現在のところは両者の比率は半々であるが，会社の方針としては，セットメーカーとの直取引を増やしていきたい。

**華南の経験をいかした組織体制**

大連の中核的人材の4人は深圳の本社で10数年の経験をもつベテランばかりである。彼らは高卒であるが，大連市内でも有数の技術能力をもっており競争力の要である。彼らのおかげで，他社ができない精密度の高い金型も受注できる（携帯電話外形部品の金型などはその典型例である）。

CADやCAMの担当者も深圳から連れてきた。彼らの多くは大卒である。現在，設計，機械加工，仕上げのいずれの現場もほとんどは深圳から来た人材である。会社設立後，大連でも採用活動は行っており，これまで約10名が入社している。金型の需要は拡大しており，今後は人数が増えると思われる。深圳の別会社からも従業員を入れている。

社内には設計部門があり，プロE，オートキャド，UGなどのCADソフト，マスターCAM，UGなどのCAMソフトを使用して設計作業を進める。機械加工の現場にはソディックや三菱電機製の工作機械，放電加工機，ワイヤーカットなどが並ぶ。

製品ごと（つまりユーザーごと）に金型のプロジェクトリーダーがすべての工程に責任を負う組織体制をとっている。先の4人はすべてプロジェクトリーダーである。リーダーは設計，流動解析，機械加工，仕上げ，トライアウトを

第 5 章　大連：日系金型企業の進出と国際分業の展開

一貫して管理し，ユーザーの設計ニーズに応えていく（同社の金型生産は，設計，機械加工，仕上げトライの３つのプロセスに分かれる）。こうした部門横断的な組織体制は華南では一般的である。

営業は社長自身が担当している。社長は遼寧省金型協会の理事も務めており，現地の金型産業に積極的に溶け込もうとしている。華南での仕事経験から，現在の大連の金型産業はまだまだ伸ばす余地があるという。大連進出の時にはかなり営業活動をしたが，最近では顧客から同社にコンタクトをとってもらえるようになった。顧客が顧客を連れてくるということも多くなった。二輪や四輪の需要拡大がこうした流れのベースとなっている。

なお，金型の鋼材はほとんどユーザーからの指定である。大同特殊鋼のNK80が過半であるが，日系特殊鋼メーカーのものが多い。大同特殊鋼との関係を通じて岐阜や名古屋の金型メーカーと交流をもたせてもらっている。金型部品は大連市内にあるパンチ工業が主たる調達先である。設備や部品，素材は日系企業がメインであるが，彼らの多くは大連市内に販売会社をもっており，そこからの調達になる。機械設備についても，ソディックや三菱電機などは現地生産を開始しており，彼らから調達すれば，設備コストを抑えられる。大連周辺にもそうした調達インフラが整いつつある。

## （２）大連鴻圓精密模塑

### 大連で創業

大連鴻圓精密模塑（以下，大連鴻圓）は，1999年に大連に創業・設立された民営企業である。日本の独資企業という位置づけだが，中国人のみで運営されている。社長は日本国籍を取得しており，日本の金型企業で18年勤務した後に，大連で創業した。

S社長はハルビン出身の残留孤児であり，日本の親戚を頼って，1983年から東京にある機械加工の職業訓練学校で学んだ。その後，品川区の金型企業に11年半勤務し，プラスチック金型製作に関する機械加工，設計，製図などを学んだ。その後川崎市の金型企業にも５年勤務した。日本滞在中は精密金型の設計製作にもかかわり，97年にはソニー向けデジタルカメラのケース，99年には京セラの携帯電話のケースの金型なども担当した。いずれも世界発の軽薄短小製品であり，高度な金型技能が求められた。

しかし1999年に同社を退職し，中国に戻ることを決断した。最初は天津の金型企業に身を置きながら情報収集と人脈づくりに励み，その後大連で起業した。気候や立地条件が気に入ったという。日系企業の進出が続いており，金型需要が見込めると判断した。

創業時のメンバーは5名であり，3名がプロジェクトリーダーとなり，2名が教育訓練にあたった。日本には営業事務所を置いている。そこの担当者とは社長が日本滞在中に知り合った仲で，2005年より正式に大連鴻圓の日本事務所となっている。日本での営業活動と，輸出金型のメンテナンスを行う。

大連で独立してからは，顧客開拓に取り組んだ。社長自身が営業活動を行い，顧客獲得を進めてきた。飛び込み営業を続ける中で，金型の修理やメンテナンスの依頼が来るようになり，ようやく成形メーカーから金型の発注依頼が来るようになった。

リョービやオムロンの一次サプライヤーである紀伊プラスチックから受けた仕事が同社を軌道に乗せた。ほどなく大連市に進出している松下華録や松下通信，キヤノンなどの大手企業からも内装・外装部品の金型を受注した。京都の最上インクスからも発注を受けた。

**顧客企業や成形メーカーとの連携関係**

創業後，大連鴻圓の規模は大きくなり，100名の従業員を抱えるまでになっている。うち14名が設計者であり，金型の構造設計とモデリング作業を担当している。金型の仕上げ工程には熟練を積んだ従業員を16～18名配置し，残りを機械加工と間接部門に配置している。平均年齢は30歳未満で，若手の熱気が溢れる会社である。

売上高のうち，輸出比率が25％であり，輸出先は日本，製品はプラスチック成型用の金型やフレームである。輸出比率は今後さらに高まると予想される。年間の製作組数は約300型であり，約200型がプラスチック部品用，約100型がダイキャスト用である。プレス用金型は別会社で製作しており，3年間で約100型の実績がある。主要取引先は，家電製品，医療機器，自動車部品，工作用電動ツール，携帯電話などのメーカーである。日本への輸出は，サンキョーのパチンコ台の成形金型がメインである。

日系企業が主取引先であるために，医療機器や血圧機の製品開発を現地で行

うオムロンなどの一部の企業は別として,キヤノンや松下など日系企業の多くは製品開発を日本国内で行っている。そのため,大連鴻圓が自ら新規試作用金型を製作することは少ない。多くの仕事は本型を改良していく改造用金型である。また受注の9割は新しい型図を起こす,いわゆる新型の仕事である。

　大連鴻圓は金型専業メーカーであり,成形メーカーとの緊密な連携が不可欠となる。とりわけ新機種の立ち上げには特に緊密な情報交換が求められる。顧客企業からは製品図面と3次元データを提供してもらう。立ち上げの時にはセットメーカー,成形メーカー,当社の3者で構造方案に関する打ち合わせを行う。打ち合わせは成形メーカー側でやることもあるし,金型メーカー側でやることもある。

　そうした関係を築いている企業が大連周辺に5～6社あり,そのほとんどが日系企業である。彼らと連携をとりながら,ダイキャスト金型の場合は3～4回のトライで検収となる。プラスチック成形用の金型の場合にはより高い精度が求められるため,10回程度のトライを繰り返して検収となる。新機種立ち上げ時などは,成形工場に責任者を張り付け,何かトラブルが発生すれば,時間にかかわらず出向いて対処する。

　一般的に,製品のモデルチェンジは半年から1年のサイクルである。1つの製品でも100万ショット以上を打つので,金型も頻繁に磨耗する。そのため同じ金型を2～3セット製作して納入することが多いが,磨耗した金型を成形メーカーやセットメーカーから引き受けて補修する。これも重要な仕事である。

**高精度金型の製作をめざして**

　最近は精度の高い金型を受注すべく,機械加工の精度を高める努力をしている。現在約5μmの公差まで実現できる。約3年前までは中国で生産された工作機械の品質は悪く,精度も低かった。しかし近年は,ドイツのDMGや日本のオークマや牧野,ソディックが現地生産に踏み切っており,少しずつ工作機械の品質が上がってきている。この工場でも従来は台湾製の中古機械で生産していたが,徐々に日本製の新品にシフトしている。今後中古設備は入れない方針である。

　工場内には,三菱電機,ファナック,ソディック製の放電加工機,オーク

マ，牧野，森精機のマシニングセンターなどが並ぶ。平面研削盤やボール盤などは中国製である。中古設備については5年，新規設備については10年で減価償却している。

　金型設計・製作のノウハウは，一方で材料変化や収縮率を考慮に入れ，他方で製品設計上の要件を考慮に入れながら，総合的に良い金型を設計できるか否か，最後の仕上げで合わせこめるかどうかが重要であり，その意味で経験が求められる。金型設計者には少なくとも3年以上の経験が必要であり，仕上げ作業者においても3～4年の経験が必要である。

　先述のように，特にプラスチック成形の金型製作におけるトライの数は多い。成形は部品ができて見ないと分からないという面がかなり多い。プレスならばすんなりいくところが，成形は材料の膨張率を計算に入れなければならないため，難しいのである。携帯電話メーカーなどを中心に最近は「公差ゼロ」を標榜する顧客企業も出始めており，仕事の厳しさは年々増している。コストのみならず，こうした公差要求に対してきちんと応えられる仕事ができる企業しか生き残ることはできないだろう。

**現場の教育と強い組織づくり**

　そうした意味でも，離職率を抑え，きちんとした教育訓練を行い，プロを育成することが極めて重要である。金型製作は3Kの職場であるが，定着率を高めるために，教育訓練には力を入れ，成果を重視した賃金体系をとっている。中卒や高卒でスタートした場合の月収が1,000～2,000元であり，設計者のトップクラスになると月に10万元の収入を得ることも可能である。そのくらいの開きを意識して設けている。この人事政策は結果的に奏功しており，現在のところの離職率は5％と低く抑えられている。

　金型製作の教育にかけるS社長の志や人柄も従業員を引き付けている重要なバックグラウンドである。大連では，大連理工大学などの専門教育機関は金型専門科を設け設計者を育成している。一方で，工業高校卒の現場の技能をどう高めていくかが課題である。傾向的に，大卒の設計者は企業を移りやすく，工業高校卒の現場の人は定着率が良い。そのため現場の人の技術力を高めることが金型産業のインフラを整えるうえで成果を出しやすい。

　こうした考えに立ち，S社長は未経験者を研修生として雇い，現場で手に職

をつけさせてきた。自ら金型の民間学校も開いている。素人から教育を受けた従業員は，会社に対する忠誠心も高くなる。よほどのことがない限り会社を辞めず，会社が困難に陥ったときに助けになってくれる。こうした従業員による強い組織をつくりたい。自社で育てもせず，給与の高さだけで，他から引っ張ってくるやり方には賛成できないという。

## 4　おわりに：大連金型産業の可能性

　大連金型産業の課題は，地域内の金型供給力を高め，高い輸入依存度を抑えることである高い輸入依存度の背景には，①進出企業の多くが日系企業であり，彼らの金型要求水準が高いこと，②地元金型メーカーが設備投資や技術開発に立ち遅れ，十分な技術力と製造能力を有してこなかったこと，③日系金型メーカーの進出が消極的なことなどがある。

　しかし現地調査からも明らかになったように，近年は地域の中で金型を製作する基盤が少しずつ整い始めている。1つには，環渤海を臨むこの地域を日系企業が依然として重要な戦略拠点と位置づけており，海外投資が続いている。そうした中でユーザーの金型需要が高まり，設備機械や素材，金型部品などの供給側の諸条件も整備されてきたことが指摘される。すでに進出した日系金型企業は，大連の製造拠点を中国市場への型供給の拠点として，本国との連携のもとで国内や東南アジアへ金型を輸出する基地として重視し，引き続き拡張政策を表明している。

　まず同地域の金型需要が急速に拡大している。日系金型企業は地場企業と競合する取引先には金型を供給することを避けているが，それでも日系企業の中国事業活動の活発化により，比較的高度な金型を現地で調達するニーズが増えている。かつては一部の家電メーカーにのみ採用されていた成形部品の用途も，携帯電話などの情報通信機器から二輪車，さらには四輪車の市場まで広がりを見せている。日系顧客企業は中国事業で必要とされる部品や金型をできるだけ現地インフラを使って調達したいと考えており，さながら金型調達競争の様相である。

　また大連はアジア地域に金型を輸出する拠点としても注目を集めている。当調査で取材したすべての企業が今後輸出比率を伸ばす意向を示しており，輸出

先は日本か東南アジアである。特に東南アジアの二輪車の金型需要は旺盛で，日系二輪車メーカーが中国から現地に金型を供給するいわゆる三国貿易の構図が明らかになってきた。韓国系企業とも類似の金型輸出を行っていた。

　日系企業の業容拡大を背景として，現地の民営企業も金型製造の実力をつけ始めている。現地で取材した民営企業はいずれも日系企業を主取引先とする中国企業であったが，いずれも他地域での成功体系を大連に持ち込み，立ち上げに成功していた。

　一般的に，日系企業との取引では，自社の実績を認めてもらうまでに時間がかかるものの，ひとたび取引先との信用が確立すると，顧客が顧客を呼び，取引先が広がることが多い。本章で紹介した２社はいずれもそうしたパターンに当てはまる企業である。創業当初は金型の補修業務や単品の小型金型などの受注を丁寧に引き受けていった。その中で技術を磨き，日系企業の商慣行に親しんでいったのである。華南や華東と比べると，大連にはこうした民営企業の成功例がまだ少ないが，立場を確立した民営企業は，地域内外の日系顧客企業からの受注が増える傾向にあることは確かである。

　同地域の民営金型企業の実力が伸びた背景として２点ほど指摘できる。１つは精度の高い金型をつくるための設備や部材の現地調達環境がここ数年で急速に整備されたことである。

　もう１つは人材の定着性と学習意欲の高さである。大連市政府の金型産業誘致政策で金型を専門とする人材の育成が重視されており，教育機関のバックアップが存在する。またより重要なのは企業内の教育・研修制度と人材の定着性である。華南や華東と比較したときに，大連の人材の流動性は低い。このことが，高度な熟練が必要な機械加工や仕上げにおけるノウハウの蓄積を可能にさせ，教育制度の有効性を保証している。人材の流動性が高い地域ではできない高度なものづくりが，ここではできるのである。

（天野倫文）

**参考文献**
関満博（2000）『日本企業／中国進出の新時代：大連の10年の経験と将来』新評論。

# 第6章　上海・蘇州地域：多様性と市場主導

## はじめに

　本章では中国・華東地域の中の上海・昆山・蘇州における金型産業の構造と発展過程について考察する。上海は中国最大な産業都市で中国の経済中心である。上海から西へ100kmのところにある。蘇州市は行政区画上，江蘇省に属するが，経済関係においては上海との一体化が強まっている。改革開放の始まる以前より，上海の国営工場から一部の加工工程や部品製造を請け負う形で，蘇州で数多くの社辦・隊辦工場[1]が作られ，後の「蘇州モデル」と呼ばれる郷鎮企業群の嚆矢となった。昆山は上海市街地と蘇州市街地の中間地点にある蘇州市管轄下の市（県クラス）である。上海から蘇州にいたるこの地域は1つの経済圏と見なされるのが一般的で，本章でこの地域を1つの考察対象とする理由もそこにある。

　筆者は2006年2月と11月に，2回にわたって同地域の金型関連企業10社（表6-5参照）および3つの関連機関に対して訪問調査を行った。本章はこうした調査内容を中心に，既存文献や資料をも参照しながら，同地域における金型産業の発展軌跡を概観するとともに，産業集積の特徴的な事象を抽出し，集積の形成と発展をもたらした要因を分析する。

## 1　金型にかかわる産業・技術基盤

　上海の金型産業は近年，急成長を遂げている。上海金型工業協会の発表によれば，2010年末の時点に金型企業は4,000社を超え，従業者数は15万人（うち，エンジニア6万人，ワーカー9万人）に達し，ここ数年の創業率は年平均10％

第Ⅱ部　発展の地域別特徴

表6－1　1999～2010年の上海金型生産額推移

|  | 1999 | 2000 | 2001 | 2002 | 2003 | 2006 | 2010 |
|---|---|---|---|---|---|---|---|
| 生産額（億元） | 21.6 | 27.9 | 34.0 | 41.0 | 50.0 | 105 | 250 |
| 前年比伸び率（％） | n.a | 29.2 | 21.9 | 20.5 | 22.0 | 21 | 12 |

出所：『中国模具工業年鑑2004』，p.111と『中国模具工業年鑑2012』，p.104より筆者加筆修正

強にのぼるという[2]。金型生産額は1990年代末から年平均二十数％と高い伸び率を維持し（表6－1），2010年度に250億元に達するものと推計される[3]。

蘇州（含昆山）の金型産業も相当な規模まで拡大してきた。蘇州市金型工業協会の推計によれば，蘇州の金型企業は1,000余社で，従業者数は3～4万人にのぼり，金型生産総額は50～60億元に達している。蘇州は筆者の調査した時点ですでに中国有数の金型生産地の1つとなったとされる[4]。

上海・蘇州の金型産業の発展はユーザー産業の急成長に負うところが極めて大きいが，この点についての検討は次節に譲る。一方，市場要素と並んで，技術蓄積も技術集約型産業である金型産業にとって重要なファクターである。上海は中国では相対的に金型に関する厚い産業基盤・技術基盤に恵まれていたといえる。

表6－2は1950年代以来上海金型産業の発展軌跡を表すものである。この表から分かるように，上海では金型技術の導入と開発が国内でも早い時期から進められ，有力な国有企業の内部で技術が蓄積されていった。上海金型工業協会によれば，80年代中頃，上海の国営企業に金型の設計・製造に従事する技術者・技能者の数は数千人ほどにのぼるという。それに加えて，この地域に形成された中国で最も完備した産業体系と膨大な機械加工の技術者・技能者の存在も金型の技術基盤を支えていた。

上海と比べて，蘇州の近代産業の基盤は貧弱なものであった。1980年代に入ってから，蘇州市は家電産業の育成に力を入れ，これが後の電機電子産業集積のベースとなったことが周知の事実である。金型関連に関しては，81年に蘇州電加工機床研究所が日本のファナックから放電加工機技術を導入したことが挙げられるが，後に昆山市周辺で工作機械の集積が形成されたことはこの研究所での技術導入が大きく寄与したものと推察できる。また，蘇州に刺繍，綴織，錦織，ドローン・ワークといった伝統産業が盛んで，これは人々の器用さ，精細さ，忍耐強さを育んできた。これらの伝統手芸品の製作は高度なスキ

**表6-2 上海金型産業発展年表**

- 1956年,上海華通開関廠(スイッチメーカー)と上海電機廠(発電機メーカー)で金型製造の機械化モデル事業を開始。
- 1958年,上海で3つの金型専門工廠を設立(上海星火模具廠など)。
- 1959年,上海華通開関廠は金型製造に型彫り放電加工機を導入(中国初)。
- 1960年代初頭,上海金型専門工廠と大型国有製造企業に国産の新鋭加工設備(二軸ボール盤,研磨機,強力フライス盤など)を導入。
- 1976年,文革終焉以降,西側諸国から金型技術導入を開始。また国内大型企業や研究機関で金型の技術開発も進展。
- 1981年,上海儀表廠(メーター類の製造企業)で高精度ローター順送り金型,上海星火模具廠がDME社(米)のプラスチック熱流動システムを導入し,4工程精密順送り金型を開発。他にブラウン管,電子部品,自動車,モーター,メーターなどの量産用金型に関する海外技術の導入を進めた。
- 1983年,上海交通大学に上海金型技術研究所設立,CAD/CAM研究を開始。
- 1986年,中国金型工業協会と中国国際貿易促進会上海支部は上海で「第一回中国国際金型技術と設備展覧会」を共同主催。
- 1994年,上海交通大学に「国家級金型CADエンジニアリング研究センター(模具CAD国家工程研究中心)」設立,同大学に金型専攻設立。
- 2000年,上海金型工業協会主導で「上海近代金型技術訓練センター」設立,金型技能者を育成。

出所:「模具工業」,李健・黄開亮共編(2001)『中国機械工業技術発展史』機械工業出版社,pp.879-902,『中国模具工業年鑑』(2004),pp.34-50より筆者作成

ルと長い時間,豊かな構想力を要するといった点で金型と共通するため,金型産業の育成に間接的に何らかの好条件を与えるものと指摘できる。

　こうした既存の産業基盤・技術基盤はこの地域の金型産業の発展をもたらす原動力の1つであり,他の地域と比べて大きな優位性である。とりわけ,第4節で考察するように,国有企業から流出する人的資源(金型技術者・技能者,経営幹部など)と物的資源(中古設備など)は,スタートアップ段階にある新規創業者および外来の進出企業に少なからぬ外部経済性を付与した。また,国有企業の金型部門が分離独立して生まれた金型企業や民営化した旧国有金型専門工廠は今日でもこの地域の金型産業の重要な構成部分となっている。前者の代表例として上海騰飛模具技術開発公司(上海電気集団上海電機廠からスピンアウトした金型企業),後者の代表例として上海星火模具有限公司が挙げられるが,これらは現在でも有力な金型企業として知られる。

　上海金型工業協会の推計によれば,2003年に上海で約2割の金型企業は国有系が占めていたという[5]。しかし,民営や外資系と比べて成長率と新規創業率が格段に低いため,国有金型企業のシェアは年々低下し続け,10年末の時点

で，上海金型産業全体に占める国有企業，民営企業，外資系企業の比率はそれぞれ，2％，70％，28％になった[6]。

## 2　市場主導型の金型集積の形成

ところが，上海・蘇州地域では，既存の金型産業基盤は爆発的に増加する金型需要に対応することができなかった。1990年代半ば以降，上海では自動車や半導体，蘇州・昆山では家電，情報通信機器，一般機械などの産業は急速に伸び続け，これらユーザー産業の集積から生じる金型需要は膨大なものとなっている。

たとえば，1999年に上海の自動車生産台数は25.58万台に達し，全国生産量の14％を占め，2004年にさらに55.59万台に増えた。2000年に上海で約24億枚のICチップが作られ，全国生産量の41％を占める。また，表6-3で示されているように，上海のコンピュータや発電設備，カメラ，ルームエアコンなどの生産高も1995年から2005年までの10年間で劇的な増加を見せており，これら製品の量産過程とモデルチェンジの際にはいずれも多くの金型を必要とする。

また，蘇州では蘇州高新区，工業園区，昆山経済技術開発区，呉江経済開発区を中心に幾つかの工業集積が急速に進んでいった。表6-4は2005年の蘇州市の一部の主要工業製品の生産高を示すもので，このデータから集積の大きさ

表6-3　1995年と2005年の上海市主要工業製品の生産高

| 工業製品 | 自動車<br>（万台） | ICチップ<br>（万枚） | カメラ<br>（万台） | ルームエアコン<br>（万台） | コンピュータ<br>（万台） | 発電設備<br>（キロワット） |
|---|---|---|---|---|---|---|
| 1995年 | 16 | 15,290 | 153 | 62 | 4 | 497 |
| 2005年 | 48 | 677,003 | 1,165 | 359 | 2,176 | 2,138 |

出所：『上海市統計年鑑』2006年版より筆者作成

表6-4　2005年蘇州市主要工業製品の生産高

| 製品 | 単位 | 生産高 | 前年比伸び率 |
|---|---|---|---|
| ノートPC | 万台 | 2,016 | 52％ |
| デジカメ | 万台 | 983 | 47％ |
| モニター | 万台 | 4,094 | 37％ |
| 家庭用掃除機 | 万台 | 1,887 | 20％ |

出所：「2005年蘇州市国民経済と社会発展統計公報」より筆者作成

とテンポの速さをうかがい知ることができる。これらの産業集積において，外資系企業（台湾系，香港系を含む）が主役となることが多い。たとえば，この地域は世界最大なノートパソコン生産地となっているが，その9割以上が台湾系企業によって作られている。情報通信機器の製造が珠江デルタから長江デルタへシフトしてきたことは大きなインパクトをもたらしていると指摘されている（関，2005）。

こうしてユーザー産業の急成長が膨大な金型需要をもたらしたが，それに対して域内の既存金型企業が量的にも質的にも対応できなかった。即ち，製作能力も限られるし，技術水準も多くの外資系ユーザー企業の要求に満たすことができなかった。2000年頃に上海の金型生産量は需要の半分にも及んでいなかったという[7]。同じ時期に，蘇州における金型需要と金型供給のギャップはさらに大きく，10：1であったとも言われる。

域内で金型調達が困難な状況にあるため，一部の有力な外資系ユーザー企業は金型の内製に取り組んだ。たとえば，シャープは1997年に現地法人の金型需要を賄うために上海で金型専業企業（夏普模具工業系統控制有限公司）を設立している。近年になって金型の外販も手掛け，上海地域の有力金型企業まで成長してきた。小糸製作所の上海現法・小糸車灯製造（上海）有限公司が社内に設けている金型部門は今上海有数な金型製造主体として認知されるようになった。また，筆者の訪問した日台合弁の六豊機械（乗用車アルミホイール製造）も内部に大きな金型部門（六豊精密模具）を擁している。

しかし，多くのユーザー企業はやはり外注を選択した。日系メーカーは進出の初期段階において，多くの場合，日本からの輸入により金型を賄うが，その後徐々に現地調達を増やしていく。大手電機メーカーの三菱電機の上海現地法人・三菱電機空調（上海）社はその一例である。同社は1990年代中頃設立された当初，必要な金型はほぼ全量で日本からもち込んでいた。そのため，同伴進出した金型企業・上海岸本は三菱電機空調（上海）からほとんど仕事をもらえなかった。上海岸本はやむを得ず親会社から機械加工を請負したり，他の日系メーカーに取引を開拓したりして，難局を乗り越えたという[8]。

三菱電機空調（上海）と対照的に，早い段階から現地調達に取り組んだ日系電器メーカーもある。たとえば，掃除機などの小型家電を製造する三洋電機（蘇州）社は創業当初，金型製作とプラスチック成形部品を浙江省の業者に外

表6-5　調査企業プロフィール比較

| 企　業 | 出身国・地域 | 金型種類 | ユーザー産業 | 従業員数 | 専業 or 兼業 |
|---|---|---|---|---|---|
| 上海荻原 | 日本（合弁） | プレス金型 | 自動車 | 110名 | 専業 |
| 屹豊（上海） | 浙江（民営） | プレス金型，プラスチック金型 | 自動車 | 240名（近く1,900名まで拡張予定） | 専業 |
| 上海岸本 | 日本（独資） | プレス金型 | 家電，自動車，OA機器 | 75名 | 兼業 |
| 上海烈光 | 台湾（合弁） | プレス金型 | 自動車 | 238名（うち開発・工機28名） | 金型内製 |
| 六豊模具 | 台湾・日本（合弁） | プレス金型 | 自動車 | 163名 | 専業 |
| 六豊機械（金型部門：六豊精密模具） | 台湾・日本（合弁） | ダイキャスト金型 | アルミホイール | 1,400名（うち金型80名） | 金型内製 |
| 蘇州合信 | 地元（民営） | プラスチック金型 | 家電 | 50名（うち金型10名） | 兼業 |
| 蘇州楽開 | 地元（民営） | プラスチック金型 | 紡績機，織機 | 180名（うち金型60名） | 兼業 |
| 江蘇華富 | 浙江（民営） | プラスチック金型 | 電子部品や情報機器の機構部品 | 500名 | 兼業 |
| 昆山匯美 | 広東（民営） | プラスチック金型，プレス金型 | 情報機器，自動車 | 90名 | 兼業 |

出所：各社へのヒアリングより筆者作成

注していた。その後，地元業者の成長を見ながら段階的に発注先を蘇州近辺の成形・金型メーカーに切り替えたという[9]。また，台湾系のPCメーカーは台湾や先発地域の華南から金型および部品を調達するのが一般的であった。

　即ち，上海・蘇州では膨張するユーザー産業によって生み出された金型需要は，一部の内製を除いて大半が域外からの輸入か移入で賄われていたのである。そこで，このような需給逼迫の状態をビジネスチャンスとして捉える域外の金型企業は続々と，上海・蘇州に進出し始めたわけである。それに地元の新規創業が加わり，域外企業と地元企業が混在しながらも，ユーザー産業の立地に対応する形で，幾つかの地理的集積が形成されつつある。

　次章でまた触れる屹豊（上海）社は，浙江省の台州から2000年に移転した金型企業である。上海への移転に合わせて主力品目をプラスチック成形金型から自動車用プレス金型に転換し，上海VWや上海GMとの取引に力を傾注し始

第6章　上海・蘇州地域：多様性と市場主導

める。自動車産業のさらなる発展を見越して，同社は跳躍的な能力増強に取り組んでいる。筆者は同社を訪問した際に，第二工場が完成すれば，従業員数2,000人位にのぼり，50台のマシンニングセンターを含む86台の工作機械と4台の3次元測定器が設置されるなど，中国最大級の金型メーカーになるという野心的な計画が紹介された。このような大胆な設備投資に同社を駆り立てたのは，明らかに市場（自動車産業の金型需要）への明るい見通しである[10]。

昆山金型工業協会の会長企業を務める江蘇華富は浙江省の温州から2000年に進出してきた金型企業で，デジカメや携帯電話用の金型を製造している。同社会長のZ氏に昆山進出の理由を尋ねたところ，やはりユーザーの存在が挙げられていた。上海と蘇州に多くのユーザーが集積しているため，中間地点の昆山を選択したという。同社の売上のうち，約6割は日系企業向けである。日系との取引は技術学習と利幅確保というメリットがあるとZ会長が力説した[11]。また，上海天海電子有限公司も浙江省の寧波に発祥した金型企業で，01年に上海進出を果たし，現在，同社は上海地域で有力な精密プラスチック金型メーカーの1つに成長してきたという。

浙江省と並んで華南の深圳，東莞も金型の先発地域として知られる。この地域から上海・蘇州に流れてくる金型企業も多数あることが筆者の調査によって明らかになった。昆山匯美はその好例である。同社の親会社は1988年に東莞で創業したプラスチック金型・成形メーカーで，2002年に昆山で子会社を設立した。主な取引先の日系情報通信メーカーの長江デルタにおける工場から金型需要を取り込むのが進出当初の狙いだったという。進出後，現地系や欧州系の電器，自動車部品メーカーなどから幅広い受注を獲得し，また欧州系の上海IPO経由で輸出にも手掛け始めている[12]。

浙江，広東のような金型先進地域からの進出だけでなく，相対的に金型産業の発展が遅れている省からの進出も見受けられる。たとえば，上海千縁汽車車身模具有限公司の親会社は河北省泊頭市にある，華北地域の自動車プレス金型最大手とされる河北興林集団である[13]。また，上海吉泰交通工業有限公司はもともと安徽省宣城市にある自動車ボディメーカーで，2001年に上海で金型専業の同社を設立した。ユーザー（自動車メーカー）のある地域に果敢に飛び込み，成長機会を捕らえるという点でこの2社は共通している。

こうした国内他地域からの進出に加えて，海外（香港地区，台湾地区を含

む)からも多くの金型企業が上海で製造販売の拠点を設立している。また，地元の国有企業も金型部門の再編や民営化に取り組み，技術者が起業する形でローカル金型企業も叢生している。こうした点について第4節で改めて考察する。以下では，これら金型企業の設立時期と立地場所からどのような特徴が見てとれるか，また，その特徴が何を意味するかを分析する。

　正確な統計データが存在していないが，上海・蘇州地域の金型企業の進出・創業時期が2000年前後に集中していることが筆者のフィールド調査から判明した。第2節冒頭で述べたように，上海・蘇州地域の自動車，半導体，情報通信機器，電子，家電，一般機械などの産業集積は1990年代後半以降，加速度的に発展，形成されつつある。その結果，2000年頃になると，同地域の金型需給格差はより拡大し，この格差こそ多くの域外・海外からの進出と地元の創業，国有金型企業の再編を呼び起こした主因であることが容易に理解できよう。

　金型企業の立地分布を見ると，①蘇州工業園区，②蘇州高新技術開発区（蘇州新区），③昆山経済技術開発区（含江蘇模具工業実験区），④蘇州の呉中区・相城区，⑤上海の青浦鎮，⑥上海の嘉定区・宝山区，⑦上海奉賢区，⑧その他（張家港市塘橋鎮，常熟市沙家浜鎮，呉江市松陵鎮など）の8地区に明らかに集中している。特徴的なことは，自動車用の金型，半導体用金型のメーカーは上海近郊により多く立地する一方で，情報通信機器や一般機械用金型のメーカーは蘇州周辺の工業団地に立地する傾向が強い点である。このような立地分布はユーザー産業の集積地とかなり一致しており，即ち，ユーザー産業隣接という形でこの地域の金型集積が形成されつつあると言える。

　こうした事実から見て取れるように，上海・蘇州地域ではまずユーザー産業が勃興し，そこから生み出される膨大な金型需要を域外金型企業が追い駆けるという形でこの地域に進出してきた。いわば，市場先行型，市場主導型の産業発展パターンとなっており，市場の急成長により既存の産業基盤・技術基盤，外来の技術・資本と結合しながら金型産業の集積が形成され，拡大しつつあるということである。

## 3　要素技術，サポーティングセクターを備えもつ産業集積

　金型産業の発展は数多くの要素技術を必要とし，これらの要素技術は多くの

関連産業に依拠しなければならない。具体的には，特殊鋼など素材産業，鋳造・切削・穿孔・研磨・溶接・ヤスリ掛け・鍍金・熱処理・窒化処理などの金属加工産業，CAD/CAM/CAEソフトの研究開発産業，放電加工機やマシンニングセンターなどの工作機械産業，3次元測定器やゲージなどの検具産業，フレームやガイド・スプリング・ピン・チューブ・刃物などの部品・治工具産業が挙げられる。また，金型製造に高度な技能と熟練が求められるため，この産業に適切な人材を供給する教育機関も重要な役割を果たす。

　こうした関連産業・補助産業の育成は長い時間を要するし，厚い蓄積と技術基盤がなければその発達が容易ではない。上海・蘇州地域は中国で最も完備した産業体系をもつだけに，この点で大きな優位性がある。また，前節で分析したように，この地域の金型産業の集積は市場主導型・市場先行型の展開となっているため，域内外からの新規参入を吸引する力が非常に強く，集積が集積を呼ぶという形で関連産業が集まってきたといえる。

**素材供給**

　素材系の代表的な企業として，宝鋼集団上海五鋼有限公司（以下，五鋼），上海材料研究所，上海日嘉金属有限公司（以下，日嘉）が挙げられる。特に，五鋼は金型用特殊鋼の製造に40年以上の歴史をもち，金型用特殊鋼の一貫生産を行う「五鋼模塊中心」で年間数万tの中高級品を製造する能力を有する。日嘉は1997年に設立された大同特殊鋼と住友商事，石原鉄鋼の合弁企業で，中国国内市場向けで特殊鋼の製造販売を行っている。そのほかに，中国特殊鋼大手の撫順特殊鋼，治鋼，四川長城特殊鋼，日本の日立金属，一勝百・楽嘉文などの欧米系特殊鋼メーカーも上海で営業拠点を設けて，金型用素材を販売している。

**金型フレームと部品企業の集積**

　金型用部品の製造・供給も充実してきた。1980年代前半までの中国では，金型標準部品の普及は15％前後と低い水準にあったが，80年代後半に上海・蘇州地域で複数の金型部品の専門工場が作られ，後の同地域における部品産業の重要な基盤となった。特に，上海標準件模具廠（上海電気集団傘下），昆山模架廠（現在の江蘇昆山中大模架有限公司，昆山宏順大型模架有限公司の前

身)[14],上海中萌模架廠(現在の上海鑫陽模架有限公司の前身),昆山模具導向件廠(現在の昆山華星模具導向件有限公司の前身),上海黄燕模塑工程有限公司などが全国範囲でも有力な金型部品メーカーとしての地位を確立していった。

域外の金型用部品メーカーの多くは,1990年代後半以降になって進出してきた。その背景には,この地域で金型需要の拡大,金型企業の増加に加えて,標準部品の普及率も次第に向上するため,部品と工具類への需要は急速に伸びていることがあった。たとえば,香港系の上海龍記模架,日系のパンチ工業(無錫),ミスミ(上海),双葉電子工業(昆山),KING(昆山),アメリカ系のDME,イギリス系のHASCO,広東系の宏遠五金(昆山)などがこの地域で順調に売上を伸ばし,比較的強い競争力を見せている。

金型用標準部品産業の発達する過程で,専門流通企業も重要な役割を果たしている。もともと,中国金型工業協会の金型標準部品委員会の提唱で全国約100ヵ所にのぼる部品共同販売拠点が整備された。そのうち,地域の金型産業を支える重要な流通機構・物流機構に成長するところもあり,蘇州の華東機電化工配套公司と上海の潤昇精密配件有限公司はその最たる例である[15]。

現在,華東機電化工配套公司は標準部品のみならず,特注部品,鋼材,工具,治具,刃物,ゲージ,鑢紙,電極,検査台など,金型製造に必要なありとあらゆる品物を取り扱い,約2万品目にのぼる在庫を常時保持し,金型企業の注文に対して当日配送のサービスも提供する。また,素材・部品・消耗品の常設市「模具城」を運営し,金型注文の取次ぎ,部品ユニットの組立ても手掛け始めているという。同社の豊富な品揃えとスピーディな配送サービスが地域の金型企業から高い評価を受けている。

**工作機械メーカーの集積と役割**

蘇州における工作機械産業の集積もこの地域の金型産業の高度化と能力増強に少なからぬ好影響を与えたものと思われる。数十社の台湾系工作機械メーカーがひしめき,放電加工機だけで年間数千台が製造されているとされる昆山周辺の集積が急速に進んでおり,そこに日本の牧野フライスが2002年から拠点を構え,型彫り放電加工機の製造を開始している。また,ソディックは1995年からすでに蘇州で現地生産に乗り出し,型彫り放電加工機とワイヤカット放電

加工機を製造している[16]。

　ローカル金型企業にとって，これらの工作機械企業は単なるマシンの購入先だけでなく，技術や技能のソースをも意味する。工作機械企業はマシンを販売するために，しばしば金型企業に新しい加工方法を伝授したり，オペレーターに操作方法を教え込んだりしなければならない。たとえば，牧野（昆山）[17]の建物の約1/3のスペースはテクニカルセンターとなっており，ここに販売先の技術者やワーカーを招き入れてオリエンテーションとトレーニングを行うという。

　近年，台湾系，旧国有系から独立した技術者が創業する工作機械メーカーが急増し，一部の金型企業も工作機械分野に参入してきた。筆者が訪問した蘇州楽開はその一例である。同社はプラスチック金型と成形メーカーだが，2001年頃からに工作機械製造子会社を立ち上げてマシンニングセンター製造販売に乗り出し，自社製のマシンニングセンターが台湾製に遜色ないと自負している[18]。もっとも，これらのローカル系工作機械メーカーでは制御ユニットをほとんど海外から輸入しており，ユーザーへの技術サポート体制はまだ充実していない。3次元測定器に関しては，上海・蘇州地域に有力な企業はないものの，中国測定器市場の半分以上を掌握している海克斯測量技術（青島）有限公司は上海にテクニカルセンターと営業拠点をもっており，迅速な顧客対応と技能教育に務めている[19]。

**金属加工の分業ネットワーク——台湾系部品メーカーの取り組み**

　金型と金属部品の需要が急増する中，加工工程間の細かい分業が生成し，進化している。日系金型企業の上海岸本の社長がこう述懐している。進出当初の1997年頃，上海周辺で一軒の焼き入れ業者を見つけることにも大変苦労したが，今は上海郊外の嘉定や太倉あたりに熱処理の専門業者が数多く現れ，それぞれ得意とする処理方法もあるので，材質・硬度要求・加工方法・コストに合わせて柔軟に業者を選択できる。熱処理だけでなく，放電加工，めっき，ヤスリ掛けなど一工程に特化する業者も近年叢生し，分業が進んでいる。こうした分業ネットワークを活用して金型を製作することが可能になった。台湾系の自動車部品メーカー・上海烈光の取り組みがそれを物語っている[20]。

　上海烈光は自動車用の小型プレス部品を製造販売する2次サプライヤーで，

2003年以降，L氏が副総経理に就任して以来，売上が年々倍増する勢いで急成長する。販売先は日系一次サプライヤーが中心になっているが欧米系や現地系などにも幅広く取引をしている。金型に関しては，設計（CADデータまで），型合わせ，試し打ちなど社内の金型部門で行い，CAM（プログラミング），加工，仕上げ，組立などの作業はすべて外注している。

主な発注先は上海・昆山周辺の台湾系十数社で，たいてい従業員数100名以下の中小企業である。これらの加工業者はそれぞれ得意とする加工があり，また得意の加工分野に合わせて設備を装備するのが特徴である。たとえば，甲社は型彫り放電加工機だけをもつが，乙社にワイヤカット加工機しか置いてない，また丙社は研磨機とヤスリ掛けに特化しているというような具合である。これらの業者はもともと台湾の大手情報機器・OA機器メーカーおよび彼らの主要サプライヤーの長江デルタへの大挙進出に追随して進出してきた企業群で，台湾島内ではすでに細かい分業に慣れていたし，高度な加工能力をもっている[21]。上海烈光は現地に進出してから，これらの業者を開拓し，ネットワーク化したという。また，TICやTINなどの表面処理はスウェーデン系の納微社に依頼するのが多い。こうして，上海烈光は外部の分業ネットワークを巧みに活用して金型の製作を行っている。

金属加工の分業ネットワークはこの地域の金型産業の発展に大きな柔軟性を付与する。最近，海外の金型企業の中には，営業と設計部門のみで上海へ進出するという形態が見られる。日本の積水工機製作所が上海で設立した設計事務所（2004年にアークとの合弁企業・蘇州亞克積昇有限公司に機能移管）はその典型例である。設計部門のみの進出が可能になったのはやはり，金属機械加工の集積と分業ネットワークという外部環境が存在し，それを活用することで金型が製作できるからであろう。

以上で見た関連産業，補助産業以外にも，金型産業にとって重要なサポーティングセクターがこの地域に多く存在する。たとえば，第1節で触れた金型関連の研究機関や，金型工業協会主導の設備融通システムや訓練学校などが挙げられる。この点に関しては第5節で改めて考察する。

## 4　多様性のある産業集積

**多種多様な企業像**

　上海・蘇州地域の金型産業は多種多様な企業から構成されている。表6-5は筆者の訪問調査した企業のプロフィールをまとめた一覧表で，この僅かな数の企業からも，この地域の金型産業がいかに多様性を有することが窺えよう。出身国・地域で見ると，地元系もあれば域外系もある。製造される金型の種類はプレス金型，プラスチック成形金型，ダイキャスト金型を包含している。ユーザー産業と言えば自動車，家電，織機，情報機器など多岐にわたる[22]。企業規模を見れば，100人前後の企業は大半を占めるが，1,000人以上の突出した規模をもつ企業も現れている。

　地元系と域外系の混在している産業集積であるが，総じて言えば域外系は相対的に技術レベルが高く，品質管理も優れる。とりわけ日系のもつ大きなオーナーシップ優位性が顕著に表れている。一方，台湾系・浙江系・地元系はより高い成長率を実現している。また，六豊模具のような日台合弁は，台湾企業の中国大陸における市場把握力と日本企業の技術力と品質管理手法を結合して強い競争力を構築することに成功している。

　中国現代産業の研究者はしばしば，在中国企業を資本性質から国有企業，民営企業，外資系企業に分類し，類型別企業の特徴析出を試みる[23]。この手法を踏襲して上記の調査企業を眺めてみると，民営企業と日系企業は異なる戦略を採り，パフォーマンスに差異があることが浮かび上がってくる。

**民営企業の特徴**

　筆者の調査した民営企業の中には，蘇州合信のように創業まもないまさにスタートアップ段階にある企業がある一方で，順調に事業を軌道に乗せ，これからテイクオフする企業，たとえば，屹豊（上海）や江蘇華富，昆山匯美も存在する。しかし，これらの企業に共通したいくつかの特徴が見られる。主として，

　①取引：特定ユーザーに依拠するスタートアップと技術力向上
　②ヒト：積極的な外部人材の獲得

③モノ：果敢な投資と高い設備装備率

の3点が挙げられる。

　ほとんどの民営金型企業の創業初期に，ベースカーゴを提供する特定のユーザーが存在する。屹豊（上海）は上海移転のきっかけが自動車メーカー上海VWとの取引開始で，上海VWとの取引を順調に拡大する過程でさまざまな技術やノウハウを吸収した。蘇州楽開はスイス系の紡績機械メーカーSAURER社（蘇州）との取引で大きな成長チャンスを掴んだ。筆者の調査した時点で売上のうち，SAURER社向けが依然として8割強を占めるという。蘇州合信は三洋電機（蘇州）から掃除機プラスチック部品を受注して創業を可能にした。昆山匯美は親会社の得意先であるコニカミノルタと沖電気の長江デルタ工場から金型需要を取り込むことによって船出できた。こうして特定のユーザー企業からの受注をきっかけに事業を軌道に乗せ，またそのユーザー企業の成長とともに発展する民営金型企業は極めて多い。この場合，ユーザー企業のビジネスプロセスにリンクし，事業とともに成長するという経営能力の有無が鍵を握る。もっとも，これらの金型企業は一定の実力がついた時点で，取引先の多角化に取り組み始める。

　多くの民営金型企業は内部の技術蓄積が薄く操業歴史が浅いため，社内で人材を育成することは困難である。そこで，旧国有企業や外資系企業の熟練工を採用するなど，外部から即戦力のある人材を取り込むのは一般的やり方である。とりわけ創業の初期段階において，経験のない新人を採るのはむしろ稀なケースと言える。ただし，近年になって，高度なCNCマシンの導入につれ，大卒の新人を現場のオペレーターとして採用する企業が増えている。伝統的な加工スキルより，英語で書かれる説明書や指示書が読めてユーザー企業の技術者とコミュニケーションができるといった能力が重要になってきたからだと，インタビューに応じた民間金型企業の関係者らが証言している。

　現場のワーカーだけでなく，技術者や経営管理者などのキーパーソンについても積極的に外部からスカウトすることが多い。屹豊（上海）は某国有企業から有能な金型エンジニアを総経理として迎え入れ，経営全般を委ねている。この総経理はかつて日本で研修を受けた経験があるが，彼はまた日本研修時代の日本人上司を誘い，屹豊（上海）の技術顧問として招聘した。蘇州楽開の現在の総経理も旧国有金型企業の技術者という経歴の持ち主であるが，創業者の誘

いを受け入社を決め，技術部門責任者など歴任した後，総経理に抜擢された。こうしてキーパーソンを引き抜くことによって，彼らに体化されている技術やノウハウを獲得するという狙いがあるのが容易に推察できよう。

　民営金型企業に共通した設備投資のパターンは，創業時に中古設備を数台購入し[24]，ビジネスがある程度軌道に乗れば徐々に国産か台湾製の新品工作機械に切り替える。そして，事業拡大の見通しができ，かつ資金調達の目処も立った時点で（場合によって，資金調達限度を度外視する），ドイツ製や日本製のマシンニングセンター，放電加工機などのCNC工作機械や3次元測定器，CAD/CAMシステムを数多くに購入し，一気に生産能力の増強に打って出る。もちろん，この段階に辿り着くことができない企業も多いが，総じて，この地域の民営金型企業は極めて拡大指向が強く，果敢に設備投資を行うという際立った特徴がある。先述した屹豊（上海）の設備投資状況は典型的な例である。また江蘇華富は昆山に進出してから間もなくスイス製，ドイツ製，日本製の精密工作機械と測定器三十数台を設置し，昆山匯美も数年間で一気に同様な機械を三十数台購入したという。

　こうした投資行動は一見してやや無謀で経済合理性を欠くようにも見えるが，その背後には，明確な理由と戦略が潜んでいる。まずは，第3節で述べたように，域内金型需給は大きなインバランス状態にあり，この地域における金型の産業集積は市場に牽引される側面が強い。そこで，金型企業の経営者には生産能力増強へのインセンティブが強く働き，可能な限り設備投資に走る傾向がある。

　第2に，民営企業内部に，生産工程に合わせてさまざまなレベルのマシンを組み合わせて資本効率の良い設備配置を設計し，最適な生産工程を管理できる人材が欠如する。その結果，すべて高精度・高速度のマシンを配置してしまうケースがしばしばある。また，熟練工の不足，社内の技能形成の不充分さを補うという意味においても高度な自動化設備が場合によって必要となる。

　第3に，日本をはじめとする海外の金型企業との格差を認識し，いち早くキャッチアップするための一手段として，新鋭の設備を性急に導入するところも少なくない。筆者のインタビューに応じた民営企業の経営者は例外なく，日本の金型企業との格差を意識するような発言を繰り返していた。積極的な設備投資行動は一日も早く先進企業に追い着こうという焦りと思惑の表れでもある

と言える。

**日系企業の特徴**

　外資系金型企業の特徴と戦略について，本項で上海・蘇州地域の日系金型企業の際立った特徴を2点述べる。果敢に設備投資に踏み切る中国の民営金型企業と対照的に，日系企業の設備投資は控えめである。上海岸本は進出当初，日本から中古の設備を15台もち込んだが，その後，日本から追加輸入した機械は3次元測定器1台だけである。事業を維持するために，中国大陸製と台湾製のワイヤカット加工機2台とドリル機2台，台湾製の小型マシンニングセンター1台を導入し，また，プレス加工をも手掛けたため，中国大陸製のプレス機を十数台追加した程度である。

　上海荻原は設備状況の詳細を明かしてもらえなかったが，合弁交渉により日本側親会社の意向を反映して小規模の操業開始となり，上海地域の同業他社と比べて規模が小さいだけに競争上，不利な立場に立たされていたという[25]。会社設立の2000年から05年までの5年間，営業収支の均衡が取れていたのは1年間のみで，そのほかの年度はすべて単年度赤字を計上した。これは一因となって追加投資がなかなか行えなかったものと推察できる。

　六豊模具は日本企業（大手商社）が出資し運営に参加しているものの，経営の主導権は台湾側親会社が掌握しているため，強い成長指向性の台湾系企業の特徴が濃厚に反映される。その結果，同社の設備投資は他の日系と比べて並外れた規模となっている。調査時点における同社の工作機械（近く導入予定分を含む）は，マシンニングセンター3台，五面加工機4台，高速形状加工機5台をはじめ，25台にのぼる。特筆すべき点は，トヨタが開発した高度な非接触型測定器（NAVI）を導入し，精度解析と検査効率の向上を図っていることである。また，2007年にさらに約2.5億円の設備投資を計画し，攻めの経営を続けている。ただし，同規模生産を行う中国民営企業と比較すれば，この程度の設備は必ずしも多くはないと，同社の総経理は証言している[26]。

　日系企業と中国民営企業の投資行動におけるこのような差異は，両タイプ企業の市場への見通しと生産管理のノウハウ蓄積における違いに原因を求めることができる。日系企業は市場の伸びを慎重に見極める姿勢を堅持する一方で，既存設備の特性や能力を最大限にいかす形で加工工程を編成するノウハウを豊

富にもっている。それに対して，中国民営企業は市場の行方を楽観視するが，先述したように異なるレベルの機械を組み合わせることで加工を行うノウハウが欠けているため，高価な精密マシンに頼る傾向が強い。

　一方で，日本親会社と比較してみると，日系企業のもう1つ注目すべき特徴が浮かび上がる。即ち，日本では特定系列下の取引に依存するが，中国では幅広く取引先を開拓しているということである。上海岸本は日系との取引に限定するものの，主な取引先が10社ほどあり，家電，文具，OA機器，繊維機械，電器工具など複数の産業にユーザーが分布している。六豊模具は日本側親会社系列と台湾側親会社系列との取引は合わせて売上の半分しか占めておらず，残りは親企業系列外のユーザー企業（日産系，ホンダ系，GM系，韓国の現代系，現地系など）向けの取引となっているという。上海荻原はもともと上海VW向けにボディー用金型を供給するために設立された合弁企業だが，実際は，上海VW以外に，日系の東風汽車，フランス系の神龍，現地系の哈飛・長河・長風にも金型を供給している。

　日系金型企業がこのような取引先多元化戦略を採っているのはさまざまな要素が作用した結果だと考えられる。たとえば，本社の属する系列に縛られず自由に営業を展開することができるという点が挙げられよう。これは金型企業に限ることなく，産業を問わず多くの海外日系企業に見られる事象である。より重要なのは市場要素と技術要素の結合である。つまり，持続的に拡大する市場の中で，日系金型企業のもつ高度な技術力がユーザー企業から希求されており，潜在的な取引機会が多く存在するからである。たとえば上海岸本の場合，見込んでいた系列取引が発生せず，仕方なく系列以外に営業を行った結果，中国で多数の顧客企業を獲得できた。いわば怪我の功名のような展開であるが，その背景には市場の需要に同社の技術力，品質管理能力がフィットするという点があることは忘れてはならない。

## 5　地方政府の取り組み

　中国政府は1980年代後半から金型産業の育成に力を入れ始めた。中央政府の政策について第1章と第2章で議論されているため，ここでは上海・蘇州の地方政府レベルでの取り組みを検討する。

地方政府の直接的な政策手段として，主に工業団地造成，企業誘致，行政サービス改善，ハイテク企業認定といった点が挙げられる。間接的な政策手段としては，地域の金型工業協会を通して，たとえば教育訓練機構の設立や金型関連の展示会に対して助成を行うなど，奨励・促進措置を講じることである。もちろん，これら諸手段の多くは金型産業に特有なものではなく，むしろ中国各地で産業振興のために一般的に行われるものである。

一連の政策措置の中で，特筆すべきことは，多大な効果を挙げたとされる昆山の金型工業園区（江蘇省模具工業実験区。以下，実験区）の設置と金型企業誘致である。実験区は昆山市北部にある城北鎮にある工業園区である。1998年からフィージビリティスタディを開始し，翌年の99年に正式に供用された。実験区は2003年に中国科学技術省より国家級の金型産業基地（国家タイマツ計画昆山模具産業基地）と認定され，中国代表的な金型園区として広く認知されるようになった。

実験区設置の背景には，第2節で記述したとおり，この地域に急速に形成されたユーザー産業の集積が金型需要を生み出し，その大半は輸入・移入で賄われていたということがあった。そこで，昆山市政府は投資環境をいっそう改善し，地域の産業競争力を強化するために，金型の輸入・移入代替政策を掲げた。その政策の目玉は金型実験区の造成と域外金型企業の誘致であった。具体的に，昆山市政府は江蘇省政府の機械工業庁と連携しながら昆山市ハイテク工業園区内の一角（250ha）を金型実験区に指定する。

実験区内は生産・設備エリア（金型製造・工作機械製造），素材エリア（素材流通），標準部品エリア（金型部品製造，流通）に分かれ，それぞれ該当業種の企業に入居してもらうよう誘致活動を展開していった[27]。実験区管理委員会は産学連携を通して，技術開発の推進や人材育成に積極的に取り組んでいる。たとえば，同委員会は清華大学や南京大学と提携してCAD関連の研究プロジェクトを立ち上げ，また，常州機電職業技術学院に協力して加工技能工育成コースを開設している。

折しも，1990年代後半から長江デルタ地域に大挙進出してきた電子，精密機器，情報通信機器のメーカーに追随しようと，金型企業を含める数多くの域外サプライヤー企業は蘇州進出を検討し始めた。実験区設立のタイミングと見事に合致したため，2000年前後，台湾系と香港系（その多くは深圳・東莞から

渡ってきた），浙江系などの金型関連企業は次々と実験区入居を決めた。同時に地元の金型企業も多く入居したため，実験区およびその周辺は中国有数の金型集積地として浮上してきた。筆者調査の時点で，実験区入居の企業数は100社余りで，そのうち6割強は台湾系をはじめとする外資系に占められ，03年末までの投資総額は15億元に達した[28]。なお，昆山市全体では約400社の金型関連企業が稼動しており，2003年度の生産総額は20億元にのぼり，中国金型産業全体の4％を占めるに至った。

　昆山の金型実験区の成功から刺激を受けて，中国各地は同様な園区造成に躍起になった。筆者の2006年に把握するところでは，余姚，大連，寧海，成都，重慶，武漢，蘇州新区，河北省の泊頭などではすでに金型園区が整備されている。しかし，昆山と余姚以外のほとんどの金型園区は有名無実で，期待されるほど成果を上げることに至っていなかった。素晴らしい政策であっても，その実行はやはりニーズとタイミングを上手く噛み合わせることで，はじめて政策の実効性が担保される。

　この点に関しては，昆山の実験区の行政担当者のT氏は誰よりも認識しているようだ。実験区が成功した理由は何かという筆者の質問に対して，ユーザー企業がたくさんあるからだとT氏は歯切れよく答えた。ユーザー企業はかつて必要な金型の9割位を域外からもち込んでおり，その需要を隣で取り込もうとする金型企業は確実に存在していた。タイミング良く地方政府は金型工場立地の受け皿を用意したうえ，猛烈な誘致活動と高効率な行政サービスを提供することで見事に域内外の金型企業を誘致することに成功したわけである。この意味で実験区はもはや歴史的な使命を終えて，今後は金型企業の努力に任せればいいと，T氏は冷静に分析した。

　地方政府は園区整備や企業誘致といった直接的な政策手段以外に，間接的な政策手段も活用している。その代表例は金型工業協会を通して政策目標を誘導することである。中国では中国金型工業協会のほかに，各金型産地にも地域レベルの金型工業協会が存在している。これら地域金型工業協会は中国金型工業協会から独立した組織で，互いに業界情報を提供しあう程度の関係にとどまる。一方，地域の協会は地方政府の影響下にあり，地方政府はしばしばそれを産業界につながるパイプ役として政策の実現に活用している。

　たとえば，上海金型工業協会は上海市労働と社会保障局のサポートを受け

て，金型技能教育訓練センター（上海模具培訓中心）を運営し，また金型加工設備ネットワーク（模具設備協作網）を立ち上げるなど，地域の金型産業振興に貢献している。金型技能教育訓練センターは加工オペレーターの育成と失業対策との二重の政策目的をもち，失業中の若者や大学進学に失敗した高卒者から受講生を募集して工作機械の操作技能などのトレーニングを行う施設である。合格した受講生に対して上海市政府は受講料の一部を補助している。金型加工設備ネットワークは会員企業の設備保有・稼働状況を登録するデータベースを構築することによって企業間で設備能力の融通を促す仕組みである。ただ，筆者の調査した時点では，登録数がまだ少ないため，その機能はかなり限定的なものにとどまっていた。

　上海金型工業協会はたいへん興味深い組織である。筆者はかねてから同協会は非常にフットワークが軽くビジネスが進みやすいとの評判を聞いたが，非営利的な業界団体にはフィットしないような評判なので，実際訪問するまでその評判の意味が理解できなかった。筆者のインタビューに対する同協会関係者の説明によれば，協会事務局は業界団体としての機能を遂行する傍らに，「協会」看板をビジネスにいかすよう，さまざまな工夫を凝らしているということである。たとえば，訓練センターや設備ネットワークの運営，展示会開催の引き受け，海外視察や海外出展の引率などなどさまざまなサービスを有償で会員企業に提供することで自主収入源の確保に努めており，まさにビジネスのサポーターにとどまらず，ビジネスのプレーヤーとしても振舞うような存在といえる。実際，会員企業から徴収している年会費がとても安いにもかかわらず，事務局の財政状況はかなり安定しているという。この意味では域内の金型関連企業は，協会にとって単なる会員としてだけではなく大事な顧客として位置づけられている。それだけに，会員企業に不利益なことは極力回避するような姿勢を貫いている。もっとも，サポーターとしての機能とプレーヤーとしての機能が必ずしも常に矛盾なく一致するとは限らない。両者が不一致する場合には，どのように調整しトレードオフを乗り越えるのかは問題であり，今後の課題であろう。

## おわりに

　本章では上海・蘇州地域の金型産業の特徴を概観しそれに影響を及ぼす要因を分析した。第1節では，同地域における金型関連の発展軌跡に対するレビューを通して，上海地域は比較的に厚い産業基盤・技術基盤を有し，後の金型産業の集積に有利なベースを与えたことが明らかになった。続く第2節では，マクロデータと企業事例の両面から，この地域の金型産業の急成長をもたらした最大な原動力がユーザー産業の集積とそこから生み出される膨大な金型需要であることを解明し，この地域の金型産業の集積を「市場先行型・市場主導型」と位置づけた。そして，第3節と第4節では，集積の内部に立ち入り，この地域の金型産業集積のもつ特徴を析出した。即ち，要素技術・サポーティングセクターが完備されつつ，多様性を備えるという点である。最後の第5節では，昆山の金型工業実験区と上海の金型工業協会を例に取って，金型産業発展における地方政府の役割に言及した。

　上海・蘇州地域は世界的にも有数な巨大製造基地となっているだけに，金型需要はその後も速いスピードで伸び続けてきている。そして，需要拡大の潜在性に牽引されこの地域の金型産業はますます伸長を続けていくものと展望できる。しかし，問題と課題も数多く残されている。たとえば，民営企業の機械依存体質と企業内スキル蓄積の薄さが挙げられる。この体質が続く限り，難易度の高い金型の製作に関しては，海外の金型企業との競争上，劣位を余儀なくされ続けていくであろう。一方の外資系金型関連企業は大きなプレゼンスを占め，技術的にもリードしているが，これらの企業に内包される技術やノウハウは集積に定着するかどうかも大きな問題であろう。さらに過熱状態が続く設備投資は遅かれ早かれオーバーキャパシティをもたらし，金型企業の設備稼働率と収益を圧迫する可能性がある。実際，過当競争の兆しがすでに見え始めていた。過当競争により，企業の技術蓄積に注ぐべき体力を消耗し，低レベルの金型製作にとどまらせる結果をもたらしかねない。こうした問題がどのような成長過程で解決されていくのか，今後本研究と同様な定点観測によって明らかにされることが求められる。

（李　瑞雪）

第Ⅱ部　発展の地域別特徴

注
1 社辦・隊辦工場とは，当時の中国農村の末端行政組織である人民公社（現在の郷・鎮に相当）と生産大隊（現在の村民委員会）が作った工場を言う。
2 『中国模具工業年鑑2012』，p.104。
3 前掲書，p.104。
4 『中国模具工業年鑑2004』，p.115。
5 前掲書，p.111。
6 『中国模具工業年鑑2012』，p.104。
7 2006年2月の上海市模具行業協会秘書長へのヒアリングによるものである。
8 2006年9月15日の同社総経理・K氏へのヒアリングによるものである。
9 2006年9月13日の蘇州合信の総経理へのヒアリングによるものである。蘇州合信総経理はかつて三洋電機（蘇州）社に長年勤務し，資材や製造部門の責任者を務めた後，独立。現在，蘇州合信は三洋電機（蘇州）社から掃除機プラスチック成形部品とその金型の製造を受注している。
10 2006年2月16日の同社営業部担当者へのヒアリングによるものである。
11 2006年9月12日のZ氏へのヒアリングによるものである。
12 2006年9月12日の同社の総経理補佐・T氏へのヒアリングによるものである。
13 河北省の泊頭市，滄州市，黄驊市の地域は天津に近く，自動車用プレス・板金金型の製造が盛んで，中国の「自動車金型之郷」と称される。また，ピックアップトラック大手・長城汽車のある保定市にも近い。
14 「模架」は，金型フレームの中国語表記である。
15 中国金型工業協会の調べによれば，2003年度の金型標準部品流通企業の上位3社は，汕頭欧達曼模具材料公司，蘇州華東機電化工配套公司，上海潤昇精密配件有限公司である。
16 蘇州市金型工業協会の紹介によれば，蘇州・昆山の代表的な放電加工機メーカーは他に以下の企業がある。即ち，蘇州電加工所中特公司，長風，金馬，宝瑪，新火花，江南賽特，華龍，中谷，山力などである（『中国模具工業年鑑』2004年版，p.116）。
17 正式の名称は牧野机床（中国）有限公司で，同社に関する記述は2006年9月12日の同社PM事業部責任者に対するインタビューによるものである。
18 同社に関する記述は2006年9月13日の同社総経理に対するインタビューによるものである。
19 同社は前身がBrown & Sharpe前哨という会社で，現在はスウェーデンのHexagonと中国航空工業第二集団公司傘下の青島前哨精密機械公司の合弁企業となっている。3D測定器分野で03年中国市場の55％シェアを獲得。年生産能力450台。主力製品はGrobalシリーズの測定器など。
20 同社に関する記述は2006年9月15日の同社副総経理・L氏に対するインタビューによるものである。オーナー総経理は常勤ではないため，L氏は実質的に経営責任者である。

21 台湾の大手情報機器メーカーの長江デルタ進出に関する考察は関満博編の『台湾IT産業の中国長江デルタ集積』に詳しい。同書第4章では，蘇州における台湾メーカーの3層構造が分析され，第3層を構成する中小企業が機械金属加工の基盤的技術をもち，柔軟な分業体制を形成しているという特徴が指摘されている（同書pp.104-159）。
22 また，筆者の訪問調査ではカバーしていないが，上海周辺に数多くの半導体封装用金型に特化する企業が立地しており，この領域に香港系（福仕徳精密工程有限公司など）やシンガポール系（凱納捷交通模具有限公司など），地元系（応用精密製造（上海）有限公司など）が大きなプレゼンスを占めている。
23 実際に，中国で多くの国有企業は株式改造を行い民営化に近づいているし，外資系企業の中には国内資本が海外経由のUターンをして作った偽外資系企業も多数含まれる。それぞれの類型の中には極めて複雑な構成となっている。従って，厳密に考えればこの分類法は必ずしも中国の企業種類を表す適切な分類法とは言えない。
24 1980年代後半から，閉鎖や再編された旧国有企業から大量の中古設備が放出された。多くの工業都市に中古設備を流通する「専業市場」も存在し，中小零細の新規金型企業にとって重要な設備仕入先となっている。1990年代以降，数多くの台湾製や日本製の中古設備も「専業市場」で流通されているという。
25 2006年2月15日の同社副総経理に対するヒアリングによるものである。
26 2006年9月13日の同社総経理・副総経理に対するヒアリングによるものである。
27 筆者の現地視察によれば，それぞれのエリアに必ずしも該当する業種の企業が入っていない。そもそも金型園区に金型と無縁な企業も多数入っており，金型園区以外のところに立地する金型関連企業も少なくないようだ。結局，企業の立地要望と行政の企画の折り合いの中で用地が決定されるが，やはり企業の要望が優先されなければならない。その結果，当初の構想に反して，金型関連企業は必ずしも園区に集約されていないのが現状である。
28 筆者の調査した時点での代表的な入居企業として，江蘇華富電子，三建模具，凱翊精密模具，宏順大型模架，源進塑膠，鴻準精密模具（FOXCOON社の金型部門），優徳精密模具，億昇汽配模具，匯美塑膠模具，六豊模具などが挙げられる。

## 参考文献

中国模具工業協会編（2004）『中国模具工業年鑑2004』機械工業出版社。
中国模具工業協会編（2012）『中国模具工業年鑑2012』機械工業出版社。
李健・黄開亮共編（2001）『中国機械工業技術発展史』機械工業出版社。
上海市統計局編（2006）『上海市統計年鑑』2006年版，中国統計出版社。
関満博編（2005）『台湾IT産業の中国長江デルタ集積』新評論。
日本貿易振興機構（2005）『中国上海・華東地域における金型需要調査』。
社団法人日本機械工業連合会・社団法人素形材センター（2004）『平成15年度 国内外の環境変化に伴う我が国機械部品産業の対応方策に関する調査研究報告書』。

大原盛樹（2003）「第7章　中国の金型産業―国際比較から見た概要―」水野順子編著『アジアの自動車・部品，金型，工作機械産業―産業連関と国際競争力―』日本貿易振興機構アジア経済研究所。

水野順子・佐々木啓輔編（2003）『アジアの工作機械・金型産業の海外委託調査結果』日本貿易振興機構アジア経済研究所。

# 第7章　寧波・台州：民営企業の生成と発展プロセス

## はじめに

　本章のテーマは，浙江省における民営金型企業の生成と発展である。従来の中国企業に関する研究では，旧国有企業や郷鎮企業を研究対象としたものが多く，中国の民営，私営企業がどのように生成し，発展してきたのかを明らかにした研究は少ない[1]。周知のとおり，中国では1978年の改革開放まで国営，あるいは準国営形態の企業組織しか存在していなかった。改革開放が進むにつれて上海や蘇州などでは多くの郷鎮企業が出現したことが指摘されている。現在では，中国各地で民営，私営企業が数多く生まれてきており，既存の旧国営，国有企業や郷鎮企業とは異なり急激な事業成長を遂げている。従って，組織形態により中国の企業は大きく様相が異なるため，中国の金型産業の成長を分析する上でも民営企業に対する考察が欠かせない。

　調査を進めるに当たり，次のような項目を重視した。第1に，設備投資と生産設備である。水野らの研究によれば，中国の金型産業では日本では考えられないような大規模な設備投資が行われており，それが急速なキャッチアップの要因の1つとして指摘されている。第2に，資金調達方法である。第1の視点から派生した要因であるが，既存研究では資金調達方法には触れられていなかった。民営私営企業と異なり，旧国有や旧国営，あるいは郷鎮企業では公的機関から資本金が投入されるため資金調達が課題となることはなかった。本章では民営企業，私営企業の生成と発展に焦点を当てているため，この項目は必須であろう。第3に，ユーザーの開拓プロセスである。中国に多くの外資系企業が進出していることは周知の事実である。さらにハイアールをはじめとする中国企業が急速に発展している。これらの企業は本章の研究対象となる金型産

業の顧客であり，いかにその顧客を獲得していくのかが民営金型企業の成長を規定すると考えられる。第4に，人材形成である。中国の金型産業では，後発の優位性をいかして最先端の工作機械を多数導入し，急速にキャッチアップしているが，その生産設備を使いこなすには技能者，テクニシャンが求められる。中国では技能者やテクニシャンと呼ばれる人材が不足しているといわれており，歴史の浅い金型民営，私営企業がどのように人材を育成（あるいは獲得）しているのかを明らかにすることは重要である。

## 1　浙江省の金型産業の概要

　中国の金型需要と生産の約75％が華東，華南に集中しており，華東地域では，浙江省と江蘇省，上海市が中心地域である。さらに，浙江省の中で寧波市と台州市が著名な金型産地であり，台州市は「金型産業の都」と呼ばれる程，金型企業が集積している。寧波市の金型産業を概観してみると，金型専業企業が1万5,000社，従業者20万人以上であるといわれており，金型生産額は288.9億元にのぼる。寧波市の中でも著名な金型産地が余姚市である。『中国模具工業年鑑2012』によると，2010年の金型販売額は110.25億元であり，余姚市政府は金型産業を重点育成産業，奨励産業に指定し，金型路，金型2路と呼ばれる街道を整備した。たとえば，優遇政策の中には，最先端の設備を導入する金型企業，20t以上大型金型の製造企業，精密金型企業，中国金型工業協会技術委員会から「国家級優質模具」を受賞した企業に対して奨励金を与える政策が含まれる。04年に市政府はさらに先進的な技術を応用する大型熱処理設備を導入する企業に対して，補助金を交付すると発表している。余姚市には数十年前から家内工業，機械工業が盛んに行われていた。その中から金型事業を中心に金型路へ入居してくる企業が多かったという。ここ数年，余姚市の金型産業における設備投資の規模は年々拡大しており，合わせて350台のワイヤカット加工機やMCが新規に導入されている。その結果，技術水準は大幅に向上している。

　現在では金型路，金型2路の2つの街道を合わせて300～400社の企業が集積している。金型路には約2万人の作業者，従業員がいるといわれており，余姚市全体の人口の約1/3を占めるという。さらに，余姚市の金型産業は家電向け

に特化しているという。中小金型，プラスチック金型が圧倒的に多い。

余姚市の金型産業の嚆矢は60年代に求めることができるが，発展の契機を掴んだのは「余姚模具城」の設立であった。2003年まで模具城の投資額は延べ13億元に達して，金型製造企業および関連企業500社が入居し，年間売上高は15億元にのぼる。中国における大規模な金型工業園区の1つとなっている。園区内に金型製造，素材流通，設計，測定などさまざまな業種業態が混在している。近年，余姚金型工業協会は規律を遵守し，品質・価格・材料・納期を重んじることを提唱し，産業全体および個々の企業の信用向上に努め，「余姚模具」ブランドの確立を目指している。

次に，台州市の金型産業の概観を述べる。台州市は人口約180万人，黄岩区は約56万人である。浙江大学経済学部の研究グループによると，台州市は数年前まで農村地帯が広がる低開発地域であったが，近年驚異的なスピードで工業化を達成していると指摘し，その現象を「台州現象」と呼んでいる。その概念を簡単にまとめてみると，台州現象がもたらされた背景には①ベンチャースピリット（企業家精神）と忍耐力があったこと，②行政の無為，③商人の能力，個人事業主の存在，④職人の存在などが挙げられるという。

台州市黄岩区人民政府副区長の陳福清氏（調査時）によると，1985年頃まで台州市全体は貧しい農村県であったという。台州市は「温州みかん」の発祥地である。その後，より開放度の高い政策を展開するようになり，農村から工業地帯へと産業構造の転換に成功したという。無数の中小企業が叢生しているところに大きな特徴がある。ただし，陳副区長によると，その特徴により地域内で過当競争が起こり，さまざまな問題が発生しているという。中小企業が群生しているのは望ましいことだが，圧倒的な力をもつ，つまり地域内をリードしていけるような大企業が少ない。そのため過当競争が起こり，業界内部の意思統一，節度のある競争環境が整わないなどの問題が発生するのかもしれない。これらの問題に対処するため，台州市政府の指示で副区長は浙江大学の金博士と緊密な連携体制を築いている。金博士は浙江省人民政府経済建設諮問委員会委員を務めており，台州市だけではなく広く浙江省の産業発展に対する指導を行っている。

2003年に黄岩区西城街道弁事処は，「西城模具城」と呼ばれる工業団地を整備した。年商500万元以上の企業を団地内に集約化させた。同団地には60社余

りの金型企業が入居しているという。西城エリアには以前から多くの金型企業が集積していた。現在は約2,000社あるという。その多くが 1 〜 4 名規模の町工場である。「西城模具城」のほかに，黄岩区の整備した「黄岩経済開発区」にも多くの金型企業が入居している。黄岩区内にはテレビ，エアコンのメーカーが多く，これらの製品ごとに金型企業も専業化，特化傾向が見られるため，顧客の固定化も進んでいるという。

　西城街道には改革開放前に100名規模の金型企業が立地していた。1970年代に 3 〜 5 社ほどあったという。サンダルや靴底のゴム用小物金型を生産していた企業からスピンオフが繰り返されていたという。この区内には歴史的に企業家精神のある人々が多く，現在の金型企業の集積につながっている。

　また，台州市黄岩区には2001年に私立の黄岩区模具職業学校が設立された。工業高校に相当する 3 年間の教育機関である。元々は公立の工業高校であったが，経営が破綻し模具学校が買い取ったという。教員は金型企業の現役技術者である。学生は各企業に派遣されて現場にて学習していくという。すでに働き始めている社会人向けの短期研修コース（ 2 〜 3 ヵ月）もある。黄岩区内の金型産業従事者は中卒以下が中心であり，03年から政府の補助金制度を活用してこれらの労働者を教育訓練しているという。地域の人材供給体制も整備されているといえる。

## 2　民営企業の生成と勃興

**創業の連鎖と技術的基盤**

　台州（以前の黄岩県）周辺では，昔から「補銅匠」と呼ばれる銅職人が多数，活躍していた。農耕・漁業の閑散期に道具一式を担いで，村から村へ渡り歩き，金属製の食器や日用品の補修やスペア鍵の製作などの仕事に携わっていたという。1970年代前半になると， 1 人の銅職人が上海でプラスチック製ボタンの金型を見て，自分でも作れると考え，あるボタン工場に出向き，下請生産を申し入れたという。これといった工作機械はなく，手動型の穿孔機を使用していた。ボタン金型の次に，プラスチックの靴底の金型の仕事も始まる。上海周辺の靴メーカーから多くの仕事を受注した。同時に，対応できる製品種類も増えていった。靴底のほかに，プラスチックの食器や弁当箱などの金型も生産

するようになる。金型職人も増え，多くの人々が自宅で金型関連の仕事に従事していたという。

1970年代末になると，郷鎮政府は職人を集めて，いくつかの郷鎮企業（最初は「社弁企業」と呼ばれた）を設立した。具体的には，「紅旗模具廠」「紅旗機械廠」「黄岩県模具廠」などである。80年代初頭になると，黄岩県政府は近代的な金型企業の設立に乗り出し，黄岩農機公司の傘下で「浙江模具廠」（準国営，「大集体」と称されていた）を設立した。ドイツ，スペイン，日本，台湾などから近代的な工作機械や，NCマシン，CAD，CAM，CAEを導入したという。技術者や従業員を海外へ派遣し研修させた結果，数多くの技術者が育成された。その「浙江模具廠」は黄岩の金型産業の基盤づくりに大きく貢献したといえる。なぜなら，現在，黄岩の金型企業のオーナーの大半はこの「浙江模具廠」からスピンオフしたからである。歴代の廠長（社長），副廠長（副社長）は約十数人，皆独立して，企業家となり独自の事業活動を展開している。「浙江模具廠」を第1番目とすれば，第2番目に当たるのが浙江陶氏模具集団有限公司である。浙江陶氏模具集団有限公司の前身は「浙江黄岩模具二廠」である。余姚市通運重型模具製造有限公司の前身と考えられる会社が「浙江黄岩模具六廠」である。「浙江黄岩模具六廠」は1994〜95年に設立された。「浙江模具廠」から6番目にスピンオフした企業であるため，旧社名に「六廠」があると推測される。つまり，国営企業からは少なくても6つの企業がスピンオフしたものと考えられる。

このように，台州市の金型産業の歴史を概観してみると，1970年代から技術的な蓄積が見られる。ゴム用の金型，靴底用の金型を生産する金型職人が多数，この地域に集まっていた。聞き取り調査によると金型産業全体の9割以上は靴底用の金型を生産していたという。さらにプラスチック用金型を生産する町工場が300社以上，立地し，1,200名規模の金型職人が活躍していた。これらの町工場，金型職人は台州市内に立地していたとはいえ，地域的なまとまりに欠けていた。そこで，町工場や金型職人を管理，集約しようとしたのが「中華人民共和国台州市模具委員会」である。この委員会の主導により台州市中工模具有限公司が設立されている。同社は町工場，金型職人を集約した集合工場（金型長屋のような建物）を管理している。

上海市模具工業協会での聞き取り調査によると，上海市内には780社の国有

金型企業があったが，改革開放後，徐々に倒産していったという。この時，国有企業にいた金型職人が各地域へ流出していったが，最も多くの人材が浙江省へ流出した。これは，上記で述べたように，郷鎮政府の積極的な受入姿勢があったからだと考えられる。改革開放が進み始めた1970年代末から80年代初めにかけて，上海周辺の国有企業出身の金型職人が大量に台州を含む浙江省に流入し，郷鎮企業，社弁企業の中核人材となったと考えられる。さらに，これらの郷鎮企業を母体として多くのスピンオフ企業が生まれた。現在の台州市の金型産業のルーツは上海市の国有金型企業にあり，その金型職人の大量流出が産業集積形成の契機になったといえる。国有企業出身の金型職人→浙江省の郷鎮企業（社弁企業）→台州市周辺に多くのスピンオフ企業が叢生→上海周辺のユーザー企業との取引により急成長という流れを経ている。

調査対象企業の諸特徴は，次のとおりである。第1に，創業者の経歴，創業の経緯である。6社のうち台州市新立模塑有限公司を除く全ての創業者が台州市の金型町工場の出身である。第2に，その急速な発展速度が挙げられる。第3に，大規模な設備投資とそれを可能にする資金調達が挙げられる。大規模な設備投資については既存研究でも指摘されてきたが，本章の調査対象企業では設備の高度化が確認された。これらの諸特徴を踏まえた上で次節において詳細な事例分析を行う。

## 3　浙江省金型民営企業の事例研究

本節では，事例対象とした6社のうち，郷鎮政府との関係のない純粋な民営企業である5社を取り上げて，創業から発展に至るまでのプロセスを詳細に見ていくことにする。その際，創業者の出自，調査時点の企業概況，発展の契機，顧客との関係性，周辺業者との協業などを中心にまとめていくことにする。

**町工場から上海の大手金型メーカーへ飛躍―上海屹豊模具製造有限公司―**
　創業者は台州でプラスチック金型の個人事業主として活躍していた。創業者は幼少期より金型生産現場に入り，独学で金型製作を習得していったという。台州ではプラスチック用金型のみを生産していたが，2000年5月に上海へ工場

を移転，新会社を登記して後に初めて自動車用金型を生産し始めた。

　最初の取引先は上海の「華普汽車」である。現在，上海VWとの取引が開始し，売上高全体の約半分を占めているという。日系企業ではマツダと取引が行われている。その他，現在，5～6社の日系企業から引き合いがある。これらの日系企業からの問い合わせは2005年に入ってから急に増えたという。董事長も日系企業との取引を望んでおり，総工程師（CTO）を交えて日系企業との商談にあたっている。同社の顧客としては，上海GM，安徽奇瑞，ルノー，重慶長安フォード，浙江吉利，広州風神，東風輸送，一汽VW，上海VW，煙台東岳通用，海南マツダ，華普汽車などがある。

　同社の金型は自動車内装用がメインであるが，新工場では自動車ボディ用の金型の生産も始めるという。具体的には，自動車のフロントフェンダー，サイドパネル用のプレス，プラスチック用金型が挙げられる。同社の資金調達方法は80％が国有銀行の融資，20％が自己資金である。

　上海の本社工場は金型専業工場であり，240名の従業員がいる。関連会社が2004年に山東省煙台にて設立された。投資総額は2億5,000万元である。煙台の会社では金型とプレス加工が行われており，従業員数は300名である。会社設立当初の投資総額は1億2,000万元であり，10台の3軸CNCマシニングセンター，1台の5軸CNCミリングマシン（フライス盤のこと），1台の調整測定機，5台の600～800tクラス旋盤で操業が開始された。本社工場には5軸のMCが1台，煙台の関連会社には3台ある。本社工場にはトライアウト用に5台のプレスマシンが設置されている。煙台の関連会社には15台の3軸CNCミリングマシン（日本製），7台の旋盤が配置されている。

　訪問時，第2工場を建設中であった。新工場には全体の管理部門と設計部門を設置する予定である。設計工程を新工場に集約化させていくことによって効率化を図る計画であり，新工場では，1,600名の従業員を新しく採用する予定である。

　新工場には3本のプレスラインを設置し，マシニングセンター30台，5軸MC10台，測定機（アメリカ製）3台，レーザー加工機1台，放電加工機3台などを配置する予定である。生産設備のほとんどは購入済みで，日本のオークマ，イタリアのPARPSなどが含まれている。すべて新品を購入しており，新工場に対する設備投資総額は5.6億元にのぼる。同社は新工場の立ち上げに合

わせて，2005年11月に日本人の技術顧問，アドバイザーを1名採用した。彼には工場全体の管理に対する助言を行ってもらう。

年間の金型生産能力は1,000組である。上海の本社工場と煙台の関連会社で各450組の金型を生産している。受注状況に応じて両工場の年間生産量を調整しているという。現在，本社工場は24時間体制，3シフト制で操業している。設計を除いた直間比率は8：2となっており，設計者を含めると間接比率は高まる。

本社工場の技術者45名のうち，金型設計者は35名である。煙台の関連会社にも同数の金型設計者が在籍している。金型設計者35名のうち，工程師と呼ばれる技術者は3名であり，第一汽車，第二汽車の金型部門の出身者である。総工程師は日本に7～8年ほど滞在した経験がある。来日当初は第一汽車から研修目的で派遣されてきたが，受け入れ先の日本企業側の要望で長期滞在することになったという。その他，外国人研修生として5～6名の技術者が日本の金型企業に在籍したことがあるという。

したがって，本社工場の従業員の約8割は省外人である。総工程師が人脈を駆使して採用してきた人材ばかりである。同社の売上高，会社の成長スピードが速すぎてOJTによる人材育成は間に合わなかった。急成長を支えるためには即戦力の人材が必要であったという。また，国有企業の再編が加速しており，高度な技能をもつ人材の流動性が高まっている。同社にとっても教育関連コストを掛けずに人材を採用することができる。

同社は台州出身の創業者が上海周辺セットメーカーとの取引をきっかけに急速に業績を伸ばしている。その背景には国有企業出身の金型技術者の大量採用，最先端の生産設備の大量活用などがある。こうした積極的な設備投資を可能にしているのは，セットメーカーの急激な成長に伴う金型需要の拡大であろう。急速に拡大している需要を満たすための積極的な設備投資は，ハード面に偏りすぎており人的資源の能力向上が追いついていない。その対策として日本人アドバイザーが採用されているのであり，彼らのもつ高い能力が貴重な資源になっているともいえる。長期的には大卒人材の採用と教育訓練に，短期的には国有企業出身の熟練工を採用していくという両面戦略を採用している。

## 余姚金型路における分業と協業―余姚市通運重型模具製造有限公司―

　同社は私営企業として10年の歴史をもつ。金型路に入居した初めての企業である。入居した頃の従業員数は10〜15名であった。同社の他に有名な企業には「美林」「遼東」などの金型企業があり，3〜4社の金型企業が金型路には入居しているという。これらの企業はプラスチック金型の専業メーカーであるが，同社の優位性はプラスチックとプレスの双方の金型が製作できることである。経営者である総経理の経歴であるが，彼は余姚市出身で町工場にて働いていた経験をもつ。金型職人として金型の設計から製作までを行う。CADやCAMなどの設計ソフトにも習熟している。15名程度の町工場であったが，中国企業の換気扇用金型の受注を契機に企業規模は一気に拡大したという。

　小ロットのプラスチック成形品に関しては同社で内製している。大ロットは同社が金型を納めて顧客が成形を行うという形で分業している。顧客は自動車関連，家電，医療機器メーカーであり，それぞれインナードアパネル用の金型，換気扇のフルセット型，フレーム型を製作している。換気扇用の金型は中国国内でトップシェアを誇る。同社の手掛ける金型は中型から大型の金型が多く，精密金型はまだ製作することができない。師康，方太，ハイアールなどが同社のメインユーザーで，3社の部品メーカーに金型を納品している。

　売上高のうち輸出の占める割合が30％であり，この数値は数量ベース，金額

表7-1　余姚市通运重型模具製造有限公司の生産設備一覧

| 機械名称 | 産地 | 台数 |
| --- | --- | --- |
| ソディックワイヤカット（大型） | 日本 | 1台 |
| ソディックワイヤカット（中型） | 日本 | 1台 |
| CNC加工センター（大型） | 台湾 | 1台 |
| CNC加工センター（中型） | 台湾 | 2台 |
| 型合わせ機 | 日本 | 1台 |
| ソディック放電加工機 | 日本 | 1台 |
| EDM（大型） | Hanchuan | 1台 |
| EDM（中型） | 台湾 | 1台 |
| EDM（小型） | 台湾 | 1台 |
| ワイヤ放電加工機 | 中国 | 8台 |
| プラスチック射出成形機 | 海太 | 6台 |
| プレスマシン | 中国 | 1台 |
| クレーン | 台湾，中国 | 6台 |

出所：会社提供資料パンフレットより筆者作成

ベースと共に同様である。輸出のうち日本向けが60～70％を占めているという。残りの30～40％は欧米諸国であり，イタリア，イスラエルなどが含まれている。日本向けの金型はほぼすべて日本のプラスチック成形メーカーに納入されており，それらの企業は日立製作所，松下電器の下請企業であるという。この取引はいわゆる「金型バイヤー」の仲介でスタートした。金型のサンプルをバイヤーに提出し，ユーザーの評価，検定を受けて取引が開始された。「金型バイヤー」は日本人の仲介業者であり，調査会社，紹介業者である。

　金型と成形加工の比率は7：3であり，同社の従業員数は150～160名である。そのうち20名が設計技術者であり，半分が管理職も兼ねる。生産設備は新品を購入している。創業者の自己資金のみで調達した。総額約1,000万元の投資である。月間生産組数は大型の金型で50組，中小型で30～40組であり，金型の種類別に生産実績を見てみると，プラスチック用金型が年間で250～300型，プレス用金型が年間で200型未満であるという。

　金型設計者の70％は内部で育成してきたという。その他の設計者は中途採用で外部から採用しており，広東省，浙江省などで金型製作の経験があるという。設計者は短大卒が多くベテラン設計者1名に対して1名の若手設計者がつき，マンツーマンで教育訓練を行っている。生産現場ではチームを編成し，ベテランを中心に技能形成を図っている。金型職人，ベテラン1名に対して2～3名の若手社員がつき，OJTにより教育訓練が行われているという。3年が1つの区切りになっており，一定の技能を修得する期間とされている。同社の

表7-2　通運重型模具人材配置一覧

| 部　　署 | 人数 | 台数 |
| --- | --- | --- |
| 金型設計 | 10 | |
| CAD，CNCプログラム | 4 | |
| 加工センターオペレーション | 6 | 3台 |
| 電極成形機 | 4 | 4台 |
| ワイヤカット | 5 | 10台 |
| プレス金型グループ | 28 | |
| プラスチック金型グループ | 30 | |
| その他加工設備 | 10 | 25台 |
| 金型トライ | 10 | 9台 |
| 営業 | 3 | |
| 財務 | 2 | |

出所：会社提供資料パンフレットより筆者作成

生産現場には職業高校，工業高校出身者が多く，数値制御や機械に関する知識をすでに習得している。

　金型の取引における契約形態であるが，金型の所有権はユーザー企業にあり，金型図面も製品の納入と共にユーザーに提供される。契約書にその点は明記されている。日系企業，中国系企業共に契約形態は変わらない。同社と長期的に取引を行っている金型部品加工メーカーが4～5社ほどあり，同社の周辺に立地している。すべて地元企業であり，カスタム部品の生産，加工を依頼している。

## 旧国営企業からのスピンアウト―浙江嘉仁模具有限公司―

　総経理は，地方出身であり高卒で働き始めた。郷鎮企業である「三雷模具」で見習いを始め，後に正社員となる。働きながら2年間，大学で金型技術を学んだ。会社経験，大学での勉強を基に独立したが，大きく失敗した。南京汽車に金型を納入しようとコンタクトを取ったが取引に結びつかなかった。失意のうちに黄岩区の郷鎮企業「三雷模具」に戻り，副社長になる。1995年，日用品用の小物金型の生産を目的に再度，独立した。同社は日用品用（靴，サンダル）の小物金型で創業したが，その後，家電用のプラスチック金型に進出している。2000年に自動車産業の急激な発展を機に，進出を始める。自動車の計器類のプラスチック部品，バンパーの金型を生産し始める。

　工業団地内に入居したのは2004年のことであり，それまでは黄岩区内に工場があった。新工場では金型製作とプラスチック成形を行っている。同社の金型は主に外販向けに生産されている。旧工場はまだ存続しており，プラスチック成形のみを行っている。従業員数は約200～230名である。技術者は40名以上であり，金型設計者は20名である。CAD，CAM共に12台ずつ所有している。ソフトウェアはCATIA，PRO/E，UGなどを使用している。CAMは女性の従業員が担当している。CAEと3次元測定機が1台ずつある。

　主な顧客は現代自動車，東南汽車，フィアット，ホンダなどである。日系企業の占める割合は小さい。マツダ，スズキ，日産（ブルーバード）などに対して金型を納入している。成形加工は台湾企業の「東洋」というメーカーにプラスチック部品を納めている。同社パンフレットによると，日本，ドイツ，フランス，インド，サウジアラビアなどに金型を輸出したことがあるという。同社

の売上高は年間で7,000万～8,000万元である。年産400型前後の金型を生産している。金型と部品成形の売上高に占める割合は半々である。

同社は外資系との取引を通じて能力を構築してきたといえる。外資系企業の精度要求水準が高いため，同社にとっては取引を通じてさまざま技術移転が起こる。生産設備を50台以上，使用するなど新品の生産設備を購入した。東芝製のマシニングセンターを4台，2005年に一括購入した。その他に森精機のMCを1台，中国企業（上海）の放電加工機を5台，常州市第二機械廠の放電加工機を9台，台湾企業であるHartfordと永進，友嘉精機のMCを3台，それぞれ購入している。従来，台湾製の中古工作機械を使用していたが，2000年頃から日本製へと徐々にシフトしてきた。これらの他に400 t，200 tのトライマシンが2台ある。

## 中国を代表するプラスチック成形メーカーへ成長
### ―浙江陶氏模具集団有限公司―

創業者は49歳である。1985年に29歳で独立した。95年，つまり10年後には現在の売上規模にまで成長した。陶氏集団は製造業と貿易を営むコングロマリットである。5つの子会社を所有，浙江陶氏模具集団有限公司はそのうちの1社であり，2003年に設立された。同社提供の資料によると，プラスチック金型では中国最大の設計製造規模を誇るという。山東省に別会社があり，その従業員数は200名である。この別会社はプラスチック成形会社であり，ハイアールの下請協力会社である。

同社提供の資料によると，同社には300名の従業員がおり，100名はスタッフ，200名はワーカーである。スタッフには営業も含まれ，金型設計者が30～40名，CAMプログラマーが20名である。金型設計者は高級管理工業技術人材である。ソフトウェアはPro/E，UG，CIMATRON，FFCAMなどが使用されている。

売上高は年間で約1.3億元である。外販金型が3,800万元，内製用金型が1,100万元，プラスチック部品が8,000万元という内訳になっている。同社の主要事業はプラスチック成形であり，売上高に占める割合は6割である。プラスチック用の金型は売上高の3～4割を占めている。同社の周辺には吉奥汽車というセットメーカーが立地しており，元々は自動車部品メーカーであったが，

表7-3　浙江陶氏模具集団生産設備一覧

| 機械名称 | 産地 | 台数 |
| --- | --- | --- |
| ワイヤカット | 日本 | 1台 |
| CNC500精密 EDM | 韓国 | 1台 |
| CNC900精密 EDM | 韓国 | 1台 |
| CNC1500精密 EDM | 韓国 | 1台 |
| NCマシニングセンター | 日本 | 1台 |
| NC縦型マシニングセンター | 日本 | 1台 |
| 高速総合 MC | 台湾 | 1台 |
| CAD/CAM 工作機 | アメリカ | 15台 |
| 高速縦型 MC | 日本 | 1台 |
| 金型総合 MC | 台湾 | 2台 |
| NCマシニングセンター | 台湾 | 1台 |
| MC | 台湾 | 3台 |
| NC穿孔機 | 台湾 | 1台 |
| 放電加工機 | スイス | 2台 |
| NC放電加工機 | 北京 | 2台 |
| NC放電加工機 | 台湾 | 1台 |
| 射出成形機 | 中国 | 4台 |
| 射出成形機 | 浙江 | 3台 |
| 型合わせ機 | 中国 | 2台 |
| NC 3次元測定機 | 青島 | 1台 |
| 精密彫刻機 | 中国 | 2台 |
| 精密研磨機 | 中国 | 2台 |
| CAD/CAM/CAE システム | 中国 | 3台 |
| 放電加工機（SPD1250） | 北京 | 1台 |
| 放電加工機（SFD） | 北京，台湾 | 9台 |
| ワイヤカット | 江蘇 | 16台 |
| 銑床 | 北京 | 1台 |
| 平面研磨機 | 上海 | 1台 |
| 平面研磨機 | 杭州 | 1台 |
| 汎用銑床 | 北京 | 8台 |
| 汎用回転銑床 | 浙江 | 10台 |
| 3次元測定機 | 北京 | 1台 |

出所：会社提供資料パンフレットより筆者作成

近年，セットメーカーへと成長した新興企業である。日本，アメリカ，フランス，カナダ，イタリア，インドなどにプラスチック製品を輸出している。主な顧客にはフランスのヴァレオ，トヨタ，RESTEL，ホンダ，VIDEOCON，海信，熊猫などの国内外の大企業がある。

黄岩区にはトライアウト用の射出成形機があるのみである。プラスチック成形は山東省の別会社で行われている。同社には東芝機械のマシニングセンターが7台ある。その他に、DAEHAN製の放電加工機が6台、牧野フライスのフライス盤（V55）が1台、台湾製（1994年）のMCが6台ある。このシステムでは大卒人材を生産現場に置くことが特徴である。金型の生産現場ではNC化が進んでおり、機械を操作するためには英語を理解する必要がある。これらの理由により大卒人材を現場に投入している。

**台湾系企業との協同による成長—浙江凱翔機械有限公司—**

同社は台湾企業と台州市出身の地元資本家との合弁企業として2002年に設立された。台湾企業の金型部門が独立する形で創業しており、台湾企業は自動車用ランプのOEMメーカーとして日系企業との取引もあるという。すでに台湾企業との資本関係が解消されているが、同社の金型のほとんどは台湾へ輸出されており、台湾内で製品が加工されている。

従業員数は400名であり、そのうち金型設計者は30名である。自動車用ランプの金型をフルセットで生産している。従業員の平均年齢は若く、約25歳である。ほとんどの従業員が黄岩地区の出身である。金型加工の約8割は外注している。周辺には金型加工を担う町工場が集積しており、穴あけ、切断などの単純加工を行うという。生産コストの削減とともに同社としては生産調整の際に

表7-4　浙江凱翔機械有限公司の生産設備一覧

| 機械名称 | 台数 |
|---|---|
| CNCマシニングセンター | 20台 |
| 放電加工機 | 10台 |
| EDM | 10台 |
| ワイヤカットEDM | 15台 |
| ラジアル穴あけ機 | 5台 |
| フライス盤 | 5台 |
| 研磨機 | 2台 |
| 旋盤 | 2台 |
| 平面加工機 | 1台 |
| 射出成形機 | 8台 |
| 三次元測定機 | 1台 |

出所：会社提供資料パンフレットより筆者作成

有効である。金型の機密部分，設計はすべて内製している。

　同社の金型鋼材はドイツ，イタリア，黄岩地区から調達している。同社のCADやCAMは台湾製で新品である。8台の放電加工機は台湾製を使用している。NCマシンは11台あり，3台は大型，8台は研削盤である。3軸のMCも使用している。台湾製の生産設備であっても治工具を日本から取り寄せているものもあるという。

　同社のパンフレットによると，金型のリードタイムは最短で43日である。金型の構造設計に1～3日，金型設計，組立図作成に3～15日，金型部品の調達に3～10日，金型部品設計に10～20日，金型生産工程の作成に1～3日，金型加工と仕上げに20～80日，トライアウトと品質保証に5～15日ほどかかるという。

　同社の急激な成長は偶然の要素が絡んでいる。2000年当時，自動車用ランプのフルセット金型の新しい発注先を探すため台湾企業の経営者は広東省，江蘇省などを訪問していた。台湾企業が中国国内での金型発注に切り替えようとしたのは，同業他社との競争を考慮したためである。台湾国内で金型を外注すると同業他社に機密情報が漏れる可能性があり，「機密情報保持」が最も大きな動機であったという。OEMメーカー同士の競争はそれほど激しく，中国国内でのコスト削減は念頭になかった。

## 4　民営企業の発展プロセス

**市場獲得と周辺加工業者の集積**

　この地域の創業を促している第1の要素は中国主要セットメーカーの集積である。台州市には多種多様なセットメーカーが集積しており，派生するような形で金型産業が形成されてきた。さらに，台州市のセットメーカーが中国国内において急速な成長を遂げていることも金型産業の発展に寄与していると考えられる。台州市の五大産業は自動車・オートバイ部品産業，ミシン産業，製薬産業，電子部品産業，プラスチック金型産業である。その中でも，製薬，電子部品，プラスチック金型の産業集積は国内でも有数であるという。

　第2に，浙江省の金型民営企業にとって，上海周辺のユーザー企業との取引が発展の重要な機会であることが指摘される。たとえば，上海屹豊模具製造有

限公司では最初の取引先は上海の中国系自動車メーカーであったが，その後，外資系企業との取引が開始され，売上高全体の約半分を占めているという。浙江嘉仁模具有限公司においても同様に，主な顧客は外資系企業である。前節でも触れたように，浙江嘉仁模具有限公司は元々，日用品用の小物金型で創業したが，その後，2000年に自動車産業への進出を始める。外資系企業との取引を契機として金型技術の向上を図り，自動車用のプラスチック金型が主な製品群になっている。日系企業の占める比率は少ないが，浙江嘉仁模具有限公司での聞き取り調査によると，日本，ドイツ，フランス，インド，サウジアラビアなどに金型やプラスチック製品を輸出している。

　金型を輸出する場合には，総合商社や専門商社などの仲介業者の存在が非常に大きな役割を果たす。日本国内のプラスチック成形会社に対して中国の民営企業が金型を供給しており，その金型により日本国内で射出成形をすることが多いからである。こうした取引の仲介を行っているのが上記の商社であり，それらへのアクセスを通じて中国金型民営企業は輸出機会を獲得していくのである。

　中国金型民営企業では，急速に成長する中国系企業との取引を1つのステップとし，その後，商社を経由して金型を輸出，あるいは中国国内の外資系企業へ金型を供給するという流れが見られる。同時に，本項で取り上げた4社は，すべて金型供給だけではなくプラスチック成形事業にも参入しており，その企業規模を急速に拡大している。そうした多角化は日本の金型産業でも見られる傾向であり，大きな相違はない。しかし，日本の金型産業と比較して年間金型組数が圧倒的に多く，1社内ですべて内製すると納期に間に合わなくなるケースが出てくる。浙江省余姚市や台州市では，周辺加工業者の集積が見られ，そうした業者を活用することにより金型民営企業は金型設計と仕上げに特化することが可能となっていた。

　余姚模具城にある遠東製模公司では，1つの金型を作るにあたって，同じ模具城の専門企業20社前後と役割を分担しながら行うという。たとえば，電極加工機は富強模具，標準部品は新建石墨，特殊鋼は力生鋼材，ツール（刃物）は精鋭といった形である。余姚模具城には，500社ほどが入居しており，金型製作の全工程を独自に行うことができる企業は1社もないという。それほど細かい分業が行われている。また，輸送などのサービスを提供する企業も入ってい

る。模具城には，鋼材の市場と貨物運送の市場があり，筆者らも現地調査でそれを確認している。一般的に，「通運」「聯通」「舜神」「遠東」など数少ない大手企業が受注し，設計と素材選定を行った後，加工や表面処理，トライなどの工程は模具城内の専門業者に委託するという流れになっている。

## おわりに

　本章の結論としては次の点が挙げられる。第1に，浙江省の金型産業では民営企業の圧倒的な存在感と急激な成長が見られたが，その背景には旧国営企業の再編と地方政府の積極的な誘致政策があった。本章は浙江省の余姚市と台州市の事例を基に分析を進めてきたが，改革開放が進み始めた1970年代末から80年代初めにかけて，上海周辺の国有企業出身の金型職人が大量に浙江省に流入し，郷鎮企業が設立された。これらの郷鎮企業を母体として多くのスピンオフ企業が生まれた。国有企業出身の金型職人→浙江省の郷鎮企業（社弁企業）→台州市周辺に多くのスピンオフ企業の叢生→上海周辺の外資との取引による急成長という流れを指摘した。

　第2に，このように成長してきた民営企業は，大規模な設備投資を行うようになるが，その資金は創業者の自己資金によって調達されることが多く，国有銀行からの融資は相対的に困難であるという事例が見受けられた。また，本章の調査対象企業では生産設備の高度化が進められており，中国や台湾の中古工作機械から日本の最新設備への転換が進められていた。

　第3に，本章で取り上げた金型民営企業は外資系企業との取引を通じてその技術能力を向上させていることが明らかになった。外資系企業の進出と共に，中国国内のセットメーカーが急速に台頭しており，こうした国内セットメーカーとの取引，あるいは金型の輸出などを通じて顧客を徐々に広げて，国内の外資系企業へのアクセスを可能にしていた。多くの金型を製作するためには生産加工外注が欠かせないが，浙江省の余姚市と台州市には加工業者の集積が見られ，本章の調査対象企業も積極的に活用していた。

　第4に，本章の調査対象企業では急激な需要の拡大に対応するため，地域内外の連携関係を構築し，金型技術の先進的地域から技術を積極的に吸収していた。標準的な作業に関しては生産設備の大量導入により対応できるが，その他

の作業では高度な技能をもった人材が欠かせない。広東省や日本から技術者や設計者を受け入れることにより，本章の調査対象企業はこの課題を克服している。さらに，興味深いことに本章で取り上げた企業の中には，社外の教育訓練機関と連携し，社内の人材育成に努めていた。長期的には内部で人材を育成し，短期的には地域内外の技術を積極的に活用する戦略であることが窺える。

最後に，内発的な産業発展の可能性について触れておきたい。蘇州モデルとは，郷鎮企業が主体の産業発展モデルである。温州モデルとは，商業資本を中心とする産業発展モデルである。つまり，技術能力がそれほど高くなく，家内工業が主体となるのが温州モデルであるといえる。その一方で，本章の調査対象地域である浙江省余姚市，台州市では職人の伝統に根付く技術的基盤と周辺の商業資本とがうまく組み合わされて産業が発展してきた。深圳や広東周辺の外資主体型経済発展モデルが上海やその周辺に波及し，現在の中国の急激な経済成長が達成された。しかし，中国が工業化のキャッチアップ段階にあることは間違いなく，次の段階へと進んでいくためには中国民営企業が国内で競争力を獲得していく必要があろう。浙江省余姚市，台州市の産業発展形態はそうした可能性を大いに想起させる。未だに国営企業中心の産業構造である東北地方に対しても本調査の事例は示唆に富むと考えられる。

（行本勢基）

注
1 ただし，渡辺（2001），丸川（2004），西口（2005）などは温州の商業資本の発展，民営企業の発展に焦点を絞った先駆的な研究である。本章で議論している台州市や余姚市の金型民営企業と温州との相違について分析していくことが今後の課題である。

**主要参考文献**
丸川知雄（2004）「温州産業集積の進化プロセス」『三田学会雑誌』96巻，4号。
水野順子編著（2002）『韓国・台湾の金型産業―技術革新と国際競争力―』日本貿易振興会アジア経済研究所。
水野順子編著（2003a）『アジアの自動車・部品，金型，工作機械産業―産業連関と国際競争力―』日本貿易振興会アジア経済研究所。
水野順子編著（2003b）『アジアの金型・工作機械産業―ローカライズド・グローバリズム下のビジネス・デザイン―』日本貿易振興会アジア経済研究所。
西口敏宏（2005）「中小企業ネットワークの日中英比較」橘川武郎・連合総合生活開発

研究所『地域からの経済再生―産業集積・イノベーション・雇用創出』第 6 章所収，有斐閣。
斎藤栄司（1994）「日本の金型産業―プラスチック金型産業と家電産業との企業間関係の研究のために―」『経営経済』第30号，大阪経済大学中小企業・経営研究所。
斎藤栄司（1996）「金型産業の国際比較研究―日・韓・台，プラスチック金型メーカーの聞き取り調査を中心に―」『経営経済』第31号，大阪経済大学中小企業・経営研究所。
斎藤栄司（1999）「「基盤産業としての金型産業」再論―日本的生産システムにおける金型生産の意味と事業規模・取引関係について―」『経済学雑誌』大阪商科大学，第100巻，第 3 号。
関満博編（2001）『アジアの産業集積：その発展過程と構造』日本貿易振興会アジア経済研究所。
渡辺幸男（2001）「中国浙江省温州市産業発展試論」『三田学会雑誌』94巻，3 号。

# 第8章　広東：部品加工集積とインフラ型産業の新展開

## はじめに

　広東省は中国で最初に改革開放が進んだ地域である。深圳や東莞には早くから外資系企業の進出が進み，広大な産業集積が形成されてきた。1980年代後半から軽工業，精密機械産業，電子機械産業などの産業分野で直接投資の受け入れが急増し，それに伴って部品産業の立地が進んだ。部品加工産業は金型を必要としたことから，この地域では中国でも最も早く金型産業が形成された。産業を構成する企業の多くはプラスチック成形用の金型企業であった。

　1990年代以降，広東省の経済発展は一貫して持続し，この地域は中国でも最大級の産業集積地域となった。複写機，複合機，デジカメ，エアコン，テレビなどの家電・電子機械産業では世界生産シェアの過半をこの地域が占めるようになり，この地域から全世界に向けた輸出が拡大した。同時にこれら完成品に使われる電子部品の生産シェアも急速に伸びた。労働コストの低さもさることながら，この地域の部品調達環境は世界でも有数のものとなり，この地区での生産活動が全世界的に見たときのローコストオペレーションの基準となった。家電・電子機械の産業分野に属する企業はこの地域で生産活動を行わない限り，コスト競争力を維持することが困難な状況となった。

　これに加え，2000年以降は広州を中心に日系自動車産業の集積形成が進みつつある。ホンダ，日産，トヨタの各社は相次いでこの地区に進出を図り，一次サプライヤーの進出も相次いだ。1990年代を通じて中国の自動車産業は上海VWや一汽VWのシェアが高く，日系企業は劣勢を強いられていたが，近年のモータリゼーションの進展に伴い，自動車市場が本格的に立ち上がり，日系各社がこの地域に投資攻勢を強めている。

部品・金型産業の立場から見ると，広東省に自動車産業集積が形成されることで新たな局面が到来したと言える。1つは加工分野の拡大である。いま1つは品質に関する要求の高まりである。広東省には多様な完成品を出口にもつ産業集積が広域にわたって形成されている。需要家の多様性と需要家が世界・中国市場全土を視野に入れた規模の大きな生産活動を展開していることが特徴である。そのため，この地域を見るときには，需要家の部品・金型の外注ニーズにも気を配る必要がある。このことを念頭におき，本章では第1節で広東省の金型産業について概況を述べた後に，第2節では特に自動車産業分野に焦点を当てて部品・金型産業の展開を把握し，第3節では電子・家電分野に焦点を当てて部品・金型企業の調査の結果を分析する。それらを踏まえて第4節で総括を行う。

## 1　広東省の金型産業

　広東省内の金型産業について中国模具工業協会編『中国模具工業年鑑2004』（中国機械出版社，pp.129-131）を参考にしながら紹介したい。2002年度，広東省の金型産業の生産額は160億元にのぼり，全国の44.4％を占めるまでになっている。輸出額は1.34億元，全国の53.2％を占め，中国随一の金型産業集積と言える。だが1980年代中頃まで，広東省の金型産業は基盤が貧弱で，金型専業メーカーはほとんど存在していなかった。

　1980年代半ば以降，衣服，情報機器，家電製品などの軽工業分野における直接投資を背景に，香港，台湾，日本から金型企業の進出が相次ぎ，同省の金型産業発展の原動力となった。これに伴い，国営企業の影響力が少なかったこの地域に中国私営の金型企業も雨後の筍の如く叢生した。

　1996年に広東省金型工業協会の実施した調査によると，当時，省内に金型製造事業所4,000軒余り，従業員数10.3万人，生産高総額50億元である。2000年になると，省内各種金型製造企業6,000軒余り，従業員数16万人，生産高総額120億元である。企業数，企業規模，生産高総額，平均伸び率のいずれにおいても，全国でトップクラスである。02年以降も，年平均20％弱の伸び率を維持している。

　中国金型工業協会経営管理委員会の統計によると，2002年度，中国の金型企

業上位50社（生産高2,000万元以上）のうち，11社が広東省の企業である。またトップ10のうち，5社が広東省に立地する。なお，同統計に入れられていないが，2,000万元以上の生産高を誇る広東省の金型企業はほかに14社もあるという。

広東省では，プラスチック金型の生産量が最も多い。そのほかに，ゴム金型，五金金型，自動車金型（二輪，四輪），アルミ金型，セラミックス金型も長足の発展を遂げてきており，種類が揃っている。

広東省の代表的な金型関連企業16社を紹介すると，①広東科龍模具有限公司，②順徳百年科技発展有限公司，③深圳康佳精密模具製造有限公司，④珠海格力電器股分有限公司，⑤広州広電林仕豪模具製造有限公司，⑥広東巨輪模具股分有限公司，⑦広東掲陽市天陽ゴム機械有限公司，⑧河源龍記金属製品有限公司，⑨東莞龍記五金製品有限公司，⑩東莞徳勝鋼材製品有限公司，⑪東莞匯科模具塑料製品有限公司，⑫忠信製模（東莞）有限公司，⑬鴻豊五金（恵州）有限公司，⑭中山志和家電製品有限公司，⑮南海華達高木模具有限公司，⑯順徳聖都模具有限公司などである。

なお，広東省の金型産業の他省と比べた特徴としては次の3点が指摘されている。第1に，プラスチック金型がメインとなっており，産業全体の生産高の約6割を占める。第2に，金型品質が比較的高い。多くの金型製品が国家級新製品と認定された。特に家電関係の大型プラスチック金型製造において優位性が顕著である。第3に，専門化と標準化のレベルが全国平均を上回る。

華南の広大な産業集積の発展を背景として，広東省には中国でも有数の金型企業が存在している。本章はその産業インフラの実力の一端をフィールドワークから明らかにする。

## 2　広州自動車産業の興隆と部品・金型関連インフラ

### （1）広州に集う自動車関連メーカー

**急峻な乗用車生産の立ち上げ**

広州における自動車産業の立ち上がりは急峻である。本田技研工業が進出したのは1998年であったが，翌年の生産台数は約2万台であった。それが2005年の広州市の自動車生産台数は44万台となり，08年には100万台を超える見通し

第 8 章 広東：部品加工集積とインフラ型産業の新展開

表6-1 広州市の自動車メーカー概要

| | ホンダ | | | 日産 | トヨタ |
|---|---|---|---|---|---|
| 社名 | 広州本田 | 第二工場 | 本田汽車(中国) | 東風日産 | 広州豊田 |
| 資本金 | 140百万ドル | | 82百万ドル | 200百万ドル | 140百万ドル |
| 所在地 | 黄埔区 | 増城市 | 輸出加工区 | 花都区 | 南沙区 |
| 生産開始 | 1999年 | 2006年 | 2005年 | 2003年 | 2006年 |
| 車種 | アコード, オデッセイ, フィット, シティ | | ジャズ(フィット) | ブルーバード, サニー, ティーダ | カムリ |
| 生産能力 | 24万台 | 12万台 | 5万台 | 30万台 | 20万台 |

注：生産能力は2006年末ベース。
出所：横浜港海外代表ニュースレター香港海外代表事務所現地情報「広東省の自動車産業(1)」，2006年8月25日

である。東南アジアの自動車王国とされるタイが，1980年代から地道に自動車産業を発展させてきて，2005年にようやく100万台を超す規模に成長したそのスピードと比較すれば，広州市の自動車産業の立ち上がりがいかに早いかがわかる[1]。

すでに広州市に在籍する日系企業は500社を超えたという。この中には自動車産業に関係する企業が多い。また中山市や仏山市にも各々約100社と約50社の日系企業が進出しており，ここも自動車関連企業が多い。裾野の広い自動車産業の進出が同市の経済発展に影響を与えている。

日系自動車メーカーの広州市進出は，プジョー撤退を受け，1998年7月に設立された本田技研工業と広州汽車の合弁「広州本田」に始まる。そして2003年6月に日産と東風汽車の合弁「東風日産」が本格生産を開始し，06年5月にはトヨタと広州汽車の合弁「広州豊田」も生産を開始した。これ以外に，商用車の分野ではいすゞと広州汽車の合弁「広州五十鈴」（バス生産）があり，設立計画中のものとして現代自動車と広州汽車の合弁「広州現代」（トラック生産）もある[2]。急速な立ち上がりにより，広東省の乗用車全国シェアは10%を超え，上海市についで中国第2位となった[3]。

### 3つの自動車産業地域

広州ではホンダ系，日産系，トヨタ系が各々大規模な自動車産業集積を形成している。ホンダ系は黄埔区（広州本田），増城新塘工業加工区（第2工場），広州経済技術開発区（本田汽車（中国））にまたがる敷地を確保しており，最

151

大の規模を誇る。ここに広州本田汽車，東風本田発動機，本田汽車（中国），五羊本田摩托車，宝龍汽車などが立地している。広州本田の生産能力は年産24万台であり，2006年9月より年産12万台規模の第2工場が稼働した。第1・第2工場ではアコード，オデッセイ，フィット，シティなどの車種を生産しており，広州経済技術開発区では輸出用車種のジャズを生産している。

広州市には自動車部品メーカーも多く，ショーワ，ケイヒン，菊池プレス，丸順，NTN，スタンレー電気，東海ゴムなど33社が進出している。ホンダ系サプライヤーも多い。ただし，広州本田の取引先である日系関連部品メーカーは，広州市，中山市，仏山市，東莞市，さらには北部の清遠市，西部の肇慶市と幅広く分散している[4]。

サプライヤーの数の多さと立地の多様性は，ホンダが部品調達の現地化政策を早くから推し進めてきたこととも関係している。中国のWTO加盟に伴い，自動車・自動車部品の輸入関税は2002年以降段階的に引き下げられている。こうしたなか，広州本田は，輸入部品よりも競争力のある現地部品を調達するために，部品メーカーに材料を含めた部材の現地化，現地設備の積極的活用，現地労働力の運用などを促し，自らも実践してきた。

次に，東風日産は新広州国際空港近くの花都区の「汽車城」内に中核サプライヤーを集中立地させている。日産と広州とのかかわりは，日産が東風汽車系列の風神汽車へ技術協力する形でブルーバードを生産したことに始まる。2002年9月に日産と東風は折半で「東風汽車」を設立し，商用車部門は東風ブランド，広州風神汽車を母体とする乗用車部門は日産ブランドとなった。花都地区にはエンジン工場や設計センターも立地する。

生産開始は2003年6月で，現在はブルーバード，サニー，ティーダなどの車種を年産16.5万台生産している。花都地区にはカルソニックカンセイ，日立ユニシア，ユニプレス，桐生，鬼怒川ゴム，本郷，ヒラタ，川西工業，今仙電機，タチエスなどの日産系を中心とする自動車部品サプライヤーが31社進出しており，広州本田が立地する広州地区とほぼ同じ規模のサプライヤーの集積が形成されている。

最後にトヨタ系は広州南部南沙国際自動車産業圏に集積を形成している。広州豊田汽車有限公司を中核として，広州トヨタエンジン工場，関連部品産業，物流基地，サービス業が進出している。2006年にエンジン30万台，完成車10

第 8 章　広東：部品加工集積とインフラ型産業の新展開

表 6-2　広東省進出日系自動車部品メーカー数　（社）

| 広州市内 | | 恵州 | 8 |
|---|---|---|---|
| 　広州 | 33 | 深圳 | 4 |
| 　花都 | 31 | 珠海 | 4 |
| 　南沙 | 16 | 汕頭 | 3 |
| 　増城 | 4 | 肇慶 | 1 |
| | | 清遠 | 1 |
| 佛山 | 23 | 湛江 | 1 |
| 東莞 | 14 | | |
| 中山 | 13 | 計 | 156 |

出所：横浜港海外代表ニュースレター香港海外代表事務所現地情報
「広東省の自動車産業(2)」2006年10月20日

万台の年産能力を確立し，将来的にはエンジン50万台，完成車30万台まで拡大する予定である。

　近隣に広州鋼鉄企業が工場移転し，良質な鋼鉄が供給可能になること，年間300万 t の造船基地を有することなどが魅力であり，トヨタ自動車の進出に合わせて南沙開発区も約300億元を投入して道路，橋，汚水処理などのインフラ整備にあたっている。デンソー，豊田鉄工，アイシン精機，アドヴィックス，フタバ産業，豊田紡績等の主要部品メーカーが進出している。

　このように，広州の自動車産業は「中国のデトロイト」と言われるほどに活況を呈している。以下では各社の取り組みと金型調達を順番に見ていきたい。

## （2）花都汽車城について
### 巨大汽車城の建設と整備

　花都汽車城には東風日産を中心に，日産系サプライヤーが多数進出しており，99％が自動車関連企業である。中国系企業がその中で最も多く，浙江省（有名な自転車メーカーは『銀三環』）や広東省からの進出企業が多いという。中国国内の企業が進出してくる理由としては，華南地域の経済発展，交通インフラの整備と充実度（陸，海，空），人的資源の優秀さなどが挙げられる。東風汽車の本拠地からの進出企業も多い。風神汽車は東風汽車と台湾系企業（リューロン汽車）との合弁企業である。

　中国国内には花都の他に上海と長春に汽車城がある。広州市では広東経済開発区，南沙区，花都区と3つの汽車城があり，近年最も自動車産業の工業化が進んでいる地域と言える。

### 花都汽車城のインフラ面での強さ

　汽車城は省クラスの開発区になる。空港高速道路も整備されており，花都経由の高速道路は5本ある。花都区内には港湾もあり，珠江の支流が流れている。500ｔクラスの船舶が着岸できるが，将来的には1,000ｔクラスの船舶も着岸可能になる。香港からの運搬は1日である。自動車部品メーカーでは，ほとんどの部品をこの港湾まで運んでいるという。税関も配置されているため，香港で積換して花都区内の港湾までより小さい船で入港してくるという。

　汽車城内に広州汽車学院という大学がある。華南理工大学の分学院であり，2006年秋に学生募集が始まり，授業が開始されている。理工大学の本部は広州市内にある。汽車城内部の労働者はほとんどこの周辺から来ている。この会社では自動車関連の人材データベース「中国自動車人材市場」を整備している。

### 花都汽車城内の進出企業と金型調達

　2000年当時，日産台湾系の神龍汽車が東風汽車との合弁会社（風神汽車）を花都区に構えていた。これがそもそもの汽車城建設の契機である。その後02年頃に日産自動車と東風汽車の合弁企業がここに設立されることになり，日系企業の進出が相次いだ。進出の仕方を見ると，本田は広州本田設立時にサプライヤーを熱心に勧誘，中国進出を促したが，日産は当時日本でサプライヤーとの資本関係を解消する方向にあり，部品メーカーにそこまで強い勧誘を行わなかったと思われる。その点が対照的である。

　東風日産ではまずサニーとブルーバード（シルフィ）を生産した。現在はティーダも追加されている。ティアナは湖北省襄樊市ある工場で生産されている。2007年は花都の工場で20万台を目標としている。近年，日産系の自動車サプライヤーも多数進出してきているが，その後トヨタの進出やホンダの新工場建設が決まり，販路も拡大している。また一部の部品については東風汽車の本拠地である武漢から花都汽車城に納められている。

　進出企業の金型調達についてであるが，東昇機械（台湾系溶接，順送プレス部品企業）などは日本の金型企業と連携し，調達している。カルソニックカンセイなどは金型を内製している。プレス部品メーカーであるユニプレスの金型はまだほとんどが日本製である。金型の現地調達化は主として今後進んでいくと思われる。

## （3）広州愛機（GHAPII）

### 広東と武漢への事業展開

　広州愛機は花都区花山鎮の開発区内にある。資本金は1,600万ドル，総投資額は2,500万ドル，2002年に生産が開始され，工場の増設も第3期に至っている。05年に広東省清遠市と武漢市に関係会社を設立した。清遠市の会社は投資規模225万ドル，従業員350名，武漢市の会社は303万ドル，350名でスタートした。

　生産品目はミドルクロスメンバー，フロントホイルハウス，リアホイルハウス，フロントサイドフレーム，リアフレーム，フロントバルクヘッドなどである。自動車セットメーカーではホワイトボディと呼ばれる車体骨格部品として使用される。日本人駐在員は15名である。総経理1名，副総経理2名，部課レベルは日本人と現地人のダブルキャストである。従業員は約1,000名である。

　広東省の2拠点ではホンダ黄埔工場，増城工場，中国ホンダの3拠点に部品を納入している。黄埔，増城のホンダ工場ではアコード，オデッセイ，シティ（セダンタイプ），ジャズ（日本ではフィット）が生産されている。黄埔はすべての車種を生産するセダンの主力生産工場である。増城工場ではアコードのみの生産であるが，いずれオデッセイの生産も行われる予定である。黄埔の近くにはホンダの輸出専門工場（中国ホンダ）が設立されており，ドイツ向けにジャズ（日本ではフィット）が輸出されているが生産台数としては少ない。武漢市の拠点は主として武漢ホンダに納入している。

### 広州拠点設立の経緯

　広州愛機は2002年に広州市で操業を開始したが，当時の従業員数は322名，売上高は20万元であった。その後ホンダの生産台数の伸びとともに規模を拡大してきた。05年には完成車24万台分の部品を製造し，従業員数1,099名，売上高7.45億元を誇る。

　2005年頃はホンダの拡大に伴い，当工場を拡大するか，別拠点を設立するかで議論があったが，従業員調達の可能性と人材マネジメント面を考慮して，清遠市に別拠点を設立した。清遠市は広州市の隣にあり，当工場から40分の距離である。

　2005年末にCADシステムも導入した。日本本社では金型を外部から調達し

ているが，ここでは金型製作を内部で開始している。台湾製の5軸加工機1台，日本製のMC3台をそのために導入する。

**充実化する広州工場と金型調達**

同社の工場には2,500 tのトランスファープレス，ブランキング，プログレッシブのプレス機械が配置されている。進出当初はタンデム型のプレスを導入していたが，現在は徐々にトランスファープレスを導入している。関係会社でも同様のトランスファープレスが導入されている。

溶接ラインはまだ労働集約的である。ポータブルな溶接設備が主体であった。オデッセイの骨格にはハイテン材（高張力鋼板）を使用しており，そのために溶接ロボットを導入した。

近年，材料のうち高張力鋼板（ハイテン材）の占める割合が増えてきており約4割を占める。高張力鋼板の特徴は衝突安全性と軽量性を兼ね備えていることである。プレス機もこれに対応できるものを導入していく予定である。

金型については当初日本，韓国，台湾，タイから輸入していた。2002年頃から金型内製化を検討し始めたが，しばらく足踏み状態が続いた。04年に担当者が派遣され，ようやく進展を見せ始める。なお日本での金型内製化比率は10〜15％である。

**金型の内製化について**

金型の内製化にあたり，大きな課題は安定した品質の素材をいかに調達するかである。たとえば，特殊鋼を調達する際に，より良い品質の素材が少ない。安定した品質の保証，技術の保証が期待できない。量産を途中で止めることにつながりかねないため，慎重に素材を選んでいる。トヨタは天津の自社工場内部に鋳物工場，金型製作工場を保有しているが，ホンダ系の鋳物サプライヤーはまだ中国に進出していない。中国系の鋳物企業を探そうとするが，品質問題につきあたる。

トヨタは戦略的に金型の現地化を進めているように見える。ホンダの場合，二輪車部門が進出しているために金型の現地調達化が進んでいる印象を与えるが，実際はそれほどでもない。外注金型メーカーの育成は最近取り組み始めた。従来は周辺に優秀な金型メーカーがなかったため，内製しかなかった。現

第 8 章　広東：部品加工集積とインフラ型産業の新展開

在は金型の内製化比率を日本と同様の15％程度にすべく，外注先の育成に取り組んでいる。

　技術的に見れば，金型製造工程の中で，電機・樹脂用の金型は機械加工に依存する部分が大きい。プレス金型は機械加工よりも仕上げ工程に依存するところが大きい。天津に立地しているある日系企業の中には金型の機械加工を外注して「熟成工程」のみを社内で行うところもある。ハイテン材のような高品質材料を加工する場合になると，データや経験もないためにプレス加工をしてみないと分からないことが多い。そのため金型の調整は社内で行う。この会社の場合，金型設計を日本で行い，機械加工は中国のローカル企業に外注化，中国現地法人では仕上げと熟成のみを行う。

　金型素材はすべて日本から輸入している。ホンダには材料研究所があり，素材などはそこで承認を得なければならない。ここのチェックは厳しく，中国系や韓国系のものでは品質のばらつきが激しく，検査を通りにくい。

　金型という製品は繁閑の差が激しい製品である。生産設備をピークに合わせて配置しなければならないが，もちすぎることは経営的にマイナスである。設備をもちすぎると稼働率が悪くなる。そのため，一定の内製化率を維持しつつも外注化を図る方針である（目安は3割程度）。金型人材や設備も需要に合わせて採用する。

　自動車の製品開発はすべて日本で行われるため，部品の製品図はすべて日本で起こす。日本では技術者が顧客企業の製品開発部門に駐在して部品図面を完成させていく。一般的に中国の車種は日本や北米で販売されたものであり，製品図，工程図，金型図面全てを日本側から支給してもらう。

　しかし近年は中国国内で模倣品の横行が目立つため，知的財産権保護の観点から工程図面などを本社から出さないこともある。その場合，こちらで製品図から工程図や金型図を作成する（設計自体は外注することもある）。このあたりの判断は，その時々の技術の状況による。たとえば軟鋼板を加工するようなプレス金型はすでに陳腐化しつつある技術に基づいており，金型図面を送っても問題になりにくい。工場の中には技術課の中に金型設備と溶接設備があり，金型の設計者はこの部署に在籍している。

### 金型外注化と現地金型メーカー

　金型の外注化についても2004年から検討してきた。まず検具を含めた金型標準部品の調達を始め，品質の状況を見た。その後，試作部品の金型を調達し始めた。外注先としては，旧国営企業出身の企業が多かったが，最近5～6年で多くの民営ベンチャー企業が創業しており，台湾系金型企業と共に台頭してきている。

　この工場の周辺には弱電関係の金型企業や機械加工企業が多い。しかし彼らがすぐに自動車分野に対応できるわけではない。弱電系の金型企業の場合には，これまで比較的部品形状の起伏が小さい部品を手がけてきた。そのため当社のような彫が深く，形状の複雑なプレス部品となると金型や部品加工も行うことができなかった。

　また鋳物の品質に課題がある。現時点では鋳物の表面と内部構造の品質は日本製の方が中国製よりも圧倒的に高い。日系企業から鋳物を調達したいところだが，彼らの生産能力も限られて，納期に対応できない。そのためローカルの外注先を育成しようとしている。金型を外注するときには部品とのワンセットで行う。金型のみの外注ではない。

　金型外注先は30社程度にのぼる。うち広東では15社ほどである。その他に煙台，重慶，天津，上海，福建，成都などの企業が多い。彼らには金型図面を提供して素材の調達から金型加工まで全てを任せている。広州愛機から生産改善の提案などは行うが，素材調達などは指示を出さない。複数の金型企業と付き合うことは分業による納期対応の意味もある。

　旧国営企業出身の金型企業の場合，従来の一般的な材料の金型は任せられるがハイテン材用の金型の発注が難しい。ハイテン材用の金型は焼き入れ，熱処理の段階から注意が必要であるが，旧国営企業系金型メーカーはそうした経験がなく，当社のやり方をなかなか理解してもらえない。

　ある台湾系企業に発注したこともあるが，SKD11素材を指定したにもかかわらず，中国材を使用し，熱処理後に金型にひびが入っていたこともある。熱処理の際の硬化度が低いことが問題であった。外注化の場合，当社は日系金属メーカーの素材を指定購入させている。ボルトやナット類でも同様で，当社は日本材を指定している。

　広東省周辺の金型メーカーは日本と比べても豊富な生産設備を保有してい

る。機械加工能力に関して問題はない。しかし上記のような諸条件の取り決め，ビジネス上の約束などに課題が残る。中国の金型メーカーは生産設備に依存する傾向が強く，技術者や技能者の育成が進んでいない。進歩の割にヒトが追いついていない。

なお軟鋼板加工のプレス加工金型に関しては現地系企業とのコスト競争が激しくなっている。中国系企業もハード面の設備拡張だけではなく，ソフト面での能力の重要性に気づき始めている。競合相手になる企業は上海に1社あるが，すぐには追いつけない。ただし日本人退職技術者がスカウトされるとソフト面でも差を縮められる懸念がある。

## (4) 広州豊田発動機

### エンジンの現地生産体制

広州豊田発動機は2004年2月24日に設立されて，登録資本金は17.26億元である。出資比率はトヨタグループが70％，広州汽車が30％である。投資総額は40.7億元で合弁期間は30年である。敷地面積は31.9万 $m^2$ であり，第1期の建屋面積が3.9万 $m^2$，第2期の建屋面積が3.98万 $m^2$ である。なかには，2つの機械工場や2つの鋳造工場が設けられている。同社が立地しているサプライヤーパークには，トヨタ系のサプライヤー13社が立地しており，広州空港から40分の距離にある。

この工場で生産している部品はシリンダーブロック，シリンダーヘッド，クランクケース，カムシャフト，クランクシャフト，コンロッドなどである。こうした部品を組み立てて作られるエンジンはトヨタのカムリ，RAV4，エスティマなどの車種向けである。

生産開始については，第1工場は，クランク，カムシャフトなどエンジン部品ラインが2005年1月からであり，エンジン組み立てが同年11月よりスタートし，輸出も行っている。第2工場では06年11月からクランク，カムシャフトなどエンジン部品の生産を開始しており，エンジン部品の組立は12月からスタートする予定である。単品ベースで35万セット，サブアセンブリベースで12万5,000セットである。そのうち，中国国内向けが10万〜20万台分であり，残りは輸出を考えている。

組織面では，工場長直轄で製品技術部と製造部がある。製品技術部では，製

造現場の工程管理を担っており，製品の設計は日本で行っている。また，工場とは別の組織として，総合管理部，財務部，調達部が設けられている。調達部長は日本人であり，副部長は中国人である。

同社の設立目的はトヨタグループの海外生産拡大に見合うエンジンの現地生産体制を整えることである。トヨタは日本国内だけでなく，海外でも生産拠点を増やしており，広州でもそれに対応してエンジンから生産をスタートした。

輸出については，2006年見込みで，26万台の生産の中で，約20万台であり，南砂開発区の総輸出の12.8%である。これは広州全体の総輸出の約1%にあたる。輸出は，日本，タイ，台湾など向けであり，日本向け輸出は単品，タイや台湾向けは部品のサブアセンブルの状態で輸出している。

### エンジンの生産プロセスにおける金型

同社はDC金型を有しており，過去には，金型の交換に40分もかかったこともあったが，今は5分で済むようになった。それには，脱着が簡単なスライド式への変化が重要であった。治具を使った作業は，過去には馬乗りになって行って，安全面で問題があったが，最近は改善されている。工具には番号がついており，整然と管理されている。

金型には消耗性部品も使われており，こうした部品が金型部品総数の約35%の割合を占めている。金型のメンテナンスのポイントも日本の工場と同じである。ただし，最近はAC加工が増えているので，機械によるメンテナンス作業が増え，人手による金型メンテナンスは減っている。そのため，機械は3直であるが，人の作業は2直で行われている。クリーンルームの外で洗浄してから，クリーンルームの中に搬入する。その理由は，金属加工によって出る切子が加工不良を惹き起こす可能性があるからである。

### 材料と金型の調達政策

材料の仕入先は24社であり，そのうち12社が日系企業である。純粋なローカル企業は2社にすぎず，現地調達率は金額（総調達額）ベースで8割程度である。自動車用鉄鋼は，日本から輸入する場合も現地の加工プロセスを経て調達している。鉄鋼スクラップは中国国内では調達せず，アジア，オーストラリアから輸入している。アルミはアメリカとオーストラリアから調達している。特

殊鋼は，日本の愛知製鋼などから調達しており，一部は昆山の豊田自動織機からも調達している。研磨用刃物も日本から輸入しており，熱処理，表面，評価などと関連する材料は，日立系など日系企業から調達している。

特に，材料の調達と関連して，上流の材料に近ければ近いほど，ばらつきの問題が大きくなり，それゆえ，こうしたばらつきの低減のためのきめ細かい管理が要求される。

一方，現地のエンジニアは，アメリカ的な発想が強い人も多い。つまり，日本のエンジニアは，現場を重視して，職人の仕事もやりこなしているが，一部の中国のエンジニアは，現場より体系を重視して，細かいことは現場の職人に任せ，自分はかかわりたがらないことがある。そのため現地の材料メーカーからの調達を増やしていく上で不安要素が多い。これは材料の現地調達を妨げる要因でもある。

部品のみに絞ると現地調達率は40％であり，日系企業からの調達は少なくない。品質に重要な影響を及ぼすものはどうしても日系企業（現地法人を含む）からの調達になる。しかも日系現地法人の場合もアセンブルや最終加工のみを現地で行い，上流加工は日本でやって輸入している企業も多い。日本からの輸入の場合，たとえば，日本のデンソーからサブアセンブルした状態でここにもってきているが，今後は中国内でサブアセンブリまで行うように転換していくであろう。

金型の調達は，金額ベースで7～8割を中国で調達している。ただし，要求される品質基準が厳しいので，現地調達といってもほとんどは日系企業からの調達である。将来的には，中国金型企業からの調達を増やしていく計画であるが，金型一式を丸ごとに調達することに関しては，日系金型企業と協力しながら，現地ローカル企業を育成し，調達を慎重に進めていく必要がある。

金型の中でも保全用の金型は，設備の稼働率を高める必要性も強いため，今後，現地企業からの調達を増やしていくことが合理的である。ダイキャストに関しても1年で償却可能であるので，コスト面を考えると，ローカル金型メーカーからの調達を増やすことが望ましい。しかしプレス金型に関しては，材料との兼ね合いもあり，現状ではローカル金型企業からの調達を進めることが難しい状況である。

## （5） APAC（高尾菊池）

### 2つの親会社による折半出資

　APAC（高尾菊池）は自動車車体の板金骨格部品を生産している日系自動車プレスメーカーである。ホンダの進出と増産にあわせて2001年に設立した。設立当初の資本金は1,700万ドルで，総投資金額は4,980万ドル，敷地面積は7万2,359m$^2$で，建物延面積は2万5,929m$^2$である。

　第1工場で2002年11月に量産を開始しており，03年末には第2期工事で，工場面積を2倍に拡張した。また06年5月には需要ユーザーの広州ホンダなど向けの生産倍増計画に対応すべく第2工場を設け，その際に資本金を1,500万ドル増資した。第2工場への総投資額は5,010万ドルで，敷地面積は，6万7,319m$^2$，建物面積は2万2,717m$^2$である。

　さらに2006年末には，第1工場に生産技術・金型製造の増築を行い，開発生産準備から量産加工の総合体制を整えている。同社の従業者数は1,200名弱であり，日本人は17名である。人員構成を見ると，従業者の約6割が溶接作業，約3割がプレス作業である。

　この会社も日本の2つの親会社の折半出資によって設立された現地法人である。片方の親会社は戦前に設立された老舗企業であり，資本金は3億3,200万円である。もう片方の親会社は1947年に東京で設立されており，資本金は15億3,100万円である。両社の合弁企業は広州だけでなく，アメリカやカナダ，中国の他所にも設けられている。同社製品は，ホンダ向けが8割であり，トヨタ，日産などへの納入が2割位である。ホンダ系は広州ホンダをメインとしつつ，一部中国ホンダにも納入している。

### プレス金型の調達と内部金型部門

　現在，金型の調達は日本からの輸入が50％，中国内での調達が50％である。金型の熱処理などの材料も日本製である。しかし今後は金型の現地調達化を進めていく方針である。つまり，現地で金型を調達して，最後の仕上げを同社が行うという仕組みをつくりあげることが期待されている。

　金型については2ヵ月先の生産に差し支えのない分まで保有している。発注した金型のリードタイム（受注から完成まで）は約7ヵ月である。

　金型の外注先は17社である。外注先の地理的な所在は，広州，重慶，上海，

煙台など多様である。ほとんどが中国企業であり，（元中国国営の）民営企業が多い。それらの企業の中では，元々家電向けの小型プレス金型に携わっていた企業群もあり，金型事業が本業でない企業も少なくない。後者の企業群は，元々大工場を有している企業であり，従業者数1,000名規模の企業（金型だけでは300名位）が多い。それゆえ，金型事業自体の採算はそれほど重視されず，日本の金型企業に比べても1桁大きい設備投資を果敢に行っている。ソフト面で足りないノウハウや経験を，設備力をいかしてカバーしているといえる。こうした設備投資の主な狙いは自動車関連の金型事業を増やすことにある。

　一般的に，東莞地域の金型メーカーは，従業者500名ほどで，200tプレスや，数十台のワイヤカットを保有しながら操業している企業が多い。1つの企業はある部分に特化しており，その工程について同じ機械を数十台並べて作業することが特徴的である。その代わり，企業間の分業体制が細かに進んでいることが台湾系や華南系の特徴である。

　金型事業を採算に乗せるためには，部品の量産を行わなければならず，部品生産量が増えることによって，金型の平均費用も低下する関係にある。金型メーカーが金型を生産する場合には，受注時に代金の半分を受けて，納入してから残りの代金を受ける。

　1車種に使われるプレス金型は約300個あり，プレスメーカーが金型のすべてを内製するわけにはいかない。同社の金型内製率は10％以下である。特に，社内の金型部門はゼロからのスタートであったので，人員は，生産技術を合わせても，7名の中国人が働いているにすぎない。ただし，12名の中国人従業者を日本の親会社の工場に研修させている。

　日本滞在時の査証発給が難しいなどの難点はあるものの，今後，これを制度化していくつもりである。その他，日本の親会社から，1年単位で1名のエンジニアが派遣されている。なお，今後，退職した日本の金型エンジニアを3名位採用する計画である。現に，第2工場の空いているスペースには，金型部門を拡充する予定である。

　他方，外注先の協力企業との関係についてであるが，同社は外注先企業の品質を高めることを最優先と考えて図面情報を共有している。需要家の生産が大幅な拡大期にあり，外注先をうまく使わないとプレスや金型の生産拡大が追いつかない中で，いかに金型の品質をキープするかという本質的な問題があり，

そもそもジレンマが伴う。内部の金型部門を強化するのも，こうした問題に対処できる能力をつけるためでもある。

### （6）小括

　金型の現地調達については現在取り組んでいる課題の1つと認識する企業が多かった。特に良好な大型プレス金型を現地調達できるまでには時間がかかりそうである。川上の段階における部品と金型の設計能力，高張力鋼板の材料特性を十分に理解したうえで確実に仕上げや熟成を行う能力が定着するまでには，少なからぬ時間と技術上の指導が必要になる。

　華南は家電や情報機器のプラスチック成形の金型メーカーはあるものの，プレス技術をもった企業が少ない。中国全土を見ても，満足できる企業は少ない。しかし旧国有企業にルーツをもつ民営企業は経営に積極的であり，家電から自動車への対象とする産業分野を広げつつある。

　いずれはこうした企業にも実力がついてくるものと思われる。そのときに彼らをうまくいかして，プレスやダイキャストに求められる金型を迅速かつ柔軟にアレンジすることができるかが鍵であり，そのために各社は現地法人内部に外部とのコーディネーションと設計や仕上げなどの仕事を行う専門の金型部門を設置し，強化しようとしている。

## 3　深圳・東莞の電子機械産業集積と金型関連インフラ

　続いて，広州から深圳と東莞に場所を移して，華南の家電・情報機械産業集積と金型を中心とする事業インフラの状況を見ていきたい。華南の電子機械産業集積が形成された歴史的背景は冒頭で述べたとおりで，ここでは日系3社についての現況を検討する。

### （1）シナノケンシ（東莞信濃馬達有限公司）
**グローバルビジネスの概要と華南での取り組み**

　シナノケンシは戦前より繊維事業を営み，戦後に精密電機や電子機器に事業展開して，成長してきた会社である。製品別売上高構成をみればモーター事業部が6割を占め，システム装置事業部が38％，エンジン素材や繊維などが2％

である。今は98％が電機関連の製品である。

　同社のモーター事業は1962年のテープレコーダ用 AC モータから始まり，その後冷暖房用ファンモーター，DC ブラシレスモーター，コピー機用ギアモーター，VTR 用コアレスモーター，OA 用ステップモーターなどを手がけ，90年代からサーボモーターやドライバーコントローラーも開発・生産してきた。2000年以降は自動車関連のステップモーターや各種アクチュエータの生産も開始している。

　海外進出は，まず1982年に精密電機事業関連で米国に進出した後に，86年に中国向け販売拠点として香港拠点を設立しており，モーターもそこで取り扱った。その後，華南での委託生産を行いながら，94年より東莞に本格的に生産進出した（東莞信濃馬達有限公司）。最初は合弁で設立したが，2005年から独資に切り替えた。同社の資本金は3,400万香港ドル，敷地面積は8万 $m^2$ で，工場床面積は5万 $m^2$ である。安い製造コストの利用が目的であった。

　東莞信濃の事業は精密モーターの製造と販売である。精密モーターの主な開発機能は日本の親会社にあるものの，同社の設計部門が日本の設計部門と情報を共有しながら，AC，DC，ステップモーターの開発と設計を行っている。1,200機種以上のカスタムメード部品を量産しており，売上高は，設立以降一貫して増加基調にある。2005年の実績は約150万香港ドルであった。ブラシレスモーター市場では，同社のシェアが66％にも至っており，プリンター向けモーター市場でも，45％のシェアを占めている。

**多岐にわたる需要家との関係**

　同社のファンモーターは家電・住宅設備企業に販売されており，ステップモーターは OA/FA 機器メーカーや自動車メーカーに販売されている。ポリゴン小型扁平モーターは OA 機器メーカーに，DC ブラシレスモーターモジュールやギアモーターは OA 機器メーカーや自動車メーカー，金融端末機器メーカーに販売されている。モーターの需要家は多岐にわたる。

　華南の1つの特徴は，こうした多様な需要家が1つの地域に集積しているということであろう。こうした特徴をもつ地域は世界的にも珍しい。同社の需要家は主として深圳にいる。こうした需要家に対して，同社は多くの場合，商品を直接送り，商流は伝統的な委託加工の名残と税制等の観点から，一度香港を

経由させ，再輸出の形をとる。純粋な中国国内市場販売は実は1割にすぎない。

　売上高の約50%を占める需要家はOA機器メーカーである。この地域にはリコー，富士ゼロックス，京セラなどの企業が進出している。他方，売上高の約40%は東芝キャリア，シャープ，ダイキン，三洋，三菱重工，ノーリツなどの家電メーカーに供給される。他に自動車向企業向けが売上高の8%である。

　モーターについて，営業面で安心できるリードタイムは3ヵ月といわれるが，現状では，早い納入を要求する需要家が多く，リードタイムは最長で45日で，短い場合は，1週間内での納入が要求されることもある。

　同社の生産量は，2003年に月産220万台から，05年には290万台にまで増加している。そのため400台以上の設備を保有している。代表的な設備としては，ねじ研削盤，高精度の歯車加工のためのホブ盤，そして，絞り・高速プレス機，ダイキャストマシン，自動洗浄機，マシニングセンタなどである。

**金型内製化と部材現地調達化**

　扱う金型の型数は月6型であり，2004年まではすべて日本から輸入していた。2005年からいよいよ当社でも金型の内製を始めた。現在，プレス金型は特定の日系金型専業企業から輸入しているが，ダイキャスト金型は内製している。プレス金型には回転させながらプレスするなど経験の積上げが要るので，実際のところ日本でもこれを作れる金型企業は限られる。親企業も大半の金型は外部購入である。これらの金型のリードタイムは約3ヵ月である。金型の公差は±0.001mmとも言われるが，これに至らなくても後から調整することで使用が可能になる。事実，必ずしも精度がいい金型がいいものをつくると限らない。

　一方，樹脂成形用金型については周辺に企業があり，外注できる。外注先は広州の金型企業がほとんどであり，日系とローカル系を含めて5～6社である。彼らは板金やプレス部品の製造も行っている。広州地域のプレス部品企業数は約200社あり，その3～4割は日系企業である。これらのインフラを活用し，今後は現地調達を進める可能性が高い。日本から金型を輸入するには4～5ヵ月がかかるのに対して，中国国内であれば1ヵ月以内で調達できる。競争の速い電子機械業界において，金型の早期調達は戦略的要素となる。

一般的な部品まで広げて調達の問題を考えると，現在純粋な中国系企業からの部品の調達率は5割程度である。モーター事業の難しいところは，モーターという製品が決して標準製品ではないことである。つまり顧客や用途によって使用の異なるカスタム製品となる。需要家の要求仕様が異なれば，部品の共用化は困難になる。ロットが小さくなり，そのことが調達面で現地調達化（しかも中国企業からの現地調達）を進めるうえでの制約になる。

樹脂，鋼材，その他金属など素材の調達に関しては日本からの輸入が多い。アルミや鋼板などの材料は材料置場に保管しており，仕掛り在庫は最低2日分ある。特に一部の高級コイル鋼板はモーターの心臓部に使われるため，極めて重要な素材である。

## （2）広州松下・万宝コンプレッサー
### エアコンとコンプレッサーの事業概要

広州松下空調器と広州松下万宝コンプレッサーはともに1995年に現地企業との合弁で設立されたエアコンとコンプレッサーの製造会社である。広州松下のエアコンは年間約300万台製造され，輸出と国内販売で半々である。コンプレッサーは年間約900万台製造され，9割以上が中国国内販売である。約7割が中国本土系の家電メーカー向けに販売しているという。ちなみに中国国内でエアコン用コンプレッサーの年間生産量は約8,000万台に達しているが，国内市場の規模は約5,000万台であるため，供給過剰気味である。

エアコン事業では，生産の半分が内販ということもあり，現地で一部の商品開発が進められている。コンプレッサーに関しては開発と基本設計をすべて日本で行い，修正と仕様変更だけを現地で行う。コンプレッサーの設計部門には20～30人の技術者がいる一方，コンプレッサー事業の現地従業員数は約4,000～8,000人の間で，生産量の変動に合わせて人員調整を行う。国内販売は3～7月，欧州向けの輸出分は10～11月にピークを迎える。通常は最低限の人員だけを確保し，生産量が増加するときに，提携先の職業学校に派遣を依頼する。

コンプレッサーの部品点数は30～50点，サプライヤーは約100社位で中国全土に分布している。鋳物の金型は内部で設計し内部で鋳造する。機械加工はすべて外注している。

### 広州松下側の金型調達

　広州松下空調器と広州松下万宝コンプレッサーは金型をすべて外注している。エアコンのプレス成形用金型は精度要求がそれほど高くなく，形状も単純なため，ほとんど現地で調達できる。一方，コンプレッサーのモータープレスの金型は特殊なため，すべて日本の黒田精工から調達している（モータープレスの公差は1/100，中に1/1,000の場合もある。エアコンのプレス成形部品に使う鋼板は長さ±0.3，幅±0.1で管理されている）。

　モータープレスに使われているのは3列の金型である。3列にすればスピードが3倍になるのでコスト削減効果が得られるが，形状的に非常に複雑なため，中国現地ではまだ作れない。広州松下万宝コンプレッサーでは現在5種類のモーターを製造し，1種類当たり少なくとも2面か3面の金型を同時にもたなければならないため，合わせて15面位の金型を使用している。平均的に毎年4面か5面の金型を新規発注する。モーターについてはそれほど頻繁にモデルチェンジが必要なものではないが，社内に金型設計者も1人いる。

　モータープレスの3列金型は，1列当たり平均1,000万円という投資が必要になる。形状がより複雑になれば一面4,000～5,000万円ほどにもなる。中にパンチ数が多くなると形状が複雑になり，コストも膨らむ。そこで現地調達が積極的に検討されている。

　複数の現地系金型メーカーに対して調達可能性の調査を行った結果，現地系金型メーカーも急速に技術レベルや品質管理能力を上げていることも分かってきた。彼らも同時に視野に入れるつもりである。日系金型メーカーは中国に出てきて，素早くユーザーに対応していく必要があると思われる。

　現地調達化の実現にあたって，ユーザー側にも課題がある。いわゆる「型を使いこなせる技術」の問題である。つまり，型はおこせればいいというのではなく，使ってみないと分からない部分がある。使ってみて改善すべき点を型屋にフィードバックし，型屋はフィードバック情報を踏まえて設計と製造の改善を繰り返さなければならない。また，金型の寿命を決める要素として，型の素材と加工物素材との適合性（相性や慣れ）が挙げられるが，これも「使いこなせる」技術に含まれる。

　日本では長い時間をかけて，ユーザーは型屋と調整しながらこうした技術を培ってきた。同じように中国でも優秀な型屋を見つけて型を作らせ，トライし

ながら修正させるといった調整やすり合わせを繰り返し行い，現地調達を実現する必要がある。これについては積極的に取り組むつもりである。

金型外注化の理由については次のように考える。すなわち，金型の内製を考えれば膨大な設備投資が必要になるが，その設備でコンプレッサーだけの金型を作ると償却困難である。むしろ専門のところに任せたほうがコスト的に安くなる。確かに技術のブラックボックス化を考えれば金型内製化が望ましいが，両社は日本でも慣例的に金型の内製化政策を採っていない（絞り型を一部やっている）。

### （３）三井ハイテック（三井高科技(広東)）
#### 来料加工からの設立経緯と企業概要

三井ハイテックは香港法人の100％出資子会社として2002年に東莞市に設立された。前身は1994年に同じく東莞市に設立された現地法人であるが，同年に旧工場を清算し，新工場を香港法人の100％出資子会社の形で新たに登記した。

同社の華南進出には歴史がある。1973年に親会社はリードフレームの専用工場（スタンピング，鍍金など）として香港法人を設立，その後90年代初頭に香港の分工場を賃金が安く地理的に近い東莞で作れないかと検討が始まった。FSや市場調査の結果，華南地域に小型精密モーターコアの需要が大きいことが分かり，最初はモーターコアの工場として東莞工場を設立した。その後リードフレーム，部品製造，金型メンテナンスなどの事業を追加していった。また近年は従来の電子機械系に加えて自動車関連産業の集積も近隣に形成されつつあり，モーターコアの市場拡大も見込んで新工場を建設した。

現在三井ハイテック（広東）の資本金は1億2,388万香港ドル，敷地面積3万8,850m$^2$，建物床面積1万6,991m$^2$，投資総額2億香港ドルである。中国では広東の他に上海にもモーターコアの生産拠点がある。上海では主に大型モーターコア，たとえば，コンプレッサーやエレベーター用のモーターのコアを製造販売している。華南は情報機器用の小型モーターコアが中心であり，華東とは製品市場に違いがある。

売上高は約2億円で，ICリードフレームが約7割，モーターコアなど約2割という構成となっている。リードフレームが売上の大半を占めるのは，材料となる銅の価格が高いうえ，委託生産のためにこちらで使用している金型コス

ト込みで販売される所以である。モーターコアの場合は製品と金型を別立てで販売し，輸入される金型の決済は香港法人が行っている。華南地域でのグループの金型販売額は年間約4億円強に達する。しかしこの地域のモーターコア用金型の市場は約140～150億円にのぼるとも言われ，事業拡大の余地はある。

### モーターコアとリードフレームのビジネスモデルの違い

　モーターコアの販売先は，ほとんどが華南の情報系機器やOA機器の部品メーカーであり，日系を中心に15社ほどと取引がある。モーターコアを内製する顧客には金型のみを販売するが，モーターコアを内製していない顧客にはモーターコアを製品として納める。その場合も金型販売の取引とコア販売の取引は別立てで行われ，金型販売は香港での決済となる。三井ハイテック（広東）は香港から金型の貸与を受けて受託加工を行うという形である。

　日系企業との取引は日本発というケースが多い。すなわち，顧客企業の日本本社の設計者・調達担当者が本社に依頼を出し，本社同士で仕様，スペック，素材，精度などを決めていく。関連情報は同時に現地法人にも伝えられ，金型の設計・製作の進捗状況に合わせて現地法人同士でも連絡をしながら金型の受け入れや生産準備を進める。もっとも，最近は中国国内の急成長を受けて，現地発の金型取引も増えている。たとえば，ある会社は現地で商品を企画し，モーターやモーターコア，金型もすべて現地で設計・現地調達することを試みている。モーター製造子会社を立ち上げ，金型も含めてコアの現地調達を進めている。

　一方，リードフレームは製品のみの販売となっている。金型は製造用の道具として日本本社から輸入され，輸入インボイスに「tooling」と表記される。販売先は台湾企業が中心で，製品は台湾に輸出され，台湾でICチップに組み込まれる。もともと三井ハイテックはリードフレームの製造からスタートした会社であり，同事業については最初から金型の外販を行っていない。一方のモーターコアは金型の外販から始まった事業であり，経緯が異なる。

### 要となる日本の精密金型

　三井ハイテック（広東）は日本国内で約300人を擁する金型工場をもつ。月30組の金型を製造し，設備や管理方法においても金型専門工場として世界的な

工場と自負している。モーターコアの金型やリードフレームの金型の設計・製作はすべてここに集約され，作られた金型は顧客企業に納品され，世界各地にある製品工場に支給される。金型メンテナンス部門には平面研磨機が設置されている。金型部品を作る工作機械も若干設置しており，パンチ部品を内製することも可能である。

　精密金型の製作にあたり，精度を出すための条件としては次の3つが挙げられる。①部品の単品精度を維持すること，②組立後の累積誤差を抑えること（1/100以下），③厳格な温度管理と湿度管理により一定の膨張係数を保つことである。

　金型は部品の組み合わせであるため，まず部品単品の精度を高めなければならない。図面上のスペックが±1 $\mu m$ の精度ならば，それを必ず守らなければならない。個々の部品の中で少しでも誤差が発生すると，組み立て後の累積公差が膨らんでしまうからである。

　温度管理と湿度管理は製造時のみならず，使用時にもしっかりやらなければならない。工場は一年中24時間，高温高湿の環境を保っている。顧客企業にも同様の環境下で金型を使用するよう要求している。平均的に，金型の公差は1/1000，製品スペックは用途にもよるが大体±1/100で管理される。金型の素材について，以前は鋳物を使っていたが，今は鋳物ではなく特殊鋼を使っている。刃物の部分は硬度65のHMD（一番高いランクに入る）を使っている。

　単品精度を出すために，高度な工作機械を導入して企業内部で機械加工を行っている。一部の付属品，たとえば加工物を排出するプレートなどの板金加工は外注しているが，金型の精度を左右する部品はほぼ100％内製している。標準部品を一部使っているが，基本的にはカスタマイズされた高精度の部品を作るケースがほとんどである。

**現地拠点での仕上げとメンテナンス**

　モーターコアの精密金型を中心に考えた場合，三井ハイテック（広東）は華南の出先工場として，モーターコアの加工外注や金型販売後のアフターメンテナンスを行っている。いわば，「金型の病院」としてメンテナンスや補修の業務を果たす。ただし故障や大改造を行う場合はどうしても日本の金型工場に送り返さなければならない。

具体的には刃物が割れたり，曲がったりといった場合である。このように精度に大きく影響する問題があれば，日本で精度測定を行い，再度調整とトライが必要になる。そうなれば復旧に約3ヵ月を要する。部品交換で済む問題であれば，部品だけを日本から取り寄せてこちらで交換する

現地顧客に金型を販売する際には，本社の金型設計技術者が現地顧客と打ち合わせに来ることがある。金型が仕上がったら，顧客から支給される材料（量産時の材料）を使って，まず本社側で顧客立会いの下でトライを行い，調整する。現地には調整済みの金型が送られるので，こちらでの調整はほとんどない。受注から試作品ができるまで約3ヵ月を要する。金型製作のみは2ヵ月で，その前後の打ち合わせや調整で約1ヵ月である。

**精密金型の現地生産**

金型の現地生産・現地供給のニーズは高まっている。その背景には顧客企業の製造機能の中国移転と現地調達拡大が挙げられる。顧客側から見れば，同社の金型は精度が高いが値段も高い。リードタイムも約3ヵ月と長い。さらに，大きな修理は日本に戻さなければならないといった問題がある。しかし同社としては日本の金型工場の稼働率の問題，さらに金型の現地生産に踏み切る場合も日本と同じ品質を保たなければならないという問題がある。現地生産には膨大な設備投資が必要となる。仮に設備などハードの部分を構築できたとしても，技術などのソフトの部分は少なくとも5，6年以上はかかると認識している。従って現時点ではまだ検討中である。

三井ハイテック（広東）は，モーターコアという製品を作って顧客に納めるビジネスを行う一方で，本社の金型工場の出先としての役目も負っている。華南のモーターコアプレス用金型の市場規模は大きく，ここより多くの注文を取って本社工場の稼働を高めることが大事である。またプレスの競争力と金型のメンテナンス力を強化することによって，顧客企業のコア製造の外注ビジネスを取り込むことも課題である。

モーターコアの金型は100万回ショットごとに，研磨などメンテナンスをしなければならない。研磨機などの設備が必要だし，研磨後の再現性が維持されるはメンテナンス能力に左右される。同社としてはまずメンテナンス能力を武器に，金型からスタンピング，めっきまでのトータルコストの削減効果が見込

めることを顧客にアピールしている。

　華南にはモーターコアのベンダーが数多く存在し，現地系，台湾系，香港系がひしめく状態である。コアを内製する企業も多い。コスト競争は激化の一途を辿る。今後，金型の現地生産・現地供給が顧客にとっても重みを増してくるだろう。

　なお，すでに華南と浙江省あたりに，モーターコアのプレス用精密金型を製造する現地系や台湾系の金型企業は出現している。今後はこうした動きも視野に入れて戦略を考えていく必要がある。しかし将来金型を中国で作ることがあるにしても，現在コアのプレス事業や金型のメンテナンス事業で事業基盤を固めておくことは必須であろう。

### （4）台翰模具（東莞）
　**華南に進出した台湾系金型メーカー**
　台翰模具は1989年に創設された台湾系成形・金型メーカーである。台湾では金型をメインに製造し，成形はトライのみを行い，量産は手がけていなかった。5年ほど前から高付加価値成形部品の量産に多角化を始めた。成形の量産はむしろ中国進出後に始めた。現在工場は台北，東莞，ベトナム，昆山にある。2001年3月に東莞工場を設立し，当初は約300人で金型のみを手がけていたが，少しずつプラスチック成形や2次加工に進出した。第1工場（金型・工程部・設計部・技術部・塗装部），第2工場，第3工場，合わせて2万6,000m$^2$であり投資金額は1,500万ドルとなる。

　成形サプライヤーとしての規模は大きく，社員数は1,818名（金型1,300名，成形500名）であり，うち台湾幹部10人，日本幹部2人である。事業範囲は金型設計・製造，プラスチック成形，塗装，アセンブリなどである。

　組織としては董事長，総経理の下に管理部，営業部，技術部，エンジニアリング部，組立部，金型部，成形部，塗装部，品質管理部がある。董事長は台湾から統括しており，別に台湾人の総経理がいる。組織的特徴は，順法的観点から管理部（総務）の中に購買部を設けていること，また納期管理進捗が見えるように営業部内に生産管理課と資材課を設けていることなどである。

　取引先は華南に進出する日系企業が中心で，日系比率は8割を占める。主要製品はプリンター，パソコン，携帯電話，デジカメなど成形部品や金型であ

る。社内には日本人がおり，日本語によるコミュニケーションが可能である。日系企業の要求に真摯に対応し，顧客についてきたことがこの会社がここまで伸びた理由の1つである。

　台湾には高付加価値のマグネシウム金型や非鉄モールド金型の製造で約120人の体制が整備されている。それらは，キーボードや携帯電話の部品に使われる。まず顧客の要望を聞き，それによって台湾で型を作った方がよいか，中国で型を作った方がよいかを決める。

### 技術部と設計部の分業

　顧客の要望に正確かつ迅速に対応するために，独特の組織体制をとっている。設計部とは別に技術部という組織があり，取引先ごとに担当体制ができ，顧客とのやりとりをフォローしていく。ここでは担当スタッフが金型設計の前に，顧客側の製品設計担当者とデザイナー，台翰側の設計部，技術部，金型部，品質管理部の各担当者が共同で綿密な事前検討を行い，金型構造に関する基本概略仕様を検討する。このプロセスで自社のもっている成形技術と型技術に関するノウハウを提案し，事前に問題をできるだけつぶして，基本となる構造設計を決めていく。

　その後，基本金型仕様を顧客側に提出して，顧客から承認をとる。基本概略仕様が決まった後からが設計部の仕事になる。設計部では，過去のデータの公差要件などから3次元CADを使って詳細図面を作成する。この間，正式出図まで顧客企業設計者とのやりとりは何回か続く。場合によってはデザイナーも加わる。3次元データでVAのような議論も行う。詳細図面が完成すると，顧客から正式出図の認可をもらう。その後，金型部が金型を製作し，試作を行う。そこから金型認定，さらには量産という流れとなる。技術部が顧客の窓口となり，かつ内部では全体の進捗を管理し，フォローする。この会社では各工場に技術部が配置され，常時300件ほどのプロジェクトを動かしていく。

　技術部を設計部から分ける最大の理由は，技術部に顧客対応を徹底させるためである。設計は設計業務をこなしながら新技術導入に力を注ぐ頭脳部隊である。日々流れる仕事の顧客とのやりとりや素早い問題解決は技術部に課せられた仕事になる。技術部のミッションは顧客志向性を強めることであり，設計部のミッションとは異なる。

設計部の現場には，CAD/CAMの設備が並び，若い人が多い。日本で言えば高専卒の15～18歳くらいの従業員が中心である。華南の設計現場では，技術者は育てるというよりも，それなりのプロを採用するという印象が強い。毎年3月や4月に提携学校から50人ほど実習に来て，そこから30人ほどが半年後に入社する。入社後に試験を行い，適材適所に配置する。設計部と技術部は特に優秀な人材が配置される。設計部の人は若いがCADの操作が速く，日本で設計外注を行うコストと比較すると，その10倍以上のマンパワーを採用できる。

ここでは能力主義が徹底されており，寮が完備されている。従業員も出稼ぎで働きに来ているという意識が強い。そのため離職率も高く，給与差のみで判断する人も多い。人材は市場から調達し，市場主義のメリットも享受する代わりに，デメリットも受け入れるというスタンスである。会社側の対応としても誰がやめても次の人で対応できるようにシステムの分業を細分化し，個々の仕事の学習を進めやすくしている。

**製品イメージと金型設計：日本人の強み**
なお，日系顧客企業の場合，設計者が図面の注記に日本特有の表現やノウハウ的なことを記すことが多い。技術部や設計部ではその辺りをきちんと汲み取るように指導している。塗装，シルク，基準の取り方など日本語では表記されているが，それを中国語に書き換えたり，その意味を伝えたりしている。

また，ユーザーとの取引に関する経験情報については，「コア品質管理」という形で，内部のサーバーに蓄積して，設計部門で情報を活用するようにしている。顧客企業にはそれぞれに特性があり，他方で設計者は人がよく入れ替わるために，顧客との経験的情報をきちんと引き継がねばならない。顧客との文脈を抜きに，設計者が勝手に仕事を進めることがないように管理している。

本質的には金型設計者が顧客の製品設計までを理解して設計作業を進めることができるか否かの問題が大きい。現地での設計者の多くは経験が浅く，なかなかそこまでの期待が難しい。技術部に配置されている日本人が製品設計の立場からさまざまな提案を出している。彼らは製品設計者としての経験をもち，営業の立場から顧客の設計ニーズをうまく汲み取り，金型設計に落とし込む，顧客側に提案をしていく。その辺りでの企業間や部門間の知識共有化と創造が極めて重要である。

中国の設計者の傾向として，それぞれが自分の専門分野をもっていて，その部分は詳しいが隣や全体にまで目配せできる設計者が少ない。広く浅くすべてができる，顧客も見れるし，現場にも指示できるという能力は日本人設計者の強みであり，それが経験というものである。台湾系企業の中でもそういった日本人がいると仕事が円滑に進む。

**金型の製作現場**

金型部では，詳細設計が仕上がり，顧客承認の済んだ金型の製作を行う。現場にはNC機器，放電加工，ワイヤーカット，フライス盤などが並ぶ。中心に仕上げエリアが配置され，メンテナンス専用の部門もある。機械加工が済んだ金型は仕上げに入る。

情報機器で使われる金型の精度は高い。最も受注が多いのは型精度にして1/100前後のものであるが，なかには携帯電話に代表されるように，1/1,000の公差が求められることもある。台湾ではすでにこの公差に対応しているが，中国でもスウェーデン製や日本製の放電加工やワイヤーカットなどの設備を導入して，微細な公差対応を実現している。これらの設備は24時間稼働でプログラムされている。測定器の数も多く，競争優位の要となる部分に投資が行われている。

現場では作業者への指導や教育も行われている。日本の場合はOJTやOff JTの教育によって多能工を育成するスタイルだが，華南では単能工に現場を見せて覚えさせるいわば「見て覚える」教育が基本である。人から人に伝えるということが日本ほど得意ではない。職長クラスは内部で育てるというよりも，そのレベルの人を外部から採用する。労働市場が細かく分かれており，そこに公募する形である。

**営業によるコーディネーション**

台翰模具では，営業部の中に生産科と資材科が入っており，ユニークである。営業が生産を統括し，何かあったときにすぐに対処できる形態になっている。営業がスケジュール管理をしている。顧客企業の生産計画も以前は月次であったが，近年では月2回の生産計画である。顧客企業からの資材支給だけではないので，顧客への納品管理と資材側からの受給・在庫管理を統合的に行う

必要があり，営業部がこれを見ている。
　逆に，日本企業のやり方では，設計は設計，生産は生産，営業は営業と分かれている。しかし顧客全体のマップやスケジュールを見ているのは営業であり，彼らを設計や生産に入り込ませることで，コミュニケーションを円滑化させることが大事である。台湾企業の組織は文字通りそのことを実践している。

### 成形について
　成形機も最新のものを入れている。機械は30〜450ｔを中心に130台あり，ファナック，東芝，三菱などの日本製成形機の数が多い。3次元測定器も完備している。日系企業の要求に応えるために，設備導入には妥協をしないようにしている。これらの設備がフル稼働である。
　材料（樹脂）は日本から輸入しており，ABS，PC，POM，PMMA，PPなどを使う。ほとんどがユーザー指定で，しばしばユーザーが集中購買した樹脂を支給してもらう。大手日系企業は，数年前に材料がタイトな時期があり，そこから主要材料を管理購買に変えた企業が少なくない。成形メーカーは顧客企業とコスト情報を共有して，共同でコスト削減の方法を検討している。

### 台湾企業の特徴：日本企業との比較
　一般的見解であるが，日本企業は順法的で下請法を守り，そのラインで仕事をする。台湾企業はこの点についてはよりシビアである。また日本企業では中期経営計画のもつ意味が強いのに対して，台湾系はオーナー的で判断や切り替えが早く計画もよく変わる。時代に合った顧客についていくという嗅覚が鋭い。日系企業は派遣者が数年周期で変わるが，台湾系の中国進出は退路を断っている。こちらで商売しないと生きていけないという覚悟がある。日本は懲罰的，台湾や中国は昇給的であり，できる人を伸ばす。
　台湾系は設備投資に対する判断が早く，そしてその設備がフル稼働するところまでビジネスを積極的にとってくる。日系は一定以上のボリュームは自社の設備投資によるものではなく，外注化したがる。ここも異なる点である。
　両者の長所を理解している日本人設計者が，たとえば過剰品質をそぎ落とし，コストダウンにもっていくことも可能である。台湾的な思考方法を取り入れることで，日本企業の許容範囲や幅が広がることもある。日本の顧客企業か

ら見ても，台湾系企業と関係をもち，その思想や知識を設計や製造に反映できればベストである。

## 4　総括：広東省部品・金型産業集積の発展動向

**情報機器・家電をベースとする分業ネットワークの多様性と広がり**

　広大な華南の産業集積を分析するときに，何か切り口が必要である。我々の調査はその切り口を金型等の部品インフラに求めた。情報機器や家電の産業分野では，華南の最大の強みは安価な労働力もさることながら，中国でも有数の調達インフラにある。日系自動車産業が広州地域に集中的に進出を決めた背景にもこの地域の充実した調達インフラがある。

　華南地域には欧米系企業，日系企業，台湾・香港系企業，中国系企業がすべて生産拠点を構えている。それぞれに比較優位があり，進出企業は自社のビジネスニーズに応じてこうした企業を使い分け，取引先として活用している。集積内では2時間程度の移動で取引先にリーチでき，迅速な情報交換と柔軟な取引関係の形成を可能にしている。香港の後背地として輸出インフラも整備されている。世界的に見ても製造業の産業インフラとしてこれほど条件が整った地域も稀有であろう。

　中国内でも華南はやや特殊な場所である。中国が改革開放政策を重点的に手がけてきた地域であり，中国の中でも市場主義経済が極度に発達している。国営企業の地盤が希薄であり，外資系企業とローカルの民営企業が経済活動の中心をなす。こうした背景が，この地域に国籍を超えた多数の企業の進出を可能にさせ，彼らどうしの取引を促し，自由で柔軟な分業システムを形成した。さらに極端なまでに流動的な労働市場を生み出した。

　こうした特徴は中国の他地域と比べるとよく分かる。筆者らは中国北部でも同様の調査を行ったが，中国北部の主要地域では一部の国有企業の力が強く，その周辺に民営企業が育ちにくい状況にあった。そのため国有企業が部品製造や金型製造のほとんどを内製化せざるをえず，そのことが国有企業の高コスト体質を形成していた。

　華南の強みは，中国の他省からの人員の流入による低賃金と量産体制の実現という点のみならず，国籍や所有形態を超えて取引の自由度を保証された経済

環境の中で高度に発達した分業システムにある。国籍の多様性，進出企業の技術分野，層の厚さなど，この地域の分業システムは多様にして柔軟である。この地域の発展理由もそこにあり，中国随一の金型産業集積の形成理由もそこにある。

**自動車産業の進出による加工基盤の広がり**

このように，華南地域は情報機器や家電などの産業分野で多様かつ柔軟な集積形態を形成してきた。そうした中でプラスチック成形を中心とする加工メーカーや金型企業が発達してきた。しかし，近年の3大自動車メーカーの進出は，この地域の集積に新しい技術的要素をもち込んでいる。

具体的にはプレスやダイキャストを中心とする従来この地域では弱かった加工能力の導入である。さらにプラスチック成形分野についても，多くの企業で従来の軽工業用途からさらに要件の厳しい自動車用途に事業分野を広げることが期待されている。自動車産業の進出は明らかにこの地域の加工基盤を広げ，技術的レベルを向上させることに寄与している。

今後は自動車の現地生産台数の増加に伴い，加工基盤は広がり，技術レベルも向上すると予想される。このような経済効果はサプライヤーネットワークの細部まで浸透しており，ネットワークの広がりとともに現地サプライヤーの本格的な技術改善が期待できる。

**多様で柔軟な分業システムの形成**

情報機器や家電産業，あるいは自動車産業の場合でも，その地域が発展の初期段階にある場合には，進出企業は労働集約的な完成品の組立工程から現地に移転させていく。この段階では部品や金型の多くは本国からの輸入に頼らざるをえない。周囲の部品調達環境の未発達さから，自工場の中にそうした部門をもたねばならない。しかしこうした方法に頼っていては，現地で本格的に生産規模を拡大し，製造コストを削減することはできない。

部品や金型の製造は工数がかかり，投資負担も大きい。完成品企業が現地生産の規模拡大とともに，技術的なコアを握りつつも部品や金型の製造の多くの部分を外注化する。外部の企業との分業関係を利用することで，投資負担を減らし，工数削減を図る。生産の迅速な立ち上げも可能になる。

外部のサプライヤーとの分業関係が発達すれば，完成品企業はそれだけ仕事をスムースに進めることができる。部品や金型の製造企業もそこを狙って完成品企業と密接な関係を築いていく。両者には相互依存的な関係が生まれ，互いの役割分担が明確になる。

集積が厚みを増してくると，サプライヤーどうしが互いに得意分野を見い出し，専門化を進めていく。たとえば広東省ではプラスチック成形やその金型に関する企業が多い。この分野でも成形機の大きさなどによって得意分野が分かれる。さらにプレス，ダイキャスト，ゴム成形，めっきなどの分野が派生する。彼らはある部分で熾烈な競争を展開し，ある部分では互いに棲み分けを図る。こうして全体のレベルが上がっていく。

考えてみれば，日本の工業集積も戦後そのように発展してきた。華南でも同じメカニズムが働いているが，最大の違いは，華南の取引は基本的に多国籍ということである。そして上記のような分業と競争のメカニズムがかつての日本とは比較にならないほどの規模と速さで進んでいる。実際のところ，現地に進出して成功している日本企業は，台湾企業や中国企業と巧妙なアライアンスを結び，彼らのポテンシャルを最大限に引き出す企業間関係を築く。製造コストに占める部材費比率の高さを考えれば，その意義は極めて大きい。

**階層的分業関係と現地サプライヤーのレベルアップ**

産業集積の中には，完成品企業から１次サプライヤー，さらに２次サプライヤーに広がる階層的分業関係がある。この関係を通じてさまざまな形で技術移転が行われる。華南の場合は１次サプライヤーや２次サプライヤーが台湾系や中国系の場合が多い。階層的分業関係による技術移転とはつまり日系から台湾系や中国系への技術移転を意味する。

技術流出等の問題を考えると，国籍を超えた企業にむやみな技術移転を行うべきでないとの見解もある。しかし華南の実態を見ると，こうした見解を堅持することは難しい。華南が世界の輸出基地であり，中国有数の工業集積地であるがゆえに，完成品メーカーには数量と品質，スピードのいずれも世界トップクラスのものが求められる。完成品メーカーは製品開発と完成品の組立と品質管理に仕事を集中することが求められ，ゆえに優秀な外注先となる現地企業を見い出し，育てなければならない。これができなければ，コストやスピードの

面で，競争から落伍せざるをえなくなる。

　華南では完成品メーカーを頂点とする垂直方向の生産委託や取引が極めて発達している。複数の完成品メーカーが取引を通じて地場サプライヤーを育ててきた。そのためサプライヤーも短期間に規模的にも質的にも実力を備えるようになった。広州ホンダが比較的短期間で生産立ち上げに成功した理由は，日系サプライヤーの進出を促し，彼らとともに現地のサプライヤーの発掘と指導を進めたことにある。今，彼らは日産自動車やトヨタ自動車とも取引を行おうとしている。キヤノンやエプソンをはじめ日系の複写機メーカーが世界の工場といわれるほどの大規模な工場を華南に建設できたのも，現地で成形部品や電子部品の取引先企業を育ててきたからに他ならない。

　調査によって，完成品企業との委託関係や外注関係を通じて現地サプライヤーのレベルがいかに向上してきたかを知ることができた。有力な現地サプライヤーのもとには，日本の顧客企業の技術者やデザイナーも足を運ぶ。製品企画からサプライヤーと共同で打ち合わせを行い，その後の設計開発，立ち上げまでフォローし，支援していく。サプライヤーは設備面でも日本とほぼ同じものを備えている。規模も大きい。さらに顧客とのインターフェイスなど，キーになるところに日本人を配置して，コーディネート能力を高めている。完成品企業はこうした有力なサプライヤーとの関係をいかして，自社製品の競争力を向上させてきた。

**内製と外注の判断：出すべき技術と守るべき技術**

　集積内の企業は内製と外注についてジレンマを抱えている。一方で，周囲の分業ネットワークの中で有力なサプライヤーを育成し，彼らへの生産委託を進めていくことが競争力構築の鍵である。しかし他方で，自社が固有の競争優位を築くには，付加価値の高い仕事を自社の中に残し，そこでは圧倒的な優位性を築く必要がある。外注化を推し進め，現地サプライヤーを育てよというメッセージの背景には，自社のコアコンピタンスを強く認識し，そこを圧倒的に強化せよという表裏一体のメッセージが存在する。

　華南に進出し，世界的なスケールで動く産業集積を目前とし，自社のコアは何か改めて問い直したと答える現地経営者も少なくない。産業集積のポテンシャルが豊富なこの地域では，自社がすべてを抱える必要はない。しかし自社

が中心とするところでは世界的な競争力が必要なのである。

たとえば完成品の生産である。華南の複写機や複合機の企業は，もともと工場内に内製していた部品生産や金型製造を，完成品の生産規模が拡大するにつれ，外部にアウトソーシングしていった。完成品についても付加価値の低いものは外部化した。その結果，先端分野における完成品生産の競争力を高めることにかえって成功している。

情報機器分野の製品ライフサイクルは速く，市場は世界的に広がっている。企業は半年ごとに市場調査に基づいた製品企画を行い，世界市場に供給する製品を開発・生産しなければならない。こうした分野では完成品メーカーは華南の製造委託先や加工業者と密接にコンタクトをとりながら仕事を進めていく。彼らと合同で設計面における改善と標準化を進め，委託先でスケールメリットが十分に働く製造体制を構築している。その一方でカートリッジやレンズをはじめとするコア部品の内製化，完成品組立における絶え間ない現場改善を自らの生存基盤としているのである。

部品や金型の製造するサプライヤーでも内製と外注の経営判断は重要である。日系のサプライヤーが強みとするところは高度な加工・検査技術や製品設計に関する深い経験がないと製造できない類のものである。金型で言えば，モーターコアの精密金型，自動車用の大型プレス金型，高度な機能部品を成形するプラスチック金型，公差の非常に厳しい金型などである。これらの分野については実際はまだ日本から輸入されているものが多い。しかし徐々に現地化も進みつつある。一方，部品点数において大勢を占める一般的な部品金型については，現地サプライヤーへの迅速なアウトソーシングが求められる。これらの部品・金型についてはむしろ現地協力会社を積極的に発掘・支援し，外部取引のメリットを最大化しなければならない。進出企業にはメリハリの利いた姿勢が求められる。


### サプライヤーの金型内製化と競争力向上

現地サプライヤーの立場に立てば，彼らも自らの競争力を高めるために経営資源の充実化を図っている。なかでもサプライヤーの技術的能力の向上と金型内製化には深い関係がある。かつてプラスチック成形部品の場合には，成形と金型を別々の企業が担当するケースも多かった。しかし近年では，成形メー

カーに金型技術は不可欠となりつつある。あるいは金型メーカーから出発した企業は成形事業に多角化するケースが目立ってきた。

　最大の理由は完成品側の生産立ち上げまでのスピードと品質管理である。完成品企業から要求される成形部品の立ち上げリードタイムは金型を含めて短いところで1ヵ月程度であり，その間に金型設計，製作，部品のトライと量産化を進めなければ競争優位に立つことが難しい。成形企業は金型の出来を見ながら，自社の中でトライを繰り返し，最終製品に仕上げていく必要がある。加えて近年，情報機器などで精度の高い金型が必要となったときには，最後の仕上げ工程における品質管理が難しくなる。ここは成形との協業の中で，製品を試作し，すり合わせていくしか方法がないのである。

　自動車のプレス分野でも類似のことが起こりつつある。インタビューしたプレス企業はいずれも現在自社内の金型部門を拡充ないしは新設の過程であった。日系プレスメーカーの競争優位性は高張力鋼板のプレスにあり，高度な金型技術が必要である。現地でハイテン材の加工部品を安定的に供給するために，サプライヤーは現地工場の中に金型部門をもち，プレスをしながら金型を調整する作業体制をつくっている。

　なお，成形用金型にせよ，プレス用金型にせよ，部品メーカーは金型の内製化を志向するが，この場合もすべてを内製化するよりも，型の作り込みと部品の品質に影響を及ぼす重要な工程や管理が難しい工程を内製し，管理が容易な部分は外注化を図る。

　たとえば単なる機械加工はプログラムによってコントロールが可能なので外注化ができる。しかし顧客企業との頻繁なコミュニケーションを必要とする金型の基本設計や承認プロセス，最後の仕上げと部品加工側との調整については人手がかかるものの，原則として外注化が難しい。形状が複雑になり，交差が精密になるほど，ハイテン材のように材料の難易度が高くなるほど，サプライヤーがそれらの仕事を内製化する必要性は増す。

**集積内市場競争のダイナミズムをいかす**

　華南地域の経済発展が急速に進んだ背景には，この地域は中国の中でも最も市場主義経済が浸透しており，多国籍，かつ多様な業態をもつ企業がその市場空間の中で鎬を削っているという事実がある。過度なまでに競争原理が働くこ

の地域で企業が生き残るためには，その競争原理を自社の経営にうまくいかす必要がある。

たとえば，ある企業では，モデルチェンジのときに自社の調達先を評価し，数割入れ替えるという。年間1～2回のモデルチェンジが行われるこの業界で，定期的に調達先を再評価し，組み替えていく理由は，「華南地域のサプライヤーが日々進歩しており，その進歩をきちんとフォローし，自社に取り込むため」であるという。市場競争の厳しさは，この地域に絶え間ない変化を生み出す。その変化を敏感に捉え，自社の競争上の方針に適合的に活用していくことが必要なのである。

集積内市場競争の原理は労働市場にも反映されている。華南では労働市場がスキルや職務に応じて細かくセグメント化されている。また華東や華北と比較しても，従業員の1企業への勤務年数は短いと思われる。「従業員は会社に忠誠心をもっているわけではない」との言葉がそれを象徴している。管理職や技術職，技能職ですらこうした傾向があり，こうしたコア人材ですらも時間をかけて内部で育てるよりも，外部の労働市場から適格な人材を採用したほうが早いとする見方が存在する。

もちろん，日系企業の中には，高いターンオーバーに悩みながらも，内部人材育成に相当の投資をしている企業がたくさんあり，コア人材を獲得するための内部育成の必要性を否定するものではない。むしろ人材育成に対するそうした態度は華南のような地域にこそ必要なのかもしれない。

しかし一方で，非日系企業は外部からコア人材を獲得しようとする意向が強いように思える。彼らはまず会社を成長させることが大事であり，会社が成長していれば，有能な人材はそれを見て，ついてくると考えている。この点，従業員の高いターンオーバーは地域の平均的特性なのか，自社の成長性やキャリアシステムに魅力が乏しいからなのか，冷静に見極める必要があろう。

華南の事業経営の中でも人材マネジメントは最も難しい。スキルを学んだ人が簡単に転職を希望する。そのことを前提として，企業は経営の安定化と内部技術蓄積を図らねばならない。ある企業は現場部門の仕事を細かく分業し，個々の担当範囲を狭くとる工夫をしていた。担当者が辞めても，補充した人が短期間に仕事にキャッチアップできる。一方，技能職や管理職は別のトラックを設け，賃金を高く設定し，日本にも派遣して，定着を促す。別の企業はあえ

第8章　広東：部品加工集積とインフラ型産業の新展開

て多能工を育てることに心血を注いでいた。多能工を育て，仕事の面白さを味わってもらうことが，その人が会社に長くとどまり，仕事をしてもらうモチベーションの基盤になり，そうした中から管理職が育つと考えていた。企業によってポリシーが異なるのである。

（天野倫文）

注
1　ジェトロセミナー「華南地域から見たチャイナプラスワン」2006年11月１日（http://www.ka8888.com/kanntann/030zin/post_39/）。
2　以上は横浜港海外ニュースレター「広東省の自動車産業(1)」2006年８月25日より。
3　2005年の中国全体の自動車生産台数が570万台（内乗用車が393万台）に対し，広東省の生産台数が41万台（内乗用車40.7万台）で，乗用車全国シェアが10.3%。上海市について中国第２位（中国汽車生産統計他：横浜港海外代表ニュースレター，前掲資料）。
4　ジェトロセミナー資料ならびに横浜港海外ニュースレター，前掲資料。

# 第Ⅲ部

# 発展のメカニズムと理論的視角

# 第9章　金型産業集積の市場連結メカニズムと金型企業の市場戦略

## はじめに──問題の提起

「世界の工場」と言われている中国で，大量の金型が使われていることは言うまでもない事実である。この大きな金型需要を製造企業の内製ですべて満たすことができないとすれば，製品量産と金型製造との分業の出現・拡大が促され，製品産業は金型市場（ユーザー産業）となる。金型市場の形成と広がりが金型産業の発展を根底から規定することは論を待たない。

しかし，一国の金型市場の形成と広がりさえあればその国の金型産業が発展するという必然性はない。このことは，数多くの日系メーカーが立地している一部の東南アジア諸国でほとんどの金型需要が内製もしくは輸入によって賄われるという事実によって裏付けられる。市場の存在だけで金型産業が発展しないならば，さらにどのような条件を充足しなければならないであろうか。

市場の存在と並んで，さらに次の2つの条件をクリアしなければならない。1つは，金型製作に関する技術基盤・産業基盤が存在し，その上で金型市場に求められる技術やノウハウが獲得・吸収されることである。いま1つは広がりつつある市場とつなぐことで，取引ネットワークを形成することである。本章では後者に焦点を当てる。中国各地域で形成されてきた金型集積では，金型企業がどのように市場とつながり，いかなる取引ネットワークを構築し，いかなる市場戦略を採っているのかを検討する[1]。

本章は以下のような構成となる。第1節では，先行研究の検討から産業集積と市場との連結に関する有効な知見と概念を得る。第2節では，中国において，ユーザー産業から金型産業が分化する背景と金型の需給状況を概観する。第3節では，市場拡大期にある中国の金型産業はどのように市場と連結してい

るのかを地域別に考察し，取引関係の形成に関する特徴的な事象を浮き彫りにする。第4節では，第3節の考察を踏まえて，需要関連と技術関連の各要素を関連づけながら，中国各金型集積地の企業の市場戦略を分析する。

## 1　産業集積と市場の関係に関する先行研究の検討

　伊丹（1998）と高岡（1998）では，産業集積と市場を連結させる企業の役割に着目し，こうした企業の存在が集積継続の一要因であると指摘されている。伊丹の言う「需要搬入企業」と高岡の言う「リンケージ企業」は，外部の需要情報を集積にもち込み，需給のコーディネート機能を果たすという意味では共通しているが，後者が集積内に立地するのに対して，前者がその限りではないという点で異なる。もっとも，「需要搬入企業」が集積外部の商社や大手メーカーである場合でも，これらの商社やメーカーは市場情報のみならず，集積内部の技術や製造能力といった情報にも詳しいのが特徴である。

　高岡（1998）は，産業集積を「集積内分業」と「集積とマーケットとの連関」という2つのサブシステムからなる取引システムとして把握し，産業集積の本質がシステム化される取引関係そのものにあると認識する。高岡は情報資源の保有と活用という観点から集積における元請・下請関係を捉え直し，いわゆるリンケージ企業の果たす需給コーディネート機能，取引ガバナンス機能，イノベーション機能にかかわるメカニズムを克明に分析した。

　中国浙江省の工業化過程を研究する金らは，同省の専業化産業区（産業クラスター）における中核企業の役割に注目した。「龍頭企業」と名づけられた集積内の中核企業とは，相対的に生産高が大きく，集積内で技術革新や市場開発などをリードする立場にあり，生産と取引をコーディネートする企業を指す（金ほか，2004：p.13）。金らによると，これらの「龍頭企業」は積極的に域外市場と接触し，継続的に注文を取得する一方で，集積内の細かい分業を活用して多様な需要に柔軟に対応するという。

　「需要搬入企業」「リンケージ企業」「龍頭企業」に関する研究は，産業集積の市場連結を解明するために明晰な視点と知見を与えた。筆者の中国の金型産地に対する調査の中においても，しばしばこれらの概念が適用可能な企業に遭遇する。たとえば，中国有数の金型クラスターとなっている浙江省余姚市の

"金型路"や台州市の西城区に，リンケージ企業の特徴を備える比較的規模の大きい金型企業が見られる。また，大連にも需要搬入企業たる成型メーカーや商社の存在も確認できた。

　一方で，市場との連結形態と取引形成において，地域によってさまざまなパターンが存在することもまた事実である。Piore & Sabel（1984：p.295）は，イタリアの機械産業が世界市場に登場した理由の1つとして，地域と外部市場を結びつける商業的伝統を挙げたが，これと極めて類似した伝統が浙江省にも見られ，当該地域の金型集積の形成と発展に大きく寄与している。金らの研究グループは，浙江省の「専業化産業区」の生成期に「専業市場」[2]の果たす流通機能を高く評価する。しかし，商業的伝統が希薄な地域では，もっぱら外部市場の開拓に努める企業や「専業市場」の存在は相対的に小さく，代わりにユーザー企業による需要搬入が大きな役割を演じる。鈴木（1989）の言うように，集積内企業の取引ネットワーク形成について「その地域的なコントラストなどを多元的に説明」しなければならないし，それぞれの地域における需給状況，産業構造，技術蓄積といった文脈から考察しなければならない。こうした概念と知見を援用しながら，第3節で地域別に金型産業集積の市場連結と取引ネットワーク構築を具体的に考察してみる。

## 2　金型需要と供給の不均衡

　中国は自動車，家電製品，情報機器，二輪車，プラスチック日用品や玩具など，数多くの製品において世界最大の生産国となっている。これら産業の急激な発展に伴って金型需要は急増する状況が続いている。

　こうして急速に拡大する金型需要に対応して，第1章の表1-1で示されるように金型生産は右肩上がりに伸び続けている。1990年に60億元だった生産高は，2005年に610億元と世界全体の10％近くに達し，日本とアメリカに次ぐ世界第3位の規模になった。にもかかわらず，国内の金型生産は膨大な金型需要に追い付かず，大きな需給ギャップが存在し続けていた。1990年代中頃，国内生産高の5割弱に相当する金型需要が輸入によって賄われていた。その後，金型生産の拡大により需給不均衡は緩和されたものの，2000年代中頃まで依然として需要の20％強は輸入に依存する状況であった。とりわけ，精密系や複雑

表9-1　中国各地域の金型産業の特色

| | 浙江省（台州・余姚） | 上海・昆山・蘇州 | 大　連 | 長　春 |
|---|---|---|---|---|
| 主要な金型種類 | プラスチック金型（家電，日用品，機械など） | プラスチック金型，プレス金型，ダイキャスト金型（自動車，家電，電子，機械など多種多様） | プラスチック金型，ダイキャスト金型（家電，電子，二輪車など） | プレス金型，ダイキャスト金型（自動車） |
| 主要な金型企業のタイプ（割合） | 中小零細の民営企業が大半で，国有系は少数。外資系は僅少 | 外資系は1割，国有系は2割，民営企業は7割 | 日系は3分の2，香港系・台湾系は1割，地元系は2割。日系が中心となっている | 国有自動車メーカー傘下の金型企業は中心となる。中小零細の民営企業は少なく，外資系は皆無 |

出所：調査内容より筆者作成

系，耐久性の高い金型の大半は日本などからの輸入品であった。

　1980年代の初頭まで，中国の金型生産能力のほとんどは，国有製造企業の内部に組み込まれていた。第1次5ヵ年計画時（1953〜57年）から，多くの大型国有工廠の中に金型部門が設立された。65年まで全国で約50余の金型専業工廠が設立されたが，その多くは特定の大型製造企業に金型を供給するために計画的に整備されるものであった。すなわち，この時期の金型生産はほとんど内部化されていたため，独立した産業とはなっていなかった。

　改革開放時代に入ってから，国有企業内部の金型部門は，国有企業本体の地盤沈下に伴って弱体化し，技術的にも新たに発生する金型需要に対応できない状態が続いた。その一方で，国有企業からスピンアウトした人材などが民営金型メーカーの創業の大きな原動力となった（行本，2007）。

　民営金型メーカーの創業に加えて，中国の膨大な金型需要をビジネスチャンスと捉える台湾系，香港系の金型企業は，まず華南地域に，それから華東や華北，東北の各地域へと続々と進出した。ユーザー企業と同伴進出する形で設立される日系などの外資系金型企業も次第に増える。さらに，国有企業の改革により分社化された金型部門は地域によって大きな存在を維持しつつ，近代的な金型企業へ脱皮すべく，事業活動を展開している。中国金型工業協会の推計によれば，専業と兼業を合わせた，2003年の金型生産企業は2万社余で，従業員総数は50万人に達するという[3]。生産される金型のうち，自社用の比率は1980年代の中頃の9割強から6割未満まで下がり続けてきたのである[4]。

こうして，中国の金型産業はユーザー産業から分化し，市場の拡大とともに急成長を遂げている。また，複数の金型集積地が形成され，それぞれの地域的特性によって，主要な金型の種類や企業類型が異なっている（表9-1）。次節では，筆者の調査した浙江（台州・余姚），長江デルタ（上海・昆山・蘇州），大連，長春の4地域の特性を反映する金型企業の事例を踏まえながら地域ごとの金型産業集積の市場連結に関する実態を考察する。

## 3 中国金型産業における市場連結
―フィールド調査からの発見事実―

**浙江（台州・余姚）――商人・市場(いちば)ネットワークの活用と域内ユーザー産業の育成**

「百工之郷」として知られる浙江省は，古代から手工業の職人と商人を輩出する地域である。浙江商人は手工業製品の流通に従事する人が多く，職人と相互補完的な関係にあり，兼業化する人も少なくなかった。このような職人と商人の結合という伝統は，今日の浙江省における産業発展に色濃く反映されている。同省の地域工業化と経済発展の大きな原動力となったのは「専業化産業区＋専業市場」であり，専業市場の取引高と専業化産業区の生産高の増加の間に，顕著な正の相関関係が見られる（金ほか，2004；史ほか，2004）。全省には約20ヵ所の専業化産業区が形成され，その形成過程において専業市場，および市場（いちば）ネットワークが重要な役割を果たしていた[5]。

同省・台州のプラスチック金型集積は，現在，中国でトップクラスの規模を誇る。2010年頃に約2,200社の一定規模以上の金型企業が操業し，約5万人の従業員と8,000余台のNC加工設備（うちMC1,500台）を擁する規模に達した[6]。

1960年代後半から「補銅匠」と呼ばれる台州の伝統職人が，上海の国営工廠のボタンや靴底など単純なプラスチック金型の下請けを始めたことが集積の端緒だと言い伝えられている[7]。また，行商人によって各地から買い集められた廃棄鉄鋼製品は，当時の金型製作の重要な素材供給源となった[8]。萌芽期にあるこの地域の金型製造は，まさに伝統的な職人と商人を中心に行われていた。

1980年代に入ってからは，台州の金型集積は主として2種類の紐帯によって市場とつながり，取引ネットワークが構築されていった。1つは専業市場とそのネットワーク，もう1つは市場開拓の才能と経験を兼ね備える起業家である。

史ら（2004：p.2）が指摘したように，台州経済発展の原動力は専業市場と家内工業であった。同省では，1980年頃から家内工業や民間企業の製品の流通ルートとして数多くの市場が出現し，2001年に569ヵ所にまで増えていった[9]。これらの市場は専業化産業区に依拠しており，それぞれ特定の商品群を取り扱い，また商人を介して商品を広域的な市場間ネットワークに流通させるという機能を果たす。中小零細の金型企業は，自ら専業市場に店を構える場合もあれば，市場に出店する業者から受注する場合もある。また，同地域や近隣地域の日用品プラスチック成形業者，製靴業者から金型を受注し，これらの業者で製品を作ってから関連の専業市場とそのネットワークへという取引の流れも存在する。素材や設備の調達も同様に専業市場に依存する。

第2の紐帯は市場開拓に果敢に挑む起業家である。その大半は国有・準国有の金型企業[10]からスピンアウトし，1980年代の中頃以降に独立した者達である。彼らの足跡には共通する2つの特徴が見られる。第1に，独立前に金型製造技術のみならず，豊富な販売経験をもっている点である。

もう1つの共通点は，専業市場のネットワークを活用するだけでなく，自力で域外市場に向けて積極的に取引関係を開拓する点である。営業経験とビジネスセンスに富む起業家らは，域外における成長性の高いユーザー産業との取引成立に傾注した。

卓越した営業力で開拓した域外ユーザーとの取引を維持するために，これらの企業は社内に高度な加工設備を導入し，大卒者ワーカーを現場に配置する一方で，集積内の他企業の加工能力を巧みに活用して顧客企業の多様なニーズに柔軟に対応している。ユーザーの技術者が工場に訪れ，加工方法や精度について作業員と直接コミュニケーションする場合があるので，プログラムが理解でき，高度な設備の操作と保全が可能な人員を配置しておかなければユーザーとの濃密な情報交換ができないという。一方，単純な機械加工あるいは自社でできない加工については，相応な能力を有する近隣企業に外注するケースが多い。

こうした特徴から，商人気質と営業才能に満ち溢れた起業者とその企業はまさに金型集積と家電や自動車，機械などのユーザー産業をつなぐリンケージ役と言える。域外の成長産業に有望なユーザーを求め，また集積内の能力をコーディネートしながらユーザーのニーズに柔軟に対応するこれらの企業があるからこそ，浙江省の金型集積が持続的な発展が可能になった。

1990年代の後半から，浙江省の金型集積は新たな局面を迎えた。爆発的に成長し続ける自動車や電子電機などのユーザー産業の集積地周辺に，金型企業の数が急速に増加した。こうした環境変化に対応して，浙江省の金型企業は市場との新たなつながり方を模索し始めた。それらは，「市場に飛び込む」パターンと「市場を引き込む」パターンである。

「市場に飛び込む」とは，ユーザー産業集積地に進出することである。1990年代の後半から多くの浙江省の金型企業では，既存の取引関係を維持するとともに新規顧客を開拓すべく，長江デルタや華南などの地域に本社を移転したり，子会社を設立したりする動きが活発になった。

「市場を引き込む」とは，域内でユーザー産業を育成し，発展させることである。浙江省はもともと近代的な工業基盤が貧弱な地域であったが[11]，金型産業の生成と発展をきっかけとして機械加工が盛んになり，また金型技術と機械加工能力をベースに，さまざまな製品産業が次々と立ち上がっていった。これらには，金型企業による製品事業への進出もあれば，地域の金型・機械加工の基盤を活用した創業もある。こうした多様な産業の出現と拡大は，金型集積にとって巨大な市場が域内に現れることを意味する。

### 上海・昆山・蘇州——市場先行と輸入・移入代替

上海・昆山・蘇州地域が世界有数の製造基地となっており，金型製造においても大きなプレゼンスを示すようになった。2003年度に同地域の金型生産高は約100億元に達し，中国全体の1/4弱を占めている。この地域の金型産業の集積形成と取引関係の構築は，先述した浙江省と大きく異なる。すなわち，浙江省では専業市場や商人的起業者によって金型集積と域外市場がつながれているのに対して，上海・昆山・蘇州では，急速に膨張したユーザー産業の集積から生まれた大きな金型需要と域内金型企業の供給との間に大きなギャップがあり，このギャップが域外からの進出と地元の金型創業を喚起したのである。日本，

台湾，香港，浙江省，広東省などからの進出企業と域内国有企業の改編から誕生した旧国有系金型企業，域内の民営金型メーカーの創業など，市場に吸引される形で多様な企業形態からなる金型産業集積が形成されている。2000年頃の上海の域内金型需要と域内金型生産の比率は 2：1 で，蘇州では10：1 であったと推定される[12]。

　域内にユーザー産業が集積しており，金型の量質ともに大きな開きがあるという環境条件は，金型企業の戦略と行動に多大な影響を与えた。特に，企業の技術力と成長段階によって，異なる取引関係が形成されている。すなわち，技術力のある外資系と一部の現地系企業では，取引先の多様化が進展しているのに対して，スタートアップ段階にあるローカル金型企業は，特定ユーザーとの取引に依存しながら技術力の向上を狙うのである。

　持続的に拡大する市場の中で，日系などの外資系金型企業のもつ高度な技術力がユーザー企業から希求されるため，潜在的に多くの取引機会が存在する。これらの企業は市場要件に技術要件を適応させることで，取引先の多様化を実現した。上海烈光の副社長はこう述べている。「技術・品質さえ良ければ，顧客がついてくる」。取引先開拓のために多大な経営資源を投入するより，技術力や品質管理に力を傾注するほうが効果的に取引関係を確立できるという経営判断が窺える。

　一方の現地系民営金型企業のほとんどは，創成期に特定のユーザー企業との取引に依存し，その取引関係を維持・拡大する過程で技術とノウハウの蓄積に努めている。これらの企業は，友人の紹介や親会社の既存の取引関係などを活用して特定ユーザーから最初の注文を獲得したが，その後，関係特殊的技術を蓄積しながらユーザーとの信頼を強めている。

　第11章でも検討するように，営業マンの経歴をもつ人の多い台州・余姚の金型起業者と比較すると，この地域の起業者がほとんど技術者出身であるのが特徴的な事象である。この違いはおそらく企業のそれぞれ直面する最大の課題と無関係ではない。即ち，台州・余姚の「需要搬入企業」たる金型企業にとって域外の顧客企業を獲得し，その取引を維持・拡大することが至上命題であったが，長江デルタの多くの金型企業にとって，技術の学習こそが喫緊の課題となっている。輸入・移入代替を狙う彼らはユーザー企業の厳しい精度要求と品質要求をクリアしなければ継続的な受注が期待できないため，創業者は営業セ

ンスの優れた人より技術的学習を主導できる人のほうが相応しい。

　要するに，金型市場が先行している長江デルタにおいては市場主導型の金型産業の集積が形成されてきた。金型企業の取引ネットワーク構築は，ユーザー企業の輸入・移入代替の機能を果たすことを意味し，そして輸入・移入代替を可能にする急速な技術のキャッチアップがキーファクターとなる。

### 大連——外資系金型企業による輸入代替と輸出・移出拡大

　大連地域では，かつて国有企業に内部化された形で金型にかかわる産業基盤が整備されていたが，国有企業の地盤沈下に伴い，それは衰退していった。一方，日系企業を中心とした電子電機企業がこの地域に進出し，多大な金型需要をもたらしている。その結果，金型の需要と供給に大きなギャップが生じ，そのギャップが輸入と移入によって埋められている。

　2000年以降，大連市政府は地域経済の持続的な発展にとって金型産業の強化が不可欠と認識し，投資環境改善策の一環として，金型企業の誘致に力を入れている。こうした政策が奏功し，日本および中国のほかの地域から数多くの金型企業が大連に進出してきた。多くの域外企業は，膨大な金型需要を見込んでの進出であった。

　調査4社（共立精機（大連），大連大顕高木模具，大連誉銘，大連鴻圓）の取引ネットワークに共通した特徴が2つ見られる。すなわち，外部の特定企業（親会社を含む）と連携して需要を獲得することである。共立精機（大連）にとってホンダトレーディング（ホンダ系の部品商社），大連大顕高木模具にとってタカギセイコー，大連誉銘と大連鴻圓にとって何社かの成形メーカーがそれぞれ連携先となる。これらの連携先は「需要搬入」の役割を果たしている。

　第2の特徴は，輸出比率の高さである。筆者の調査した時点で上記の4社の輸出比率は25～50％と高く，また向上する傾向にある。大連地域に大きな需要が存在し，その需要を見込んで進出した金型企業は，なぜ輸出を急ぐのか。そして，彼らはなぜ取引ネットワークの構築について外部「需要搬入企業」への依存を強めたのか。こうした疑問を解くには，大連地域の金型市場の需要側と供給側の双方に原因を求める必要がある。まず需要側を見ると，主に日系セットメーカーが同地域の金型需要を作り出しているが，これらのセットメーカー

が金型を内製し，もしくは親会社主導で日本から金型を調達している。これらのセットメーカーの金型需要は顕在化せず，外部の金型企業を単なる生産調整時のバファーとして利用するのみである。

一方，供給側をみてみると，大連地域の金型企業は専業メーカーが多く，成形事業を兼ねるところが少ない[13]。金型専業メーカーはサプライチェーン上の下位層（tier2以下）に位置づけられることが多く，上位層の成形部品メーカーや部品商社を介在しながら，セットメーカーの金型需要を取り込まなければならない。この場合，金型企業の取引関係の形成が成形部品メーカーや部品商社の市場戦略とネットワークに左右されやすく，必ずしも域内市場（ユーザー）と連結するとは限らない。

もっとも重要な点は，金型企業自身の戦略である。特に日系金型企業の場合，日本国内で蓄積された深い技術基盤に依拠して差別化戦略を展開している。共立精機（大連）と大連大顕高木模具社はそれぞれ精密アルミダイキャスト金型と大型プラスチック金型に特化し，いずれも中国の北方地域で優位性をもっている。こうした差別化戦略は価格競争に巻き込まれず，高い収益力を確保するというメリットがあるが，電機電子産業に偏る大連地域のユーザーのニーズとのミスマッチが生じてしまう。その結果，日系金型企業は域内ユーザーとの取引にかかわらず，自らの技術基盤に依拠し，「需要搬入企業」と連携しながら域外市場の開拓を進めているのである。

## 長春——グループ内の市場メカニズム導入とキャッチアップによる市場防衛

中国最大手の自動車メーカー・一汽製造集団（以下，FAW）の企業城下町である長春では，FAWグループ内の金型需給が域内金型市場の大半を構成する。第2節で触れたFAW沖模車間は同地域における最初の金型工場であった。その後，鋳造部門内にダイキャスト金型工場（鋳模車間）も設立され，またFAWに中型，小型のプレス金型を専門に供給する国営金型専業メーカーが1958年に設立された。これらはそれぞれ今日の一汽模具製造有限公司（一汽プレス金型），一汽鋳造有限公司鋳造模具設備廠（一汽ダイキャスト金型），聖火模具の前身である。

1980年代末まで，金型の多くは，FAW企業内で計画的に製造・消費される状態で，市場メカニズムがまったく存在していなかった。80年代末から，

第9章　金型産業集積の市場連結メカニズムと金型企業の市場戦略

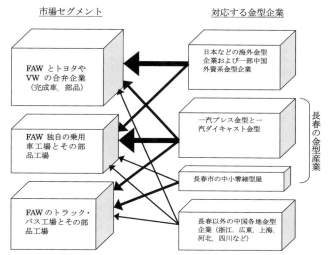

図9-1　長春の金型市場セグメントと対応する金型企業
出所：フィールド調査に基づき筆者作成

　FAWは金型を含む部品・工具工場を次々と分社化させ，外部調達を増やし入札制度を導入するなど経営改革を断行した。その結果，金型部門は外部の金型企業との競争に晒されるようになった。第11章で見るように，同じ時期に，FAWの金型工場や機械加工部門からスピンアウトした技術者が長春地域で徐々に創業し始めた。こうした，FAWの組織改革によって長春地域の金型市場が形成され，金型産業の発展が促進されるようになった。

　長春の金型市場は，現在，図9-1で示されているような3つのセグメントに大別される。すなわち，（Ⅰ）FAWとトヨタやVWなどの海外自動車メーカーとの合弁完成車工場およびそのサプライヤー，（Ⅱ）FAW独自の乗用車工場，およびその部品工場，（Ⅲ）FAWのトラックやバス工場，およびその部品工場，の3つである。各セグメントに必要とされる金型の要求精度，品質水準，納期水準，開発へのコミットメントなどに大きな開きがあるため，それぞれに対応する金型企業の類型も異なる。市場（Ⅰ）へ金型を供給するのは主として海外の金型企業と一部の中国外資系金型企業となっている。FAW本体から分社独立した金型メーカー2社（一汽プレス金型と一汽ダイキャスト金型）は，主に市場（Ⅱ）向けの金型を製作する一方で，製品によって市場

199

（Ⅰ）と（Ⅲ）にも供給している。市場（Ⅲ）の金型は，主にFAW傘下の金型メーカー2社とFAWからスピンアウトした中小零細金型メーカーから調達される。そのほかに，広東や浙江，上海，河北，四川などの自動車金型企業が近年，長春の金型市場に参入し，一部は既に取引を開始している。

内部化されていた需給関係が企業改革によって市場化され，競争原理が導入された。この状況変化に対して，FAW本体から分離独立した金型企業にとって，グループ内の需要をいかにつなぎ止めるかが最大の課題である。FAWは1980年代後半まで，僅かの高級乗用車を断続的に手作りで製造した以外に，単一車種のトラックを作り続けていた。そのため，海外企業と合弁で乗用車の製造を開始した時期に，FAWの金型部門は必要な技術水準・製造能力をもっておらず，ほとんど対応できなかった[14]。乗用車用の金型の大半は海外から輸入せざるをえなかった。

一汽プレス金型は，モノ，ヒトの両面から競争力の強化に取り組んだ。モノの面では，1990年代初頭より数期にわたってイタリア，日本，ドイツなどから高度なNC工作機械やプレス機を導入し，また受注・調達・生産管理・資材管理・納期などを統括する情報システムを構築した[15]。ヒトについては，日本のオギハラ社と技術提携関係を結び，延べ100人余の従業員をオギハラの工場に送り込み，約1年間の研修を受けさせた。研修を通じて，日本の金型製法を身につけた従業員の育成を目指した。

こうした取り組みによって，一汽プレス金型の技術水準と製造能力が急速に高められ，技術力の向上による市場防衛策が一定の成果を収めている。

一汽プレス金型はグループ内部需要をつなぎとめるという守りの取り組みを行う一方で，輸出を含む非グループユーザー向けの販売にも乗り出した。顧客企業ごと，プロジェクトごとに駐在事務所が社内に設置され，ユーザーとの濃密なコミュニケーションを図ることでフルセット受注を狙う取引手法を採用している。

一汽プレス金型の外販拡大が進展する背景に，FAWグループの一員でありながら独立企業として収益基盤を強化するという一汽プレス金型自身の思惑と，金型の調達コストを引き下げようと模索する外資系自動車メーカーおよび一汽プレス金型の技術力を活用して完成車生産を軌道に載せたいと考える中国民営自動車メーカーの思惑が一致することがある。中国全土を見渡しても一汽

プレス金型と肩を並べるほどの金型企業は限られる。それに，一貫して中国金型業界における代表的な企業と認知される同社は抜群の知名度と特別な地位を有する[16]。そのため，グループ外のユーザーとの取引はその多くがユーザーからのアプローチによって発生したという。安徽省にある後発自動車メーカーである奇瑞に依頼され新車種のフルセット金型を設計・制作するケースがその好例である。また，輸出の第一弾はトヨタの要請でアルゼンチン，南アフリカ，インド，タイなどのトヨタ傘下の工場に出荷したものである。その後，ヨーロッパの複数の企業からもアプローチされたという。

こうして，一汽プレス金型は順調に業容を拡大してきた。2005年度の売上高が6億元弱に達し，1999年度の約18倍にまで爆発的な成長を続けてきた。しかし，難問もいくつか残っている。グループ内の合弁企業では新車種導入の主導権は外資側が掌握しているため，設計段階から食い込むことが極めて難しい状況である。もう1つは，新鋭の設備を導入し，売上規模も急速に伸びたものの，社内の技術蓄積がまだ不十分である。そのため圧倒的に貸与図が中心となり，承認図方式には至っていない。もっとも，こういった問題は時間をかけてしっかりやれば必ず解決できると，同社の経営者は強い自信と意気込みを見せてくれた。

一汽ダイキャスト金型は一汽プレス金型より規模が一回り小さいものの（約1億元の売上高），技術力向上のための取り組みにおいて類似する。現在，同社はアルミダイキャスト金型分野において中国でトップクラスの実力と規模を誇るという。組織構造上，一汽鋳造有限公司という企業[17]の金型事業部という位置づけとなっている同社はグループ内外のユーザーから直接注文を受ける場合もあれば，一汽鋳造の各鋳造事業部から金型制作の依頼を受ける場合もある。

FAW傘下の金型2社以外に，長春市に約30〜40社の中小零細型屋が存在し，その多くがFAWからスピンアウトした技術者が創業したものである。旧国営工場から放り出された機械加工設備を買い集め，またFAWからリストラされた，もしくは定年退職した技術者・ワーカーを雇い，比較的に精度要求の緩やかな金型の製造に従事している。

筆者の調査した信達模具，安民機械，聖火模具の民間金型企業3社はいずれも主にFAWのトラック，バス事業部門およびその関連のサプライヤーから注

文を取って金型の事業を続けている。その取引関係の確立に大きな特徴がある。つまり，技術水準や生産能力より，ユーザー企業内の友人，親戚，同級生，かつての同僚といった属人的関係が取引開始の決め手となり，その関係を緊密に維持し，さらにユーザー企業の技術陣らと広範にわたる信頼関係まで発展させることが取引継続の要件とされる。

ただ，企業家精神が旺盛な浙江省や蘇州などと比較すると，長春地域の民間金型企業は上位セグメントへ挑戦する意欲があまり見られず，現実的にもそのような実力を身につけていない。

## 4　地域ごとの金型企業の市場戦略

### 「顧客指向型」と「技術レバレッジ型」

第3節では，4地域の金型産業集積における市場連結について発見事実を記述した。広がりつつある市場と連結することで，金型産業の市場的条件が備わる。この意味において，地域ごとの市場連結メカニズムを解明することは，中国金型産業システム全体の解明に寄与するものと考えられる。

集積の市場連結システムは，本質的に集積内企業の市場戦略そのものだと捉えることが可能である。本研究で考察した4地域の金型企業の市場戦略は，次の2つのタイプに大分できる。1つは，上海・昆山・蘇州や浙江省の多くの金型企業で見られるように，積極的に顧客を探求し，顧客のニーズと自らの供給能力を柔軟に結びつけることで市場を獲得するという戦略である。もう1つは，長春と大連の金型企業が進めているような，既存の技術基盤をいかし，または自らの製作能力を強化することによって，市場での競争優位を確立しようとする戦略である。前者を「顧客指向型」，後者を「技術レバレッジ型」と呼ぶことができよう（図9-2）。

こうした市場戦略の力点の違いは，企業内部の技術蓄積の状況と域内需要状況の相違にその要因を求めることができる。たとえば，上海・昆山・蘇州や浙江省の民間金型企業は，ほとんど限定的な設計・加工技術しか有しておらず，自己完結的に特定種類の金型の全製作プロセスを遂行できない。その一方で，両地域において多種多様なユーザー産業が存在し，ユーザー企業数も膨大にのぼる。浙江省では中小零細のユーザー企業が叢生し，また「専業市場」ネット

第9章　金型産業集積の市場連結メカニズムと金型企業の市場戦略

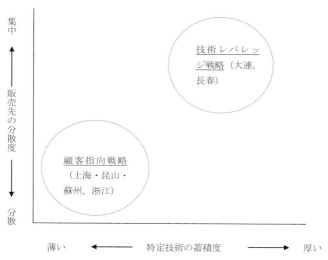

図9-2　中国金型企業の市場戦略と技術蓄積度
出所：筆者作成

　ワークが多くの取引にかかわっている。こうした状況の中で，金型企業はユーザーの開拓やユーザーとのリンケージの維持に力を注ぎ，他社との分業と提携をもって，多種多様な注文に柔軟に対応する戦略を採るのが合理的な選択だといえる。一部の加工や設計技術に特化する金型企業からなる細かな分業・協業ネットワークが，多種多様な需要への対応に技術的基盤を提供した。両地域の金型企業で見られる販売先の分散化という傾向は，まさに顧客志向の市場戦略の表れである。
　一方の長春地域と大連地域では，内部に特定種類の金型製作技術が分厚く蓄積しており，設計・製造プロセスを統合的に担える金型企業が域内金型産業の中核をなしている。特定技術の蓄積度が高いことに加えて，両地域の域内金型需要が特定の企業グループ，もしくは特定のユーザー産業に偏っているため，販売先の集中度も高い。特定技術の厚い蓄積があるため，金型企業はその技術をいかせる分野に集中し，技術の活用と強化に戦略のベースを置く傾向が強いといえる。

203

第Ⅲ部　発展のメカニズムと理論的視角

## 「域外需要の呼び込み」と「域内顧客対応」

　さらに，域内需給の量的関係，すなわち需給バランスが企業の市場戦略に及ぼす影響も考慮する必要がある。第2節で中国の金型市場は全体的に需要超過の状況が続いていると述べたが，地域によって需給バランス状況は大きく異なる。たとえば，上海・昆山・蘇州と大連は需要超過であるのに対して，浙江省では明らかに供給超過の状況にある。長春地域の需給バランスに関するデータはないものの，同地域の中核金型企業一汽プレス金型における高い域外販売比率（60％）から考えると，単純な数量ベースでは供給超過の状況にあると推測できる。

　同じ顧客指向型の上海・昆山・蘇州と浙江省では，需給バランスの違いによって，企業の市場へのアクセスに顕著な差異が見られる。供給超過の浙江省では，金型企業は事業継続のため，域外市場を求め，域外需要を呼び込むことが必要である。「龍頭企業」と呼ばれる金型企業は，域外市場の開拓に努め，域内分業・協業ネットワークを活用しながら域外の多種多様な需要をリーズナブルなコストで，かつ適正な品質で充足することに成功した。特に，家電や自動車など域外の成長産業から生み出される膨大な金型需要を見事に取り込んだ。供給超過であるこの地域の金型企業は域内ネットワーク化による需要の呼び込み戦略を採っている。

　供給超過の浙江省と対照的に，上海・昆山・蘇州は域内の金型生産が需要に追いつかない需要超過の状態にある。多様なユーザー産業の集積から生まれる大量，かつ多品種の金型需要が市場化されたため，各種の金型企業に存立のための市場基盤が与えられた。多くの現地系金型企業は，スタートアップ段階で特定のユーザーに取引を依存しながら，関係特殊的な技術の蓄積を図るか，もしくは大手金型企業の下請として特定の製造プロセスに特化することで市場へ接近した。一方，高度な技術力と管理能力を有する外資系金型企業と一部の現地系金型企業は，特定種類の金型製作を続けながら，取引先の多様化を進めている。すなわち，金型企業は各々の実力に相応する顧客戦略を採っている。

## 「技術蓄積に依拠する市場多角化」と「技術向上による市場メカニズム適応」

　技術レバレッジ型に属する大連と長春の両地域の金型企業も需給バランスの違いによって，異なる取り組みを見せている。大連では，域内の金型需要は量

第 9 章　金型産業集積の市場連結メカニズムと金型企業の市場戦略

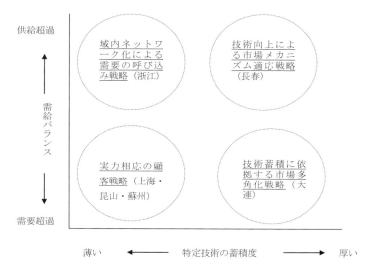

図 9 - 3　中国金型企業の市場戦略と域内需給バランス
出所：筆者作成．

的にも質的にも域内供給を大きく上回り，需要の 7 割が輸入・移入によって賄われている．しかし，同地域の金型産業の中核を占める日系金型専業メーカーは，特定の金型分野で深い技術蓄積を有しているが，金型需要が電機電子産業に偏在する大連地域では自社の得意分野や技術レベルにフィットするユーザーを見つけるのが困難である．すなわち，地域全体の金型市場は需要超過であるが，特定技術分野に特化した日系企業は，進出当初，域内需要の不足に直面してしまう．そこで，地域全体としては需要超過でも金型企業は特定技術の蓄積をいかすために，域外の市場開拓を図っている．第 4 節で考察したように，自社の技術要件と市場要件が異なる金型企業は，域内において収益性の高い顧客企業の開拓に地道に取り組むと同時に，「需要搬入企業」と提携し，積極的に域外ユーザーとの取引拡大を進めている．技術蓄積に依拠し，得意分野に集中しながら市場の地理的多角化を図るという戦略である．もっとも，域内の特定分野における需要が拡大してくれば，地理的にも集中戦略を採り始める時期が来ると考えられる．

　需要超過の大連に対して，長春地域は逆に供給超過の状態にある．この地域の金型産業は組織内需要の市場化を伴って発展してきている．もともと組織内

第Ⅲ部　発展のメカニズムと理論的視角

で中国随一の金型技術基盤があったこともあり，FAWから分離独立した金型企業を中心に，域内で大きな金型製造キャパシティが形成された。しかし，ユーザーの金型調達において市場メカニズムが導入されたことにより，域内金型企業は域外業者との競争に直面する。そこで，域内主要金型企業は市場メカニズムに適応し，競争に勝ち抜くために，経営資源の充実と技術力の向上を図りながら，域内市場の防衛に取り組まなければならない。市場戦略＝技術力向上戦略である。

## おわりに

　金型は製品の量産ツールであるだけに，ユーザー産業と有機的に連結することが金型産業集積の発展にとって必須条件となる。この連結は，集積内の金型企業（しばしばその中の一部の企業）による取引関係の形成を通じて実現される。そして，いかなる取引関係が形成されてくるのかは，集積内金型企業の市場戦略に規定される。集積内の需要状況や技術状況は，金型企業の市場戦略に影響を与える重要な要素になる。

　本章は，中国金型産業の市場連結の実態を解明したうえで，需要関連と技術関連の各要素の地域別相違が金型企業の市場戦略にいかなる影響を与えるかを検討し，域内ネットワーク化による「需要呼び込み戦略」「実力相応の顧客戦略」「技術向上による市場メカニズム適応戦略」「技術蓄積に依拠する市場多角化戦略」の4つの市場戦略を提示した。むろん，同じ環境条件の下であっても，上記の類型化とは異なる企業戦略が採られることもある。この意味において，本章の結論は多方面からさらに検証される必要がある。

　4地域での発見事実をもとに析出された金型企業の市場戦略に関する類型化が，中国の他の地域に適用することができるのかという点が第1の課題となる。特に，最大の金型生産規模をもつ珠江デルタや近年，急速に発展している重慶や武漢，天津，青島，成都などの地域を抜きにして，今日の中国金型産業全体を議論することは自ずと限界がある。従って，今後，これらの地域の金型集積を視野に入れたより幅広い調査研究を継続的に行い，中国の金型産業集積の市場形成，市場連結，市場戦略に関する知見を探求し続けることが必要である。

第9章　金型産業集積の市場連結メカニズムと金型企業の市場戦略

（李　瑞雪）

注
1　中国における金型技術の基盤，金型産業基盤の形成については李・行本（2007）を参照されたい。
2　専業市場とは，「特定の商品が集散し取引される市」のことを指している。
3　「我国模具工業特点与基本情況」（http：//www.jd37.com/Html/1-7/2006-4/11/091948391.html を参照（2006年5月19日））。
4　同上。
5　伝統的な市場（いちば）という流通機構は，1950年代後半から70年代後半にかけて衰退していったが，改革開放以降，いち早く再生を果たし，流通近代化が進展している今日においても重要な流通機構として大きな役割を担い続けている（李，2003）。
6　『中国模具工業年鑑2012』，p.126。
7　台州市路橋区新橋鎮の一画に，11棟で合計3万m$^2$の貸工場が並んでおり，約300社の零細金型企業が入居している。そこでは，老朽化した旧式の工作機械を使って靴底など単純な金型を製作している。この地域の金型産業が生成した当時の様子を想起させるような光景であった（2006年2月21日に訪問）。
8　林ほか（1995），p.151。
9　史ほか（2004），p.131。
10　1970年代から80年代前半にかけて，台州の地方政府は地域の金型技術者，技能者を集めて，いくつかの国有・準国有（集団所有制）金型企業を設立した。これらの金型企業は後に金型集積の一大母体となった。たとえば，黄岩塑料模具廠（後の浙江模具廠），紅旗模具廠などが代表的な組織であり，今日でも操業を続けている。
11　沿海部の各省・直轄市のうち，浙江省と福建省は対台湾の前線という位置にあったため，1970年代末まで大規模な産業投資が控えられていたという。
12　この推定値は，上海金型工業協会（2006年2月15日）と昆山金型工業協会（2006年9月11日）の関係者に対するヒアリングから得たものである。
13　訪問調査した4社のうち，大連誉銘を除く3社は専業で，大連誉銘は成形を兼業しているものの，成形事業の売上が全体の10％未満にとどまっている。
14　一汽プレス金型社のC総経理（当時）の説明によると，当時の中国で自動車金型の製作はFAWを含め5ヵ所に限られていた。5ヵ所の能力を合わせても，2車種のフルセット金型を製作するのが困難であったという。
15　同社のパンフレットに記載されている主要設備リストによると，CN，CNCの工作機械33台，3D測定機4台，熱処理設備2基，プレス機23台が稼動しているという。そのうち，7台の工作機械と22台のプレス機が中国製で，それ以外がすべて海外からの輸入機械である。
16　同社は中国金型工業協会の会長企業であるため，業界内のさまざまな行事を主催し，また政府の金型関連の産業政策の策定に一定の影響力をもつものと思われる。

17 一汽鋳造有限公司は1999年にFAW本体から分離独立された鋳造部品および金型を製造する子会社である。傘下に一汽ダイキャスト金型，第1鋳造廠，第2鋳造廠，有色金属鋳造廠（非鉄鋳造工場），特殊有色金属鋳造廠の4つの事業部がある。

## 参考文献

天野倫文（2007）「台日サプライヤーの中国進出とアライアンス―国際化戦略における能力補完仮説―」『経済学論集』第73巻第1号。

天野倫文・李瑞雪・金容度・行本勢基（2007）『2006年度アジア特定問題調査研究事業報告書　中国金型関連産業比較調査～広東省を中心として～』財団法人・貿易研修センター。

天野倫文・李瑞雪・金容度・行本勢基（2008）『中国金型産業論～中国インフラ産業の発展とアジア国際分業への影響～』新エネルギー産業技術研究開発機構　研究助成事業・調査研究報告書。

伊丹敬之（1998）「第1章　産業集積の意義と論理」伊丹敬之・松島茂・橘川武郎編『産業集積の本質　柔軟な分業・集積の条件』有斐閣。

史晋川・汪炜・銭滔（2004）『民営経済与制度創新：台州現象研究』浙江大学出版社

佘徳余（2006），『浙江文化簡史』人民出版社。

清成忠男・橋本寿朗編著（1997）『日本型産業集積の未来像』日本経済新聞社。

金祥栄・林承亮・朱希偉（2004）『工業化進程中的浙江専業化産業区研究』浙江大学民営経済研究中心ワーキングペーパー。

黄宗智編（2006）『中国郷村研究　第四集』社会科学文献出版社。

鈴木良隆（1989）「『内部請負制』は19世紀イギリスの工場における作業組織を有効に説明するか？」『経営史学』20巻2号。

高岡美佳（1998）「第4章　産業集積とマーケット」伊丹敬之・松島茂・橘川武郎編『産業集積の本質　柔軟な分業・集積の条件』有斐閣。

中国機械工業年鑑編集委員会・中国模具工業協会編（2004）『中国模具工業年鑑2004』機械工業出版社。

中国機械工業年鑑編集委員会・中国模具工業協会編（2012）『中国模具工業年鑑2012』機械工業出版社。

中国国家統計局編（2006）『中国統計年鑑2006』中国統計出版社。

行本勢基（2007）「中国金型産業における民営企業の生成と発展プロセス～浙江省余姚市・台州市の事例～」『国際経営・システム科学研究』第38号，早稲田大学アジア太平洋研究センター。

李瑞雪・行本勢基共著（2007）「中国金型産業の発展と金型産業政策の展開（前編）――日本の歴史の経験との比較――」『富大経済論集』第53巻第1号。

李瑞雪（2003）「流通システムにおける2つの波：〝集市〟の再生と〝流通革命〟の勃興」櫻井龍井・李瑞雪〔編〕『変わる中国変わらない中国』全日出版。

李瑞雪（2007）「上海・蘇州地域における金型産業～多様性と市場主導～」『世界経済評

論』Vol. 51 No. 9。

林傑臣(1995)『浙江特色市場』経済管理出版社。

# 第10章　金型産業における供給体制の確立と技術能力

## はじめに

　近年，中国における金型産業は，ユーザーである自動車，電機産業の発展に伴い，急速に成長している（水野，2003a）。第１章で確認されたように，2010年時点での金型企業数は約３万社，約1,120億元の規模に達し，世界最大規模となっている。企業数，生産総額ともに日本の金型産業の規模をはるかに超えている。

　ただし，中国の金型産業の実態を客観的に評価した調査研究は少ない。従来の研究では，日本の金型産業を頂点とする「雁行型発展モデル」を想定した研究が多く，同一の評価基準を基に中国金型企業の技術能力[1]を評価していたわけではない（斎藤，2002；水野，2003b　など）。日本の金型産業の技術能力からみて，アジア諸国のそれがどのような位置づけにあるのかを明らかにしてきたといってよい。そのため，中国金型産業に対する国内企業関係者の認識も自国中心的になり，国内産業保護の論調が目立っている。アジア諸国における金型の国際貿易構造や調達構造に着目した研究もあるが，同様に日本を中心とした議論になっている（斎藤，2002；馬場，2005）。

　他方，従来の議論には，金型産業のユーザーサイドからの視点も欠けている。金型という製品は，部品を成形するための道具である。金型そのものの品質もさることながら，それによって成形される部品の形状，品質こそが重要となる。日本の金型産業の競争力の源泉もそこにあったと考えられる。ユーザーである自動車産業や電機産業の製品開発工程へのコミットメントという意味で，本章では金型製作のリードタイム，加工精度を取り上げている。

　本章では，上記のような２つの視点を基に議論が進められる。同一基準を設

定した上で，ユーザーサイドの視点を意識しながら中国の金型産業の技術能力を評価，検討していく。金型加工精度，リードタイムの他に，素形材の水準も取り上げてサンプル企業の相違を考察する。なお，本章で扱う「生産技術」とは設計技術と機械加工技術を含む広い概念として定義する。

## 1　分析視点

**分析視点の抽出**

　中国という同じ経営環境の下でも，本章で取り上げる金型メーカーの経営行動は大きく異なる。その相違を技術的側面に注目しながら明らかにし，中国金型産業の供給体制を地域間で比較しよう。つまり，組織特性，本国本社の特性（日系，台湾系など）に基づく比較が可能になる点に本章の特徴がある。

　本項では，加工精度，リードタイム，素形材など本章で取り上げる比較項目の説明を行う。加工精度は，金型加工の際に追求される最大の，あるいは平均的な精度を指している。対象企業の中には，製品精度しか得られないところもあり，そうした企業の場合にはその精度から金型精度を推測している。

　金型リードタイムは，顧客からの製品図面（紙図面，データ，2次元，3次元を含む）を受領後，型図を作成する段階から検収までを指している。後ほど述べるように，自社でトライ工程を保有する企業とそうでない企業とで認識のギャップが生じることもある。

　金型に使用される素形材の項目には，材質や硬度，メーカー名，品番などが含まれる。硬度の場合には，熱処理との関係も明らかにしている。また，金型を構成する重要部品（ガイドポストやピン，フレームなど）の調達先も併せて聞き取りを行っている。

　ただし，金型産業の技術能力を比較することは非常に困難な作業である。なぜなら，量産製品と比べて型種ごとの属性が大きく異なるからである。属性には成形する製品，成形材料，金型の重量，さらには成形機の特性なども含まれる。これら多種多様な情報を一律的に整理し，日系企業，外資系企業，中国系企業の相違を抽出することは煩雑な作業となる。本章では，その属性を時間的制約，調査上の制約によりモールド系（樹脂成形・鋳造）とダイ系（プレス）に区分するにとどめた。

第Ⅲ部　発展のメカニズムと理論的視角

　厳密に言えば，自動車のドア，アウターに使用されるプレス用金型とか，内装部品のインスツルメンタルパネルに使用されるプラスチック用金型などと特定化し，それを生産している日系，外資系（欧米系，台湾系，韓国系，シンガポール系など），中国系企業を抽出して比較分析することが望ましい[2]。本章はその限界を抱えていることを明記しておく。

　また，加工精度，リードタイム，素形材などについて，本章よりも厳密な定義づけが必要となるであろう。たとえば，金型の精度でいえば，金型の固定側と移動側の単品精度という加工精度だけではなく，生産条件などさまざまな要素を考慮しなくてはならない。金型の精度を定義づけする際には，次のような計算式が一般的に成立するという[3]。つまり，「金型精度 = $\sqrt{A+B+C} \times$ 回数 + D」という計算式である。

　ここで，Aは，タイバークリアランスを指している。タイバークリアランスとは，金型を取り付ける成形機械との機構誤差を意味する。一般的には，80 $\mu m$ 程度の誤差があるといわれている。Bは，ガイドピンクリアランスを指している。ガイドピンクリアランスとは，雄雌を構成する金型の構成誤差を意味する。一般的には，30 $\mu m$ 程度の誤差があるという。Cは，加工基準出し誤差を指している。これは，金型を加工するときに必ず発生する誤差であり，一般的には10 $\mu m$ 程度の誤差があるという。基準出しの回数により，この誤差が集積的に増えることを計算式は示している。Dは，加工精度を指しており，本章で取り上げるように，金型の構成部品単品の精度を意味する。一般的に，加工精度は5 $\mu m$ 程度の誤差があるといわれており，後ほど詳しく述べるが，本章の調査対象企業においても1つの基準になっている。これらすべての誤差が上記計算式により成形する製品精度に影響を与えている。

　こうした考え方の背景には，成形機に金型を取り付けた際の固定側と移動側の同一基準点，永続性，連続射出に耐えられる剛性などを考慮しているかどうかという点が指摘される。金型を成形する製品の精度をいかに出していくのかという点に集約化されるのである。日本の金型企業が世界的に見て高精度，かつ高精密な金型を供給しているという事実は，決して金型そのものの精度だけを指しているのではなく，それによって成形される製品が高精度かつ高精密であることも指している。つまり，金型のみの高精度追求は「過剰品質」につながり，顧客からは高コストとしてしか評価されなくなる危険性がある。

また，リードタイムに関しても，検収の時期をどこに設定するか企業間の差異が大きい。自社トライ後の顧客納品時点を検収とする企業もあれば，顧客納品後，顧客の生産現場でトライを行い，数回のトライ後を検収とする場合もある。素形材については，熱処理の有無を明らかにすると共に，型式，メーカーなどの業界標準を念頭に置きながら統一的に論じていく必要がある。

このように，本章は，さまざまな調査上，あるいは分析上の限界を認識しつつも，中国金型産業における供給体制を技術的側面に注目しながら比較考察しようとしている。調査や手法の限界に関しては今後の研究課題として1つずつ解決していくことにし，本章では，限られたデータからではあるが，日系，外資系，中国系金型企業の経営行動を地域間で比較しながら，日中の金型産業を俯瞰していくことにする。

## 2 金型製作にかかわる技術比較
―加工精度・リードタイム・素形材―

調査対象企業から得られたデータに基づき，華東，華北，華南における技術能力の相違を設計技術，加工技術という2つの視点から明らかにしていく。設計技術に関する分析では，主に設計人材の人数・規模，技術者の経歴，実際の設計内容などを明らかにし，ユーザーとの情報交換などについて詳述する。加工技術に関する分析では，主に機械加工に熟達した人材の人数，規模を明らかにし，生産設備や加工精度について詳述する。

モールド系，ダイ系それぞれの顧客からも有効回答を得ることができたため，ここではユーザーの視点から見た金型企業の技術能力にも若干ではあるが触れていく。その上で，モールド系の金型メーカーについては，日本企業1社，日系企業4社，中国系企業4社，台湾系企業1社，香港系企業1社を取り上げる[4]。モールド系の顧客，ユーザー企業は3社であり，いずれも日系企業である。ダイ系の金型メーカーについては，日系企業4社，中国系企業2社，台湾系企業2社を取り上げる。ダイ系の顧客，ユーザー企業は1社のみであり，日系総合電機メーカーである。

以下の各表はモールド系，ダイ系それぞれの企業における加工精度（公差），リードタイム，素形材の種類を示したものである。本節以降の分析では，基本

的にこれらの表を参照しつつ議論を進めていく。

## 設計技術
### モールド系（樹脂）

タカギセイコー本社の金型工場は、ユーザーとの共同開発、デザイン・イン関係を築いている。同社では、ゲストエンジニアとして同社から顧客の開発現場へ技術者が派遣されている。各部品間の干渉度合い、組み付け可能性などを顧客の設計者と共に作り込んでいく。ある程度のデータが確立されたら、同社の技術者は戻ってくる。製品の形状を見れば、事前に問題を起こしそうな箇所を把握することができる。こうしたユーザーとの緊密な連携体制が同社の優位性の源泉でもあり、金型リードタイムを30日間にまで短期化させている。

このような日本企業の金型技術能力と比較して、中国国内のプラスチック金型メーカーはどのように位置づけられるであろうか。たとえば、タカギセイコー大連合弁子会社が作っている家電用の金型は TV がメインであり、主なユーザーは日系、韓国系の総合電機メーカーである[5]。TV はだいたい形と大きさで金型が決まってしまうので、技術の面でセットメーカーが金型企業に協力を求めることが少なくなっているが、他の製品に関しては、開発段階からセットメーカーは金型企業とさまざまなコミュニケーションが必要であり、技術的かつ経験的に支援を求めることがある。同社の金型リードタイムは、製品のサイズや加工難易度、形状によってバラツキがあるが、一般的に、350ｔクラスの金型であれば40日間で、1,800ｔクラスの大型の金型は60日間となっている。日本企業の30日間と比較しても遜色はなく、さらに大型の金型を設計製

表10-1　モールド系（樹脂）のリードタイム

| モールド系（樹脂） | リードタイム（1ヵ月＝30日間） |
|---|---|
| タカギセイコー本社 | 30 |
| タカギセイコー大連合弁子会社 | 40 |
| 大連鴻圓精密模塑有限公司 | N.A |
| 昆山匯美 | N.A |
| 大連誉銘精密模具有限公司 | 40 |
| 蘇州楽開 | 30 |
| 蘇州合信塑料科技 | N.A |

出所：現地調査と各社提供資料に基づき筆者作成

作していることを考慮すると，リードタイムはかなり短いといえる。日本からの技術移転が順調に進んでいることを示している。

他方，大連地域においても，徐々に私営，民営企業が成長している。たとえば，大連鴻圓精密模塑有限公司は，大連で設立された後，社長自身が単独で営業活動を行い，顧客の獲得を試みた[6]。金型の修理やメンテナンスの依頼が来るようになり，徐々に金型を受注するようになる。当時の金型はドアクローザーや電動工具向けの金型中心であった。主な取引先は家電製品，医療機器，自動車部品，工作用電動ツール，携帯電話，アルミダイキャスト部品に至るセットメーカー，部品メーカーである。別会社のプレス金型と合わせて，プラスチック金型，アルミダイキャスト金型の3種類に対応している。DVDプレーヤーの内装，外装部品の金型も受注している。

同社においても成形メーカーとの連携が重要である。新機種の構造設計を行う場合は特に緊密な情報交換が求められる。ユーザーからは製品図面，3次元データを提供してもらう。セットメーカー，成形メーカー，同社の3社で構造方案に関する打ち合わせを行う。そういった関係を構築している会社が5～6社ほどあり，ほとんどは日系企業である。

同様の民営企業が大連誉銘精密模具有限公司である。同社の大きな特徴は，華南地域に本社がある金型メーカーの出身者が創業したという点である。上記の大連鴻圓精密模塑有限公司と同様に，大連地域の金型需要を見込んで進出してきた。さらに，深圳市内は金型メーカーが集積しており，飽和状態であったため，ユーザーも多いが競合他社も多く，競争が激しかった。

顧客は日系企業が主体であり，韓国系企業が若干含まれている。主なユーザーとしては二輪車用部品（ギアボックス，エアコン部品）メーカー，家電メーカーなどが挙げられる。プラスチック金型を日本にも輸出している。販売先の内訳であるが，売上高全体の半分は大連市内のユーザー，日本向けの輸出は30～40％，中国国内の他地域への販売は10～20％である。

同社の炊飯器の金型リードタイムは約40日間である。エアコンの吹き出し口用の金型は50日間である。新機種が導入される際，成形部品の性能や機能を保証することが重要であり，材料の収縮率，温度設定などに配慮する。3次元データがあるので，モデリング作業の中で修正が可能である。ユーザーと共に検討会を繰り返す。社内にエンジニアリング部門があり，製品ごと（つまり，

ユーザーごと）に金型プロジェクトリーダーがすべての工程を担当している。同リーダーが設計，流動解析，機械加工，仕上げ，トライアウトを一貫して管理している。

昆山の昆山匯美では，主なユーザーが欧米系，日系などの外資系企業である。DVDパネルのハウジング，電話機，携帯電話，PDA，MP3，MP4などが主なユーザー分野となる。大連の大連誉銘精密模具有限公司と同様に，同社は本社が香港，華南地域にある。昆山進出当初は，本社のサポートがあることで，顧客の信頼も得られていた。現在では，昆山周辺で新規に顧客を開拓することに成功しており，長期的な取引関係に発展している。顧客の要求水準を満足させられるだけの能力を徐々に獲得してきた結果であるという。主要な顧客である日系企業のうち1社は製品図面を同社に貸与している。ユーザーからは製品に関するCADデータと紙図面の双方を提供してもらっている。一部のユーザーは製品サンプルのみを提供することがある。

**モールド系（鋳造）**

次に，モールド系（鋳造）に分類される日系企業，台湾系企業，中国系企業の設計技術を見ていくことにする。共立精機（大連）の取引先を業種別に見てみると，自動車が47％，OA情報通信が2％，精密機械が23％，住宅関連が12％，電動工具が16％である。これまで製作した金型実績であるが，中国企業向けに変速機ケース，IC電話機用の金型，変速機ケース，日系企業向けにモーターケースなどが挙げられる。

同社の場合，ユーザーからは素材図および製品図が提供される。製品サンプルのみを提供するユーザーもある。800tクラスの金型の場合，製品図に基づいて金型図面を設計するのに約1ヵ月かかる。その後，金型の加工，仕上げに約1ヵ月かかり，全体のリードタイムは2.5ヵ月となる。金型図面は承認を得

表10-2　モールド系（鋳造）のリードタイム

| モールド系（鋳造） | リードタイム（1ヵ月＝30日間） |
|---|---|
| 共立精機（大連） | 75 |
| シナノケンシ | 90 |
| 昆山六豊機械工業有限公司 | N.A |
| 一汽鋳造 | N.A |

出所：現地調査と各社提供資料に基づき筆者作成

るためにメール，あるいはファックスにてユーザーへ提出している。100 t，400 tクラスの金型は同社内でテスト，トライをすることが可能であり，同社は鋳造機を1台所有している。800 tクラスの金型の場合，トライ工程を日本本社に委託している。トライ確認後，日本から大連へともち込まれている。トライ工程を自社内で確保することにより，リードタイムの短期化につなげている。

中国最大手となる一汽鋳造は，あらゆる鋳造用の金型を同社で製作することができるという。2000年に製品製造（鋳物製品の機械加工）にも乗り出し，中国系の自動車メーカーに納入している。同社では，構造，材料，内在的欠陥の3要素に注意を払っており，金型の品質に大きな影響を及ぼすと考えられている。ユーザーの要求度は顧客によって異なる。ユーザーとのすり合わせを行う中で何回もトライを繰り返しながら解決していくという。

同社の場合，ユーザーの開発への参画は少なく，今後そうした業務を担うことはないという。いわゆる貸与図が中心であり，ユーザーの仕様通りに金型設計を行っている。たとえば，中国系大手自動車メーカーの場合，新製品（試作）を数多く出す一方，実際にそれを生産，量産していくかどうかは試作段階では不明である。量産が決定された時に金型が初めて発注されるため，製品開発と金型発注は全く別であると認識されている。その一方，外資系企業の場合，かなり早い段階から同社に相談にくる。自動車メーカーと直接，交渉をするのではなく，鋳物部品メーカーから情報をもらいながら，連携を深めていくパターンが多いという。

ただし，昆山六豊機械工業有限公司では，製品設計から金型製作，鋳造までをグループ内で行うなど垂直統合を実現させている。金型メーカーでは，アルミホイール金型，アルミダイキャスト金型，マグネシウムダイキャスト金型を中心に月間80セットを製造する能力をもつ。金型・設計についてはドイツ，意匠については日本から技術指導を受けた経緯がある。アルミホイールの設計・開発・製造のライン業務については台湾企業のほか，日本の中央精機と技術提携関係にあることから指導を受けたという。

### ダイ系

次に，ダイ系の金型メーカーにおける設計技術を見ていくことにする。華南

表10-3 ダイ系（プレス）のリードタイム

| ダイ系（プレス） | リードタイム（1ヵ月＝30日間） |
|---|---|
| 上海岸本模具 | 45 |
| 三井高科技（広東）有限公司 | 90 |
| APAC | 210 |
| 広州愛機 | N.A |
| 六豊模具（昆山）有限公司 | N.A |
| 上海烈光汽車部品 | N.A |
| 一汽模具製造 | 360 |
| 長春信述金型 | N.A |

出所：現地調査と各社提供資料に基づき筆者作成

地域に進出している三井高科技（広東）有限公司はICリードフレームの売上高が全体の約7割，モーターコアなどが全体の約2割という構成となっている。同社ではリードフレームやモーターコアの金型を日本本社から香港子会社を経由して輸入し，同社にて製品をプレス成形しているのである。従って，日系の顧客企業との取引は日本発のケースが多い[7]。顧客企業の本社の設計者・調達担当者は同社の日本本社に依頼し，日本本社同士で打ち合わせして仕様，スペック，素材，精度などについて決める。その関連情報は同時に現地法人に伝えられ，金型の設計・製作の進捗状況に合わせて現地法人同士で連絡し合いながら金型の受け入れや生産の準備を進める。

現地のユーザー企業向けに金型を販売する際，日本本社の金型設計技術者が現地に打ち合わせに来るケースがある。金型の完成後，ユーザーから支給される材料（量産時に使われる材料と同じ）を使ってユーザーの立会いの下でトライし調整する。受注後，試作品が完成するまで約3ヵ月かかる。金型製作のみで2ヵ月，その前後の打ち合わせや調整で約1ヵ月ほどであるという。

同様に，日本から金型を輸入しているのが，APACと広州愛機である。両社は，自動車用の骨格プレス部品を生産している。APACでは，金型の調達は日本からの輸入が50％であり，中国内での調達が50％である。つまり，金型の多くは輸入に依存していた。しかし，同社内で徐々に金型の内製化に取り組むようになった。乗用車の1車種に使われる金型数は300型あり，同社の金型内製率は10％以下である。

広州愛機では，設立当初は日本，韓国，台湾，タイから金型を輸入して使用していた。顧客の製品開発はすべて日本で行われているため，製品図は日本で

起こされている。企画段階から設計までは30ヵ月といわれている。同社内では順送りプレス金型，タンデム金型が使用されているが，日本本社で過去に使用されたものであることが多く，その微調整を同社内で行っている。プレス機が日本と同社では異なるため，中国の同社内部で微調整を行っている。日本本社のエンジニアが顧客の製品開発部門に駐在して部品図面を設計する，いわゆるゲストエンジニア制度が採用されている。したがって，デザインの方針，指示が顧客からあり，それに基づいて日本本社のエンジニアが顧客内部で作図している[8]。

　日本で顧客の周辺に立地し，その顧客の需要に特化していた一般的な金型専業メーカーが，次の上海岸本模具である。同社は，顧客の中国進出という事態に直面して，同伴進出するような形で設立された。ユーザーから製品図の提出があり，その後，工程情報に基づいて工程図面を展開し，金型図面を作成している。工程図面と金型図面をユーザーに承認してもらい，金型製作に入るという。そのため，金型の納品リードタイムは，中国国内では1.5ヵ月，日本への輸出では1.5ヵ月＋10日間（輸送期間）である。

　この上海岸本模具と同じ上海に立地している上海烈光汽車部品（台中合弁）は，自動車産業の2次サプライヤーに位置付けられる。同社の主力製品はプレス板金部品であり，主に高張力鋼材を使用している。同社の場合，設計情報は2次元データの形で保存している。新製品開発室は，開発の可能性を検討し，関係者が集まって需要家の要求への対応可能性を検討する場所である。

　昆山に立地している六豊模具（昆山）有限公司（台日合弁）は，欧米系の他，日系，中国系の自動車セットメーカーに対して精密プレス金型を供給している。合弁相手は，日系の大手自動車関連メーカーである。日系乗用車のパネル（フロント，サイド，インナー，リア，ルーフ，カウルサイド，ヘミング台，TR型），欧米系乗用車のパネル（フロント，リア，カウルサイド，サスペンション）などが代表的な製品分野となる。ユーザーからの設計情報は2次元の図面（部品情報）である。これを工程情報に分割して図面展開し，さらにそれぞれの工程について型情報を設計する。多くのユーザーは最初の部品情報のみを提供する。工程情報への展開と型情報への展開は金型メーカーの仕事である。特定のユーザーは工程情報や型情報まで提供してくれるが，その場合は，単なる金型製造契約に近くなるが，設計時間は大幅に短縮され，処理も正

第Ⅲ部　発展のメカニズムと理論的視角

確になる。

では，中国系企業はどのように対応しているのであろうか。本共同調査では，中国系企業で国内最大手である一汽模具製造と長春信述金型から有効回答を得ることができた。

両企業共に長春地域に立地している。一汽模具製造の場合，鋳物は近隣の協力会社に発注しており，金型のリードタイムは平均12ヵ月ほどである。金型の納期は遅れることが多いという。その理由として，1つはユーザーの設計変更が多いことが挙げられる。金型が仕上がりに近い状態になってから，設計変更を要求してくる。その分変更コストが高くなるが，ユーザーに負担してもらって，納期を延ばすという。もう1つの理由は，鋳物をはじめとする原材料の問題である。

1992年に現社長ら6名が共同で創業した長春信述金型の従業員数は70名まで増加した。生産能力の制約があり，主として，第一汽車のトラック部門との取引に依存している。第二汽車や外資系企業とも取引があるが，あくまで修理に限定されている[9]。第一汽車から金型を受注する場合，設計図面とサンプルを受領し，同社で金型設計を行う。その図面を第一汽車に承認してもらう流れになっている。主要顧客である第一汽車から金型使用時の状況が同社へ伝えられ，再検討される回数が2～3回あるという。

上海岸本模具，六豊模具（昆山）有限公司と比較して，中国系のプレス金型メーカーの技術は発展途上であるといえる。特に，自動車用ボディプレスの金型については，リードタイムや素形材に関して中国系最大手のメーカーであってもさまざまな問題を抱えていることが明らかになった。また，民営企業であっても，トラック用金型という非常に簡素な金型製作に特化しており，次の加工技術の項でも述べるが，日系，台湾系金型メーカーとの精度格差は非常に大きいといえる。

### 加工技術

#### モールド系（樹脂）

タカギセイコー本社では，生産システムの効率化が進められている。同社には生産管理データベースと技術データベースの2つがある。生産管理データベースでは，新規に受注した金型のスケジューリングや進捗管理が行われてお

第10章　金型産業における供給体制の確立と技術能力

表10-4　モールド系（樹脂）の加工精度

| モールド系（樹脂） | 最大加工精度（公差） |
|---|---|
| タカギセイコー本社 | 0.01 |
| タカギセイコー大連合弁子会社 | 0.01 |
| 大連鴻圓精密模塑有限公司 | 0.005 |
| 昆山匯美 | 0.03 |
| 大連誉銘精密模具有限公司 | N. A |
| 蘇州楽開 | 0.05 |
| 蘇州合信塑料科技 | 0.01 |

出所：現地調査と各社提供資料に基づき筆者作成

り，全作業員が閲覧，入力可能となっている。技術データベースは「金型基幹システム」と呼ばれており，分野別，工程別の金型製作データを網羅している。これまで同社は2万型以上の金型を製作してきたが，それらの経験値をデータに置き換える作業を継続的に行ってきた。協力会社を含むいわゆる失敗例をデータに加えていった。これらの標準化の結果，類似の金型であればリードタイムが約半分になった。設計工数も1ヵ月から2～3週間へと大幅に短期化されている。金型の加工精度，公差を見てみると，最大の携帯電話用で0.01mmであり，通常は0.05mmであった。同社の金型素形材は大同特殊鋼の鋼材が使用されていた。

　タカギセイコー大連合弁子会社では，各工程（CAD・CAM，加工・仕上げ・組み付け，営業など）に責任者が置かれているが，それら工程ごとの責任者と別に，生産技術部を設置しており，ここがデータ受信から納品まで一貫して工程横断的なまとめ役を担っている。自動車の部品メーカーなどのユーザーから要求される公差は，取り付けの部分については0.01mmや0.02mmである。それ以外の部分については，たとえば0.05mmになる。金型の素材料の多くはユーザーの指定した素材である。

　大連鴻圓精密模塑有限公司で追求されている精度は0.005mmである。約5μmの精度を追求している。自動車部品用金型や自動車のルーフ用金型などがそれに該当する。徐々に現地生産の工作機械の品質は上がってきているという。従来は台湾の永進機械が生産している中古の工作機械を購入していたが，日本製，新品へシフトしてきた。放電加工機は三菱電機，ファナック，ソディック製が多い。MCはオークマ，牧野フライス，OKK，森精機などが多

い。ほとんどが日本製であり，中国製は平面研削盤，ノコ盤，ボール盤など少数に限られている。金型の素形材は成形部分のみ日本製（日立金属や大同特殊鋼）が使用されており，フレームの素材は中国製であるという。金型部品は大連に立地している日系企業や日本から調達している。

大連誉銘精密模具有限公司では，工作機械はソディック，三菱電機の放電加工機，ワイヤカットを使用している。ソディックの放電加工機，ワイヤカットは新品を自己資金で調達した。設立以来，1台ずつ，徐々に調達，生産能力を向上させてきた。金型の素形材は大同特殊鋼の鋼材を使用しており，金型部品は大連に立地する日系企業より調達しているという。

蘇州楽開で使用されている金型鋼材は硬度50～55度の特殊鋼である。トランスミッションの駆動部分の金型における加工精度，公差は0.05mmである。同社では0.1mmから0.05mmの範囲内で精度が追求されている。同社には工作機械を生産するグループ別会社があり，縦型マシニングセンタが同社の主要な製品であるが，NC機も生産しているという。加工精度は0.05mmである。

蘇州合信塑料科技では，金型の生産が2006年4月からスタートしたばかりであり，社内の金型技術の蓄積が十分ではない。そのため，研磨工程や熱処理を近隣の専門業者に外注している。同社で追求されている加工精度，公差は0.01mmであり，耐久性は100万ショット，硬度は35度であるという。

昆山匯美で追求されている精度は最大0.03mmである。同社にはCNCマシニングセンタが2台，ソディック製の「SANE KUEI」放電加工機が7台，ワイヤカットが4台，3次元測定機が1台，射出成形機が13台，自動噴霧器が2台，配置されている。同社の鋼材高度は焼入れ後で50～52度である。納入時の硬度は30度であるが，硬度はユーザーの生産計画によって変化する。金型の鋼材は耐久性やユーザーの指定に基づいて選定されている。ユーザーの指定が仕様要求のみの場合，同社独自に判断して素材を選定している。熱処理や表面窒素加工を施す場合には，同社の周辺に立地する複数の企業に依頼している。

### モールド系（鋳造）

共立精機（大連）では，800ｔクラスのダイカスト金型の加工精度，公差が0.01mmである。300ｔクラスのダイキャスト金型になると，公差は5/1,000～6/1,000mmになる。同社は25ｔから2,500ｔまでのダイキャスト金

型の製作が可能であり，ダイスポッティングは重量400ｔまで対応できるという。

東莞市のシナノケンシで使う金型の型数は，月６型であり，従来は日本から輸入してきたが，2005年にここでも内製を始めた。つまり，プレス型は輸入に依存しているが，ダイキャストは内製している。プレス金型には，回転させながら製造するなど経験が必要となるので，日本でもこれを作れる金型企業は限られる。また，日本本社も大半の金型は外部購入しているが，ダイキャスト金型は内製している。金型の製作リードタイムは大体３ヵ月である。金型の交差は，±0.001mm であるが，これに至らなくても，後から削ることによって調整することが可能である。

一汽鋳造では，３次元測定器は２台，NC 加工機が二十数台ある。金型素材を専攻する博士課程を卒業した人材が１人在籍している。設備は８ヵ国（日本，アメリカ，イギリス，カナダなど）から納入している。大連製のマシニングセンタも１台ある。同社の金型は，それほど精度の高いものではないエンジン部品用金型であり，0.Xmm までのコントロールとなる。

昆山六豊機械工業有限公司では，金型の公差について，穴加工は規格化が進んでおり±0.1mm である。ただし，ユーザーによって要求度は異なる。日系大手自動車メーカーの場合は＋0.046mm であり，最も厳しい要求があるという。穴加工以外については，±0.25mm ほどである。中国国内で調達できるのは不純物が多く，そのため１mm の深さであっても熱処理が必要になる。コストは高級品の1/10ではあるが，２万ショットで磨耗する。磨耗も0.1〜0.2mm になるので，通常は１〜２回のメンテナンスで金型が使えなくなるという。日本製の素材は，10万ショット打つことができるという。同社の生産設備は台湾製とドイツ製が中心であり，MC，縦軸旋盤，横軸旋盤など設備は40台ほどである。

表10-5 モールド系（鋳造）の加工精度

| モールド系（鋳造） | 最大加工精度（公差） |
| --- | --- |
| 共立精機（大連） | 0.005 |
| シナノケンシ | 0.001 |
| 昆山六豊機械工業有限公司 | 0.25 |
| 一汽鋳造 | 0.01 |

出所：現地調査と各社提供資料に基づき筆者作成

第Ⅲ部　発展のメカニズムと理論的視角

ここまでの分析を通じて，ダイキャスト用金型の場合，素形材の調達が重要な要因であることが確認された。モールド系（樹脂）と同様に，中国系企業では最先端の日本製設備を大量に購入し，生産現場に導入しているが，その管理面での相違が顕著であった。上記で取り上げた主な企業は，基本的に日本製の素形材を使用している。日系企業の加工精度が台湾系，中国系のダイカストメーカーよりも高く，この分野における日本の優位性が，限られたサンプルからではあるが指摘される。

**ダイ系**

近年，中国国内において使用する金型の輸入代替を目指している広州愛機によると，金型を内製化するにあたり，大きな課題は安定した品質の素材をいかに調達するかであった。車種ごとに材料も常に変化しており，同社では590材，780材が最も多い材料である。440材の高張力鋼材（ハイテン材）を使用する場合，台湾系企業でも金型を製作することができるが，590材や780材になると経験やデータがないため，製作の難易度は高まるという。同社の金型素材はすべて日本から輸入している[10]。新しい材料加工に関するプレス加工，金型製作の経験がないため，金型素材に関しては日本からの調達になる。しかし，270材，440材の軟鋼板用の金型は現地にて調達し，その他のハイテン材の金型に関しては素材を日本で調達し，同社内で製作，あるいはグループ内で製作するという形で棲み分けを図っている。

上海の岸本金型の場合，公差要求は，加工部分によって異なるが，最大で製品は0.1mまで，金型は0.05mの精度を追求している。同社の鋼材は，中国製

表10-6　ダイ系（プレス）の加工精度

| ダイ系（プレス） | 最大加工精度（公差） |
|---|---|
| 上海岸本模具 | 0.05 |
| 三井高科技（広東）有限公司 | 0.001 |
| APAC | N. A |
| 広州愛機 | 0.01 |
| 六豊模具（昆山）有限公司 | 0.009 |
| 上海烈光汽車部品 | 0.003 |
| 一汽模具製造 | 0.04 |
| 長春信述金型 | 0.1 |

出所：現地調査と各社提供資料に基づき筆者作成

と日本製をおよそ半分ずつ調達しているが，あくまでもユーザーの仕様や要求に基づいて，使用すべき中国製の鋼材か日本製の鋼材かを決める。

上海烈光汽車部品では，高精度の金型の工差は0.003mm（3μm）であるが，それはあくまでも一部分の加工精度である。加工条件によって精度は異なるので，全体的な工差は，0.003mmより大きくなる。硬度は平均的に52～54度であり，刃物は58～62度で超高張力専用である。金型の耐久性は，月10～20万ショットで，親会社および日本の金型メーカーともそれほど変わらない。同社の現在の出荷不良率は35ppmで，社内不良率は，1,300ppmである。

昆山の六豊模具（昆山）有限公司の公差について，パネルレベルでは一般的に0.7mm，日系大手自動車メーカーの場合は0.5mmであるという。金型は一般が0.05mm，日系大手自動車メーカーが0.00Xmmになる。鋳物を台湾の関連企業から調達していることが精度の向上に大きく貢献しているという。

一汽模具製造では，17台のNCマシニングセンタや3面，5面のボーリングマシンがあり，すべて日本製であった。ここでは型面の精度が公差0.04mm，穴加工の場合は0.02mmである。同じ長春地域の民営プレス金型メーカーの場合，加工許容公差は，NC工作機械で0.01～0.02mm，トラック用金型で平均0.1～0.2mmであった。保有設備の多くは中古であり，約50台の設備のうち2台がNC工作機械である。同社は，長春市に所在する中国メーカー，あるいは東北の他地域の中国鉄鋼メーカーから素材を調達することが多く，輸入鋼材をほとんど使用していない。

## 3　供給体制

**加工業者のネットワーク**

本節では，中国金型産業における加工ネットワークと裾野産業の広がりについて，現地調査から得られたデータに基づきながら見ていくことにする。金型産業の発展は，一般的に素形材産業の発展に大きく規定される。金型鋼材の品質が製品精度を規定するからである。また，中国各地域には，金型メーカーの周辺に熱処理や表面処理，機械加工を行う機械加工業者が集積しているケースも見られた。その場合，金型のリードタイムも相対的に短期化すると考えられる。

第Ⅲ部　発展のメカニズムと理論的視角

　大連に立地している大連誉銘精密模具有限公司や大連鴻圓精密模塑有限公司では，金型部品は大連市内にあるパンチ工業から主に調達している。金型部品の多くを大連で現地調達しているという。さらに，大連誉銘精密模具有限公司では，周辺のプレス金型メーカーとの連携を進めている。日系大手電機メーカーの炊飯器向け金型はフルセットで受注したが，同社はプラスチック金型が専門であるため，プレス金型の製作に関してはシンガポールの金型メーカーに発注依頼した。この会社は大連市内に子会社を設立している。炊飯器以外にも熱風機，ファンヒーター向けの金型を同社がフルセットで受注し，シンガポール金型メーカーの在大連子会社に対してプレス用金型を発注し，共同で製作している。いずれかの会社がフルセットで金型を受注すれば，仕事を互いに融通しあう関係が成立している。この結果，先述したように，炊飯器用の金型のリードタイムで約40日間，エアコンの吹き出し口用の金型で50日間を達成しているのである。

　こうした共同受注体制が構築された背景には，ユーザーの重複が挙げられる。従来はプレス金型，プラスチック金型を別々に発注しており，ユーザー側にとっても購買面で効率的となる。双方の金型を製作できるメーカーが大連市内に立地していないため，自然発生的に共同受注の仕組みが形成された。

　その一方で，上海の上海烈光汽車部品では，金型の設計，型合わせ，試し打ちなどを社内で行い，組立，加工（プログラミングを含めて）は外注している。大連市内の金型メーカーが製品別分業であったとすれば，上海市内のメーカーは機能間分業を形成しているといえる。主な外注先は，上海と昆山に立地する10社ほどの台湾系メーカーであり，これらの企業の平均従業者数は100〜200名である。外注する作業は，ワイヤカット，放電加工，表面処理，熱処理などであり，原則的に，1社に対して一作業を外注している。台湾内部でコンピュータ用，通信機用の金型加工に携わってきた企業が多く，こうした台湾企業同士のネットワークが上海周辺では整備されている。このネットワークは，現地に進出してから，新しく形成されたという。台湾内部では，こうした金型製作に関する機能間分業体制が一般的であり，発注側，受注側，双方ともにスムーズに取引を開始することが出来たといえる。

第10章　金型産業における供給体制の確立と技術能力

**海外展開**

　中国の外資系，現地系金型企業における輸出比率の高さは注目に値する。たとえば，大連鴻圓精密模塑有限公司における2005年度の輸出比率は約25％であった。日本の成形メーカー向けにプラスチック金型やその他フレーム用の金型を輸出している。また，浙江省余姚市の金型路に立地する中国民営企業でも，日本のプラスチック加工メーカーとの取引を行っていた。同社の場合，売上高に占める輸出の割合が30％である。全輸出のうち日本向けが60～70％を占めており，残りは欧米諸国（イタリア，イスラエルなど）であるという。

　大連誉銘精密模具有限公司においても，日本向けの金型輸出比率が3割から4割を占めるという。ダイ系，モールド系いずれも国内最大手の中国系メーカーでは，事業開始後まもなく，金型の輸出を開始している。

　こうした動きに対して，タカギセイコー大連合弁子会社では，日本本社と連携して，東南アジアへ金型を輸出している。いわゆる三角貿易の形式となっている。同社にとって最も需要が増えている地域は中国国内ではなく，インドネシアやタイ，そしてインドであり，そのうち日系二輪メーカーの需要が主体となるという。東南アジアの日系二輪メーカーは，使用する金型の多くを輸入に依存している。日系金型企業の進出も見られるが，現地資本の企業が育成されず，輸入代替が進んでいない。地域内の供給不足を日本や韓国，台湾，中国などからの輸入によって補完しているのである。

　こうした輸出を行う際には，通関や貿易に関する専門的な知識が求められる。タカギセイコー大連合弁子会社，共立精機（大連）では，総合商社と連携することにより，こうした課題を解決している。共立精機（大連）では，近年，顧客グループの商社から資本参加を受けることになり，合弁形態へと移行した。合弁事業とした主な目的は，中国からの金型輸出の拡大である。調査時点の金型輸出比率は30％であるが，それを60％にまで上げていく方針であるという。輸出先としてはパキスタン，ベトナム，フィリピンなどの顧客のグループ関連工場が含まれている。いずれの地域においても，域内の金型供給体制が未整備であり，その不足分を輸入に依存している。

**金型の外注化―現地調達化への転換―**

　東莞市のシナノケンシでは，金型の外注化が進められている。特に，プラス

チック用金型は，中国のローカル企業に外注しており，その多くが広州地域に立地している。主な外注先は5～6社である。これらの企業は，板金，プレス部品の製造も行なっている。現地調達化へ転換した理由としては，金型調達のリードタイムの短期化が挙げられる。日本から金型を輸入するためには，最低でも4ヵ月～5ヵ月ほどの期間が必要となるのに対して，中国内であれば，1ヵ月以内で調達できる[11]。

APACにおいても，金型の外注化が近年になって試行され始めた。その多くが中国企業であり，なおかつ，元国営企業出身者が設立した民営企業である。これらの企業の中には，元々，家電向けの小型プレス金型に携わっていた企業もあり，金型専業でない企業も少なくない。一般的に，東莞地域では，従業員が500名ほど，200tのプレスや，数十台のワイヤカットを保有しているなど大規模な金型企業が多い。企業間の工程間分業が進んでおり，複数の企業が同一の金型を共同で製作している。

同様に，広州愛機においても金型の外注化が試みられている。調査時点の金型外注先は，30社程度であった。深圳地域に限れば，半数の15社ほどである。金型外注の第一段階として，2005年に検具を含めた金型標準部品の調達を始めた。一定の品質の部品を調達することに成功した後，第二段階として試作部品の金型を調達し始めた。外注先としては，旧国営企業出身者が設立した民営企業が多かったが，近年では多くのベンチャー企業が生まれてきており，台湾系金型企業と共に台頭してきている。

## おわりに

モールド系の金型については既に中国民営企業の技術能力が向上してきており，進出したユーザー側（日系企業）の現地調達化が進んでいる。プラスチック金型に関しては，日本の同業者と変わらないリードタイムを実現させている。大連では，金型部品を供給する日系企業の集積が進みつつあり，中国民営金型企業は，高品質な金型部品を現地で調達することが可能になっている。従来は，日本からの輸入に依存しており，こうした点も中国の金型メーカーのリードタイムの短縮化に貢献していると考えられる。

ダイ系の金型については，依然として日本や海外からの輸入に依存する傾向

がある一方で，中国民営企業が徐々に能力を向上させていることが窺える。それによって，自動車骨格部品を生産している自動車部品メーカーでは，中国系企業からの金型調達を始めている。しかし，最先端の材料を使用したプレス加工については，加工経験が少ないため，自社内で金型を内製，あるいは日本本社から輸入している。このように，製品に使用される材料の成熟度合によって，金型の現地化に大きな差異が生まれている。

モールド系の中で，ダイキャスト用金型については現地に進出した日系金型企業か，あるいは日本からの輸入に頼らざるを得ない[12]。また，プラスチック部品メーカーや金型メーカーが集積する華南地域においても，同様に日本から輸入せざるを得ない金型がある。本章で取り上げたタカギセイコー本社のように，独自に技術開発も進めている企業もある。顧客の製品開発にまで踏み込んだ技術開発が進められており，こうした試み自体が中国系，台湾系企業との差異化に結びつくものと考えられる。

最後に，本章の分析から興味深い事実がいくつか導き出された。第1は，中国国内における技術能力の南北格差である。プラスチック金型を中心として金型メーカー，関連業者が集積しつつある華南，華東地域に対して，大連や長春の金型産業は相対的に集積度合いが低い。広東省は中国国内において最も早い段階から経済発展を始めた地域であり，プラスチック成形品，金型の技術的基盤が形成されている。

第2に，内外製の区分である。この点で日中の金型産業では大きく異なることが明らかになった。最終製品を量産するメーカーと直接，コンタクトをとりながら金型を開発していく日系企業に対し，台湾系，香港系，中国系の金型メーカーは成形メーカーとの取引が主体となっている。これは，産業組織が日本と中国で大きく異なるからであり，日本の自動車や電機産業のように顧客の新製品開発活動の早い段階から関与を深めていることの方が特異といえるであろう[13]。日本の場合，川上に位置づけられる金型メーカーが顧客の製品開発研究，材料研究にも取り組むようになり，成形分野を兼ねることが多い。顧客側もそれを奨励している。このように，金型を発注するセットメーカー側の外注政策，契約関係が日中で異なることが競争優位の差異をもたらしたといえる。

(行本勢基)

第Ⅲ部　発展のメカニズムと理論的視角

注
1 「技術能力」という場合，本章では，Burgelman, Christensen, and Wheelwright（2004）に基づき，競争力（コンピタンス），経験（進化），顧客ニーズ（価値連鎖）を含む総合的な概念として使用する。本章において技術能力の代理指標として取り上げられている「リードタイム，加工精度，素形材」は，そうした定義を満たすものと考えている。
2 こうした分析視点に関しては，法政大学経営学部の洞口治夫教授よりご教示頂いた。洞口教授には筆者の金型産業研究の初期よりご指導頂いており，ここに記して感謝申し上げたい。
3 株式会社新興セルビック社のホームページより「経験工学による現場理論」（http.//www.sellbic.com/col6.html）を参照した（2006年10月28日）。同社は2006年3月に発表された中小企業庁「元気なモノ作り中小企業300社」に選定されている。また，第1回ものづくり日本大賞（内閣総理大臣表彰制度）においても表彰されており，同社がいわゆる革新的な優良企業であることを指摘しておきたい。
4 日系，中国系，台湾系，香港系企業の定義であるが，本章では出資比率の過半を占める企業組織の出身国を指すこととする。ただし，モールド系の中に含まれる大連鴻圓精密模塑有限公司は，出資金は日本円で登記も外資系（日系）ではあるが，実質的には中国人による企業運営となっており，実態との乖離に注意が必要である。
5 同社が中国系企業と取引を回避している理由としては，支払いの遅延，金型取引契約の不明瞭さなどが挙げられていた。つまり，日本企業の研究開発活動と比較して，中国系企業の場合，量産製品の意思決定が相対的に遅いといえる。
6 同社の社長は中国出身であるが，日本国籍を取得しており，日本の金型企業で18年間，勤務した経験をもつ。日本ではプラスチックの金型製作に関する機械加工，設計，製図，フライス盤や旋盤を使った加工，研磨加工などを学んだ。日本滞在中に精密金型の設計製作にも携わる。このような日本での経験をいかして，金型産業の蓄積が乏しい大連地域に着目して，創業を決意し現在に至っているのである。同社の従業員はすべて中国人である。
7 ただし，最近は中国の国内市場の急成長を受けて，現地発の取引も増えている。たとえば，日系大手企業の場合，現地で商品を企画して，モーター，モーターコア，そして金型までも現地で企画・設計し，現地調達する，いわば現地発の商品・ビジネスを展開し始めている。そのために現地でモーター製造の子会社を立ち上げ，金型も含めてコアの現地調達を展開しているという。
8 同社では，日本で販売されている，あるいは北米で販売されている車種を中国へ展開しているため，製品図，工程図，金型図面すべてを日本本社から同社へ提供してもらっている。内製化の取り組みは始まったばかりであり，金型設計能力の向上は今後の大きな課題であるといえる。
9 これらのメーカーは，他のほとんどの自動車と同様に，パッケージ方式の発注を行っている。そのため，金型の発注規模が1件数千万円に達し，同社の生産能力をは

るかに越えている。しかも，それまで取引がない金型メーカーが新たにこれらの自動車メーカーと取引関係を作ることは不可能に近いといわれる。
10　日系自動車メーカーには材料研究所があり，そこでは中国材や韓国材による高張力鋼板の加工は工場承認を得ていない。双方の素材は品質のバラツキが激しいためである。近年は両素材の品質は向上してきていると考えられるが，いまのところ顧客の指導もあり素材をすべて輸入しているという。
11　その一方で，純粋なローカル企業からの部品の現地調達率は依然として48～50％であり，顧客ごとに部品の要求仕様が異なるため部品の共用化は難しいという。また，樹脂，鋼材，その他金属材など素材の調達に関しては，日本からの輸入が多く，日本への依存度を下げることは容易でないことが分かる。
12　なお，金型の中でも，保全用の金型は，世界的に標準化が進んでいる上，設備の稼働率を高める必要性も強いので，今後，現地企業からの調達を増やしていくことが合理的であるという。ダイキャストに関しても，1年で償却可能であるので，コスト面を考えると，ローカル金型メーカーからの調達を増やすことが望ましいが，プレス金型に関しては，ローカル金型企業からの調達を進めることが難しいという。
13　日本企業の研究開発活動に関して国際比較を行った藤本＝クラーク（1993）は，そうした特異性を実証的に分析すると共に，日本自動車産業の製品開発能力の優位性を指摘している。

**主要参考文献**

馬場敏幸（2005）『アジアの裾野産業』白桃書房。
Burgelman, R. A., Christensen, C. M., Wheelwright (2004), Steven C., *Strategic Management of Technology and Innovation Fourth edition*, McGraw-Hill Irwin.
藤本隆宏・キム・B・クラーク（1993），『[実証研究]製品開発力—日米欧自動車メーカー20社の詳細調査—』ダイヤモンド社。
兼村智也（2003a）「日中間における部品の国際分業の動向」『中小公庫マンスリー』50巻7号。
兼村智也（2003b）「中国基盤技術産業の動向—浙江省寧波市の産業集積を通じて—」『経営経済』39号，大阪経済大学中小企業・経営研究所。
李瑞雪・行本勢基（2007）「中国金型産業の発展と産業政策（前編）—日本の歴史的経験との比較—」『富大経済論集』富山大学経済学部紀要，第53巻1号。
水野順子編著（2003a）『アジアの自動車・部品，金型，工作機械産業—産業連関と国際競争力—』日本貿易振興会アジア経済研究所。
水野順子編著（2003b）『アジアの金型・工作機械産業—ローカライズド・グローバリズム下のビジネス・デザイン—』日本貿易振興会アジア経済研究所。
日本貿易振興会アジア経済研究所（2001）「特集　アジア諸国の金型産業」『アジ研ワールドトレンド』69，pp.2-23。
大原盛樹（2001）「中国の金型産業—成熟技術での急速な大量生産化を支える基礎工業

―」『アジ研ワールド・トレンド』第67号。

『中国模具工業年鑑2004』。

斎藤栄司(2002)「アジアにおける金型供給構造と日本の金型産業―中国,台湾,韓国,日本の金型産業の現状比較から」『国民生活金融公庫 総合研究所調査季報』第62号。

関満博編(2001)『アジアの産業集積,その発展過程と構造』日本貿易振興会アジア経済研究所。

行本勢基(2007)「中国金型産業における民営企業の生成と発展プロセス―浙江省余姚市・台州市の事例―」『国際経営・システム科学研究』第38号,早稲田大学アジア太平洋研究センター。

# 第11章　企業家叢生のメカニズム

## はじめに

　本章の目的は，中国華東地域と東北地域の実態に即して，創業金型企業の企業家がどのように現れ，どのような課題に直面し，それをどのようにクリアして成長しているかを分析することである。

　かつて中国の金型産業の主なプレーヤーは国有企業であったが，今は，民間の創業金型企業の活躍が目覚ましい。こうした企業の創業者を企業家と呼ぶことができるならば，企業家は近年の中国金型産業の重要な主体であるといえる。それゆえ中国の金型産業の発展を考える上で，企業家の叢生のメカニズムが極めて重要な検討課題になる。

　金型企業を創業して経営している個々人を企業家という共通の言葉で表現できることは，こうした各個人の間に地域差を越える共通点があることである。しかし，他方で，中国という広い舞台の中で，各地域の金型産業間の多様性も際立っている。従って，企業家叢生のメカニズムを分析するに際して，各地域の共通点と相違点の両方を考慮する必要がある。これが本章の第1の分析視点である。

　本章で分析される企業家の「叢生」は，創業の段階だけでなく，一定の成長の軌道に乗る段階までをも含める。また，企業家の行動を理解するためには，創業のかなり前の経験についての検討も必要になる。そこで，時間軸を入れるということが本章のもう1つの分析視点である。

　このような分析の目的と分析視点に基づいて，本章は以下のように構成される。第1節では，創業活動が各地域でどのような多様性をもって現れているかを検討する。具体的には，華東地域と東北地域を分けて創業活動を分析する。

第Ⅲ部　発展のメカニズムと理論的視角

　第2節では，調査対象の各企業家が創業に至るまで，どのような経験をしてきたかを分析する。その際，創業までの経歴と地理的移動に焦点を合わせる。第3節では，企業間取引と設備投資行動を中心に，創業金型企業が成長するメカニズムを分析する。第4節では，こうした企業家叢生を規定する要因を，地域別差の要因と共通の要因に分けて分析する。

## 1　創業活動の地域別多様性

### (1) 華東地域における創業活動

　中国の金型メーカーの大半は創業型の企業である。殊に，華東地方には，こうした創業金型企業が多い。

　まず，浙江省の場合，東北地域に比べ，開放改革が早かったこともあって，金型産業に限らず，全般的に，小規模の家族企業が多い。たとえば，台州地域などを中心に，民営中小企業が叢生している。これらの民営中小企業の中には，国有企業での技術蓄積に基づくスピンオフも多い。浙江省における活発な創業現象は金型産業においても現れている。金型企業の集積地の台州市黄岩区における創業現象が代表的な例である。

　さらに，同地域では，一度創業したものの，そのビジネスに一度失敗した人が，改めて挑戦して企業家として成長するケースも少なくない。企業家になるための「リターン・マッチ」が許されているのである。この点も，東北地域では見られない現象である。

　我々の調査対象企業のうち，再チャレンジして企業家として成功した金型企業家の事例として，浙江嘉仁模具の張総経理の事例を挙げられる。同氏は，台州市黄岩区の郷鎮企業「三雷金型」に勤めていたが，同社を辞めて，自ら金型事業を興した。当初，金型の主力需要先として南京汽車への納入を期待して，コンタクトを取ったが，実際の取引には結びつかなかった。その影響で，張氏の創業の試みは失敗に終わった。経験不足，能力不足を痛感した同氏は，元の職場の「三雷金型」に再就職することになった。そこで，改めて現場労働者としての仕事を経験し，現場監督者，管理者を経て，副総経理まで上り詰めた。同氏は，その過程で，再創業のための経験を積むことができ，1995年には，再び創業に踏み切った。

この事例から，一度創業に失敗した場合も，二重の意味で再チャレンジの門戸が開かれていたことが分かる。1つは，企業家としての再チャレンジの門戸が開かれていた点である。もう1つは，創業に失敗した時，元々勤めていた組織で再び活動できたという点である。後述するように，国営企業，郷鎮企業は，創業型の金型企業のスピンオフの温床として機能したが，実は，それだけでなく，創業に一度失敗した人材がより深い経験を積むことができる場としても機能したことが示される。

創業企業の数だけでなく，「リターン・マッチ」の可能性から，浙江省における創業の活発さが示唆されるが，その面からも，浙江省地域における企業家叢生の土壌が熟しているといえる。

上海・蘇州地域においても，民営企業の創業率が高く[1]，とりわけ，金型企業や関連産業の企業の創業が極めて活発に行われている[2]。この点は，浙江省と共通である。

しかし，創業主体の特性をみれば，第7章で述べたように，浙江省と上海・蘇州の2つの地域間の相違点も見い出せる。すなわち，浙江省では，営業に長けている人による創業が相対的に多いのに対して，上海・蘇州では技術に長けている人による創業が相対的に多い。金型企業の創業が活発な地域の間にも多様性が現れているのである[3]。

## （2）東北地域における創業活動

中国東北地域における金型企業の創業様相は華東地域のそれとは異なり，創業する企業が少ない。かつてから華東地域で民間企業家の出現が活発であることと対照的である。

後述するように，東北地域では，相対的に創業の壁が高い。それゆえ，もし，同地域で企業を起こしたとするならば，それは，強い創業の誘因が働いていたケースに限られる。

とりわけ，長春は，第4章で述べたように，大手国有企業の影響力や認知度が高い地域であるだけに，その国有企業を辞めて創業した事例の場合，創業の背景には強い創業動機が存在した。

長春の第1の事例からみておこう。長春信達模具の崔氏は，元々一汽製造集団の金型部門で働いてきたが，1990年代初頭に，同社を辞めた。ただ，辞職し

て，すぐ創業したわけではなかった。つまり，当初，同氏は，金型業界や国有企業には携わりたくないと思って，長春を離れ，他地域の民間中小企業に就職したが，うまくいかず，2ヵ月で辞めてしまったという。

　同氏が一汽製造集団を辞めてから，同社金型部門に勤めていた他の人もどんどん同社を辞職していた。そこで，崔氏は，一汽製造集団を辞めた4名，同社金型事業に長く携わった定年退職者1名と共に，1992年に，金型専業の信達模具を創業した。崔氏らのように，少なくない数の人材が集中的に大手国有企業を辞めることは，中国の東北地域では珍しいといわれる。すでに述べたように，高い創業の壁を超えて企業を起こすほどの強い誘因があったことを傍証する。この点についてやや詳しくみておこう。

　崔氏本人の証言によれば，一汽を辞職した理由はこうである。

　改革開放の前まで，中国人の道徳水準は高かった。たとえば，共産党幹部，技術者の収入が一般労働者より低いこともしばしばあり，それが専門性の向上を妨げる面もあったものの，党幹部や技術者が腐敗することはなかった。しかし，改革開放に伴って，経済は成長したが，腐敗が広がった。1990年代に入って，政府が腐敗防止のキャンペーンを行ったにもかかわらず，国有企業内の不正腐敗はさらに深刻になり，見ていられない状況にまで陥った。一汽の内部も例外でなかった。たとえば，当時の生産責任者の崔氏は，素材の調達責任者が素材購入時，賄賂を受けていることをよくみており，こういう状況ではいいものが作れるはずがないと判断した。結局，崔氏は，一汽製造集団を辞職して，40歳になった92年に創業に踏み切った。

　創業の要因をプッシュ要因とプル要因と分けられると，信達模具の創業事例では，プッシュ要因だけでなく，プル要因もあった。つまり，民間企業の創業を見る周りの見方は厳しかったものの，崔氏は，自動車向けの金型事業においてビジネスチャンスがあるとみていた。たとえば，当時には長春地域において，まだ金型の供給者，技術者が少なかった上，自動車メーカーがまだ部品や金型などの調達に入札制を導入する前であったので，受注獲得競争もそれほど激しくなかった。

　従って，この信達模具の創業事例では，国有企業内部に強いプッシュ要因が働いたことが主な創業の誘因であり，それに加えて，需要の存在というプル要因も影響したと解釈することができよう。

長春の第2の事例の安民機械の創業年は1991年であり，信達模具とほぼ同じ時期である。さらに，安民機械の創業者の元の職場も一汽製造集団である。

内向的な性格の同社社長が，創業に取り組んだ理由は，一汽における自分の昇進に限界が見えてきて，なおかつ，上司の姿を見て自分の将来が明るくないことを強く感じたことであるとされる。

以上の信達模具，安民金型機械の創業事例から，国有企業内部の問題が深刻になったという，同じ時期の共通のプッシュ要因が働いており，それが創業の強い動機になったということができる[4]。

## 2　創業前の経験の地域別差

創業の頻度や再創業の可能性の度合いだけでなく，創業前の経験という面からも，地域別の多様性が見られる。ただ，ここでは，創業者の経歴，創業までの地域間移動の2点に絞って検討を加えることをあらかじめ断っておきたい。

### (1) 創業前の経歴の多様性

中国の場合，民間金型企業家も国有企業からのスピンオフしたケースが多い。創業前の経歴という面での中国各地の共通点であるといえる。

しかし，その中でも地域別の違いが現れている。

第1に，地域によって，国有企業以外のところで経験を積んだ人がスピンオフする事例も観察される。我々の調査では，蘇州と大連で，こうした事例がみられる。

まず，蘇州合信塑謬科技の創業者は，日系合弁企業そしてベンチャー企業で経験を積んでから創業した事例である。同氏は，1996年に，蘇州三洋電機に入社して，4年間にかけて資材調達，技術，品質管理，製造の4つの部署で勤めており，製造部長時代には新工場の立ち上げなどに携わっていた。蘇州三洋電機で4年間勤めた時点で，同社の生産も本軌道に乗り，彼も一応の責務を果たしたという充実感やプライドも感じた上，自分のビジネスを成長させるための感覚もつかんだと判断したので，退職を決心した。

しかし，蘇州三洋電機を退職した2000年に，資金調達の難点もあり，すぐ企業を起すことはできなかった。折しも，同じ蘇州で友達がプラスチック成形企

業を創業したので，その立ち上げを手伝うことになった。当初，同社の主な需要家はフィリップスの小型家電工場であり，その後，トヨタとの取引も行っている。この企業も順調に立ち上がった上，顧客，資金，技術などについての知識が深まったので，創業に踏み切った。

大連においても，国有企業以外のところで経験を積んだ人が創業した事例が観察される。第5章で述べた大連鴻圓の生氏がその例に当たる。1983年より東京の某職業訓練学校で機械加工を学んだ上，品川区の金型企業に11年以上勤務し，プラスチック金型製作に関する機械加工，設計，製図などを学んだ。その後，川崎市所在の金型企業にも5年間勤務し，精密金型の設計製作に携わった。

生氏は中国に戻ってからは天津の金型企業で勤めながら，創業のための情報収集と人脈づくりに励み，1999年に，大連で，プラスチック成形金型企業を創業した。

生氏が創業に踏み切った重要な理由は，大連には，日系企業をはじめ外資系の組立企業の進出が増えていたため，これらの企業向け金型の需要が伸びると判断したことである。将来の需要の伸長の見込みという創業のプル要因が強く働いたのである。創業のプッシュ要因がより強く働いていた長春の金型企業家事例との違いが浮き彫りになる。

長春では，外資系企業で勤めた人材がスピンオフして設けた金型企業が皆無である点をも考え併せれば，東北地域の中の多様性も顕著であることが分かる。

第2に，国有企業からスピンオフした金型企業家の中でも，地域別の違いが観察される。たとえば，浙江省では，国有企業，あるいは準国有企業の上層部のポストについていた人がスピンオフして創業するケースが多いといわれる。それに対して，長春では，国有企業の上層部にまで上り詰めた人が辞職して独立する例は皆無といっていい。せいぜいミドルクラスまで昇進した人，あるいは，そこまでも昇進できなかった人が創業するケースが観察される。

推測の域を出ないが，こうした経歴の差は，創業後の企業トップとしての視野の差に影響するとともに，各企業家の成長志向とも関係するように思われる。

他方，各地域の共通点も少なくない。たとえば，中国の金型産業における創

業型企業の場合，前述したように，地域を問わず，国有企業出身者が多い。

また，現場の叩き上げの人達による創業が多いことも共通点である。たとえば，第7章で紹介した浙江嘉仁金型の創業者の張氏，第4章で紹介した長春の信達模具の創業者の崔氏等がその事例である。上海の屹豊模具製造の創業者も，幼少期より金型生産現場に入り，独学で金型製作を習得していったという。現場の叩き上げが創業した典型的な例である。

## （2）人材の地域間移動の地域差

創業に至るまでの経歴と関連して地域別の特徴としてもう1つ重要なのは，地域間移動を伴う創業が見られるかどうかである。つまり，長春の金型企業家の場合，他の地域から移動してきて創業するか，あるいは，他の地域に移動していって創業する例は見当たらない。それに対して，華東地域では，地域間の移動を伴う創業が多く見られる。実は，こうした華東地域の現象は，過去からも顕著であった。

たとえば，第7章で述べたように，中国の改革開放初期に，上海の国有金型企業の倒産が相次いだため，多数の人材が浙江省に流れて，その中では，浙江省で金型企業を創業した人も多く現れた。これらの金型企業は，当初はボタン金型事業から始まったが，その後，プラスチック靴底の金型製造も手掛けた。そして，成長する上では，浙江省の中より上海周辺の靴メーカーからの需要に負うところが大きい。

さらに，1990年代後半以降，浙江省，上海・蘇州だけでなく，広東省まで含めて，人の移動を伴う創業が現れている。すなわち，かつての広東省の市場拡大に伴って広東省に流れてきた浙江省出身の人材の一部が蘇州に移って金型企業，成形部品企業を創業する例が続出した。浙江省から上海に移動した人材が創業する例もある。たとえば，前述した上海の屹豊模具製造の創業者は，元々浙江省の台州でプラスチック金型企業を経営していたが，2000年5月に上海へ工場を移転し，新会社を創業した。

殊に，蘇州地域は元々成形や金型産業の基盤が弱かったことを考慮すれば，人材の移動，需要の拡大を伴いつつ，金型企業家の叢生現象が華東地域内で広がっているといえる。

## 3 成長過程の地域差：企業間取引と設備投資を中心に

　創業金型企業の地域別多様性は，創業段階のみならず，成長段階でも現れている。そこで，本節では，企業間取引と設備投資[5]の2つの活動を中心に，創業金型企業の地域別多様性を分析する。

### (1) 企業間関係と創業金型企業の成長
　一般的に，創業してそれほど時間が経過しない企業は，投資に比べ収益が小さく，かなりの期間，財務状況や収支状況が不安定であるケースが多い。安定的な事業基盤を構築するためには，殊に販売の増大が重要であり，従って，需要家との関係が重要である。中国各地の創業金型企業についても同じことがいえる。

　そして，金型を使う製造分野は極めて広く，そのため，金型の需要家は極めて多様であり，各地域間の需要構成の差も大きい。そこで，創業金型企業が成長していく上で，どのような企業間関係が繰り広げられるかを，地域別に検討しておこう。

　**華東地域**
　浙江省の代表的な金型集積地の余姚市の場合，かつては，創業型金型メーカーが単発金型という単純な構造のものを製造していたが，今は，電機産業，自動車産業などの需要産業の成長によって，製品や技術のレベルが高くなっている。

　同地域における金型需要の伸長や質的向上には，外資系合弁企業による需要の役割が大きい。従って，ローカルの創業金型企業の成長には外資系需要家の需要の貢献が大きかったということができる。

　もちろん，中国ローカル需要家向けの販売が行われないわけではない。たとえば，浙江陶氏模具集団の主な顧客の中には，海信，熊猫などの中国内の大企業もある。余姚市通運重型模具製造の主な需要家の中にも，師康，方太，ハイアールなどの中国企業が含まれており，同社が成長するきっかけは，中国企業

から換気扇用金型を受注したことであるという。

　さらに，浙江省の創業金型企業は，中国に進出している外資系企業に販売するのみならず，輸出も増やしてきた。一方，浙江省の創業金型企業の中では，社内に金型の需要部門をもつ兼業企業が多い。つまり，金型そのものを売るだけでなく，自社の金型を使って成形部品を製造して，その部品を外販する企業も少なくない。

　ただし，販売ロットが大きい場合は，金型企業が需要家の部品企業に金型を納めて，その部品企業が成形加工を行うという分業が成立している。創業金型企業が外資向け販売を梃にして成長していることに伴って，兼業から金型専業に転換していく可能性が高まっている。

　上海・蘇州においても，創業金型企業は，外資系需要家との取引を拡大させている。こうした外資系企業との取引が，金型企業の成長や技術レベルの向上を促進している点では，浙江省と似通っている。

　しかし，この地域の創業金型企業は，浙江省と比べて，特定の需要企業に依存しながら成長するパターンが多く観察される。すなわち，上海・蘇州地域では，特定の外資系需要企業からの受注をきっかけに事業を軌道に乗せ，またその外資系企業の成長とともに自社の成長を成し遂げる民営金型企業のケースが多い。

**東北地域**
**①長春**

　長春の創業金型企業の場合，創業当初には，前に勤めていた企業への売り込みは行わず，友人，元の職場の同僚，同級生，親戚，などとの属人的関係を使って，新たな取引先の開拓を試みた。

　しかし，一定の時間が経つと，長春の創業型企業も，元の職場である一汽製造集団との取引を開始した。具体的にみておこう。

　長春の信達模具は，創業後の最初の仕事は，軍用ピックアップ用部品向け金型の設計であって，この設計の仕事で，コンサルタント料金として月1,000元の収入を得た。その後，軍当局が同社の技術を認めて，続けて仕事を受注しようとする話がもち上がったが，その時点では，同社はまだ充分な設備や製造能力をもっておらず，せっかくの受注のチャンスを逃しかねない状況に追い込ま

れた。しかし，同社は，一汽製造集団が廃棄した設備を低価で購入することによって，製造に取り組んだ。その上で，同社は，軍が要求する品質レベルの金型を提供すると提案して，軍向け金型製造の仕事を受注し，その取引で，20万元の利益を上げたとされる。

その後も，創業後約5年間，信達模具の取引相手は，一汽製造集団との関連の薄い部品メーカーに限定されていた。こうした取引相手は企業規模が小さい場合が多かったので，小物用金型が多く需要され，付加価値率も低かった[7]。そのため，同社は，大手で，安定的な需要家である一汽製造集団との取引を望んだが，うまくいかなかった。というのも，同社の創業者および中核メンバーが一汽を辞職したことがマスコミにも取り上げられるなど，こうした事例が少ない長春地域では話題になったからである。

安民金型機械も，創業後の最初の仕事は，トラック用ボディー部品を製造する四環という自動車部品メーカーから，小物の機械加工作業を受注したことであった。四環は，1993年頃，一汽製造集団に吸収され，一汽製造集団傘下の部品工廠になったが，安民はそれ以降も，同部品工廠との間に，金型，機械加工の取引を続けた。

ところが，信達模具，安民金型機械共に，ある程度時間が経ってから，一汽製造集団との取引を開始することになった。まず，信達模具は，創業して約5年が経った1997年に経営が行き詰まり，一汽製造集団への取引の開拓に本格的に取り組んだ。崔氏は，一汽に勤めていた大学同級生に，一汽製造集団との取引の斡旋を頼んだ。そうした人脈を使ったアプローチが功を奏して，一汽製造集団のトラック工場とボディー工場，一汽製造集団に納入していたサスペンス部品企業などからも注文を受けて，信達模具の金型事業は軌道に乗ることができた。安民金型機械も，創業者の大学同級生が一汽製造集団のトラック車輪工場の工場長であるという人脈を利用して，一汽製造集団のトラック車輪工場とバスシャシー工場との取引を開拓することに成功した。

これは，華東地域と異なる点でもる。たとえば，華東地域では，民間企業から独立した人によって作られた創業金型企業は，前に勤めていた企業の需要先を奪う形でビジネスを展開するケースが珍しくない。そのため，元の企業と取引関係を結ぶか，協力関係を維持することは難しい。

要するに，長春地域の企業家活動の特徴として，大手需要家との取引を開始

第11章　企業家叢生のメカニズム

する上で，人脈のような属人的な要因が極めて重要な役割をしており，なおかつ，その際の大手需要家として，創業前に勤めていた企業が重要であった[8]。

　実は，他の大手自動車メーカーとの取引の開拓は極めて難しいといわれる。たとえば，上述した長春の創業金型企業は第２汽車，VW，マツダとも付き合いはあったものの，それはあくまで修理に限定された。それまで取引がなかった中小金型メーカーが新たにこれらの大手自動車メーカーと取引関係を作ることは不可能に近いといわれる。なぜならば，これらの自動車メーカーは，パッケージ方式の発注を行っているため，金型の発注規模が１件数千万円に達し，中小金型企業の生産能力をはるかに越えているからである。

　他方，一汽製造集団との取引においては，信達と安民に対する金型品質の要求水準が厳しく，そのため，金型企業は，検査に細心な注意を払っている。たとえば，常に３人を検査に配置して，なおかつ，検査を３回以上繰り返すことによって，髪の毛の1/10位の寸法までチェックしてきたとされる。

　さらに，一汽製造集団の方も，発注した金型の検査に力を注いでいる。たとえば，一汽製造集団の技術者がチェックリストをもって年２～３回に定期的にチェックを行っている。

　しかし，こうした厳しい検査にもかかわらず，納入した金型に不具合が発生する時もある。その場合，一汽の技術者が金型企業にきて[9]，金型企業の人と一緒に対応するが，一汽に賠償金を払うなど金型企業が最終的な責任をもって対応する。

　このように，需要家からの厳しい要求を満たすために，需要企業の人と金型企業の人の間の接触が頻繁に行われ，両者間の人間関係が重要になった。直接取引にかかわる用事がなくても，一汽製造集団の技術者が金型企業を訪問することが多いなど，両社の従業者は友達の感覚で付き合っているとされる。

　なお，販売の後，その代金回収が難しい点が経営上の重要な課題にもなっている。何より需要先の中小部品メーカーからの販売代金回収が難しい状況である。たとえば，信達模具は，中小部品メーカーに対してこの３年間20万元の売掛金をもっており，これらの部品メーカーは一汽に対しても売掛金をもっている。一部部品メーカーは，信達模具に，一汽から受け取ったトラックで購入代金を立て替えたらどうかという問い合わせをする場合もあったとされる。こうした代金回収の問題のため，信達模具は取引先を絞り込むという苦し紛れの対

243

応すらとっているといわれる[10]。

### ②大連

次いでに，第5章で取り上げた大連鴻圓の事例を中心に，大連の創業金型企業の成長過程においてどのような企業間関係が行われたかを述べておこう。

大連鴻圓の創業者は，創業当初に，創業者自身が飛び込み営業を行わざるを得なかった。それも，最初は，金型そのものではなく，金型のメンテナンスから受注した。こうしたメンテナンスの仕事で需要家からの一定の評価を得て，成形メーカーから新たな金型の発注依頼が来るようになった。

他方，すでに述べたように，大連鴻圓が創業された重要な理由は，創業者が，大連に進出した日系企業からの需要を見通したことであったが，実際，創業者のこうした予想ははずれなかった。

このように，日系企業との取引を行う中で，同社は，プラスチック成形，プレス，ダイキャストをグループで揃えることができ，また，これを強みとして需要分野を拡大してきた。すなわち，同社の需要分野は，家電，医療機器，自動車部品，工作用電動ツール，携帯電話機など多岐にわたる。

需要分野の拡大に伴って，需要家との緊密な連携が不可欠になったが，大連鴻圓が金型専業メーカーであるだけに，大連鴻圓，需要家だけでなく，成形メーカーまで含めて，3者で頻繁に情報交換を行い続けてきた。新機種の立ち上げには，特に緊密な情報交換が行われ，こうした緊密な情報交換と素早い対応が同社の成長の要因になったのである。

## （2）設備投資行動の地域差

### 華東地域

#### ①浙江省

最近の浙江省の金型企業は，最新の輸入設備を中心に積極的な設備投資を行っている。この地域の創業金型企業の成長に積極的な設備投資が貢献していることが推測できる。

もちろん，中小の創業企業としては，ある程度の期間が経過するまで，中古設備，中国製設備の導入に頼らざるを得ない。

しかし，事業が軌道に乗ると，積極的に外国製新設備が導入される。実は，

第11章　企業家簇生のメカニズム

浙江省の「台州現象」[11)]を支えているのは，金型生産設備の更新が日々行われて，常に最先端の設備が使用されていることである。

②上海

　上海の創業金型企業の中でも，最先端の生産設備を積極的に導入する動きが現れている。こうした生産設備には日本製が多いが，最近は欧米の設備企業も上海での営業活動を活発に行わっているといわれる。この地域でも，最初中古設備を導入して創業し，資金を蓄積しながら機会を見て一気に最先端の精密加工機械を購入するという経路を辿る企業が多い。この点で，浙江省の例と似通っているといえる。

　大企業に比べ，人的資源の不足，技能不足という弱点に悩んでいる中小金型企業にとって，こうした積極的な設備投資はこれらの創業型企業の弱点を補う方法としての意味もある。積極的な設備投資が，創業型中小金型企業の急速な成長に寄与したのである。そして，積極的な設備投資を可能にした背景に，同地域の金型需要の急速な成長という需要面の変化があったことを見落としてはいけない。

**東北地域**

　東北地域の創業金型企業も創業当初に中古設備を導入，活用した。たとえば，前述したように，長春の信達模具は，創業早々，空軍からの需要に対応するために，一汽製造集団が廃棄した中古設備を入手して活用した。その後も，同社の設備不足は続き，中国郵政省傘下の自動車修理工場の汎用工作機をレンタルして使った上，倒産した中小国有企業から売り出された中古機械をも購入して利用した。大連鴻園の工場でも創業当初，台湾製の中古機械を多く導入した。このように，創業初期，中古設備の導入，活用が多かった点では，華東地域と類似している。

　創業当時に導入した中古設備のうち，今も稼動されている設備がある上，中古設備の購入が続いている。そのため，現在も長春の創業金型企業の保有設備のうちの中古設備の比重が高い。

　創業してからかなりの期間が経過しても，中古設備を活用する場合が多いという点で，積極的に新たな設備を導入するという姿勢が相対的に弱いといえ

る[12]）。こうした東北地域の企業の設備投資行動は，最近，外国製新設備の導入に積極的である華東地域の企業のそれと対照的である。

さらに，創業型企業の設備投資の姿勢の地域別差は，企業成長への志向の地域別差にもつながる。たとえば，長春の信達模具の創業者は，それほど急速な企業成長を望まず，「ある程度まで企業規模が成長すれば，それでいいのではないか」という考えを示している。積極的な企業成長への姿勢があるとは言い難い。

他方，東北地域においては，倒産する国有企業が売却した設備が流れ込んで中古設備市場が形成されている。前述したように，創業金型企業を中心に，中古設備の需要が持続的に存在している上，需要家の注文を持続的に受けられるかに対して確信をもてない金型企業に限っては，新設備の導入のリスクが大きいためである。政府も設備の有効利用のために，政策的に中古設備市場の育成を図っている。

大規模な中古設備市場は，瀋陽とハルビンに形成されており，規模は小さいものの，長春と大連にも，中古設備市場が存在する。東北地域の主要な都市ごとに，中古設備市場が設けられているのである。対照的に，中国の華東地域においては，新設備の投資が急速に増加しているため，中古設備市場の必要性は弱い。それゆえ，華東地域には，東北地域のような中古設備市場が存在しない。最新設備の導入の度合いと中古設備市場の発達の度合いの間には反比例関係すら見られるのである。

## 4　企業家叢生の要因

これまでみてきたように，各地域の創業金型企業は，販売先の開拓において，属人的な要素を活用したこと，需要の変化に対応するために工夫を積み重ねていること，創業初期に中古設備への依存度が高かったこと，叩き上げの創業者が多いことなど共通点が多くみられる。しかし，他方では，創業の活発さ，創業前の経験と地域移動，設備投資行動や成長志向の度合い，などで地域別多様性も確認できた。

そこから，企業家叢生の地域別の共通点と相違点をもたらした要因は何かという疑問が直ちに出てくる。それに対する答えを導き出すのは容易でないが，

## 第11章　企業家叢生のメカニズム

本節では，地域別差をもたらす要因，そして，共通点をもたらす要因それぞれについて分析を加える。

### （1）地域別差をもたらす要因
#### 企業家を生む土壌の地域別差
#### ①環境面の基盤の地域差

　企業家が活発に生まれる地域とそうでない地域を分ける要因として最も重要なのは，企業家を生む土壌の差であろう。その際の土壌には，人材や技術が創業や企業成長に結び付けられるような環境面の基盤，その地域に蓄積されてきた技術や人材という客観的な基盤という両方を含む。

　まず，前者の環境面の基盤についてであるが，とりわけ，企業家に対する周りの評価が，創業を目指すか，企業を起こして活動している人材の姿勢や成功可能性に強く影響する。

　一般的に，民間企業の活動，そして，企業家を，周りの人々がどのように評価するかは，創業の難易度・頻度を規定する極めて重要な要因である。たとえば，企業家に対する周りの評価が高ければ，創業に伴う高いリスクや多い困難が予想される場合も，創業に踏み切る人材が出現する。また，企業家に対する周りの評価が高ければ，創業して企業活動を行う上で，周りの人や集団による協力・支援が得られやすい。

　こうした企業家に対する人々の評価は，ある社会や地域のさまざまな要因によって長い年月を経て形成され，そのため，それほど簡単に変化できるものでもなく，その限りで，ある社会や地域の一特徴をなしている。

　実際，東北地域と華東地域の間にも，企業家に対する周りの評価は大きく異なり，これが，両地域の企業家叢生の様相を異なるようにする重要な要因になっている。東北地域の長春の場合，民間企業家の社会的なステータスが低く，企業を起こす人を見る周りの目は厳しい。活発に企業を起こす土壌が整っていないのである。

　これは，創業の壁が相対的に高いということを意味しており，そのため，金型に限ってみても，企業を起こそうとする姿勢をもつ人々が少なくなり，民間創業企業が生まれにくくなっている。

　反面，浙江省，上海・蘇州などの華東地域では，かつてから，創業や企業家

に対して周りが好意的であり，創業をサポートする雰囲気が存在する。また，企業家の社会的なステータスも高く，企業家に敬意を払う風土もある。こうした風土や雰囲気が頻繁な創業や旺盛な企業家活動を支えているのである。

**②技術・人的基盤の地域差**

次に，企業家を生み出す後者の側面の土壌，つまり，客観的な基盤についてであるが，これは，ある地域の個人，あるいは，集団が，企業を起こして成長させるための技術・人的基盤をどの位備えているかを指す。

浙江省の例を中心に，その地域の技術・人的基盤の蓄積が金型企業の活発な創業や成長にどうつながるかを検討することによって，企業家叢生の多様性の要因の一端を明らかにしておこう。

浙江省台州周辺では，昔から金属製食器や日用品の補修やスペア鍵の製造などに携わる銅職人が多数存在した。

その上に，前述した企業家を生み出す環境面の基盤にも恵まれ，同地域では，金型企業の創業が相次ぎ，すでに1970年代から，サンダルや靴底のゴム用小物金型を製造する金型企業が多数集まっていた。その後に，台州市黄岩地区，余姚市などの金型集積地はさらに拡大，発展していった。予備企業家層が分厚く存在するようになったのである。

こうした集積地内では，専門化に基づく企業間分業が発展していた[13]。たとえば，台州の機械加工分野の集積地では，専門化が進んだ結果，分業関係が明確になっている。浙江省の金型長屋の「金型城」においても，入居企業間の細かい分業関係が存在している。すなわち，金型の製造，設計，測定，そして，素材の流通等さまざまな業種業態の企業間分業が存在する上に，製造に限ってみても，旋盤，穿孔，研磨，放電加工などを行う企業が，それぞれ自分の得意分野だけに特化している。

こうした集積地内の企業間分業の発展は，既存企業からのスピンオフなど創業を容易にした。たとえば，創業に際して，数台の中古機械を買って，2～3名の従業者を雇えば，細かい分業のネットワークに入り込むことができ，創業に大きな設備投資も，幅広い技術も要らなかった。このように，創業を容易にする条件があったため，創業の連鎖が現れた。

### 需要

　金型の需要・市場の大きさの地域別差も，金型企業の創業の地域別差に影響した。たとえば，上海・蘇州においては，ビジネスとして成り立つ位の市場規模が存在するという判断で創業した人が多いとされる。創業予備軍の人達が見込んでいる市場の規模・成長性が創業の強いプル要因になっている例である。反面，東北地域では，需要が創業の要因ではあるものの，あくまで副次的な要因にすぎない点はすでに指摘したとおりである。

　それに，華東地域の中の地域別の違いとして，前述したように，上海・蘇州においては技術に強い人による金型企業の創業が多いのに対して，浙江省においては，営業で長けている人による金型企業の創業が多い。実は，その理由も需要・市場と絡むように思われる。

　すなわち，上海・蘇州では，すでにかなりの規模の需要が存在し，なおかつ，需要の成長も速いと判断して創業する人が多く，そのため，予想される需要に対応できる技術が創業に必要な重要な条件になる。技術に強い人による創業が多い所以である。

　逆に，浙江省は，上海・蘇州に比べ，地域内の需要の成長が速くないため，金型企業の創業に際して，地域外を含めて，市場開拓そのものがより重視される。営業能力に長けている人による創業が多い所以である

　こうした点を踏まえて考えれば，上海・蘇州と浙江省間の創業金型企業の相違は，第7章で述べられた，創業初期に企業家が市場に飛び込むタイプと，すでに存在する市場の吸収で精一杯であるタイプの違いと連動するといえる。

　そして，上述した上海・蘇州の創業金型企業の特徴から，需要が多くても，直ちに企業家が生まれるわけではないということが示唆され，逆に，浙江省の創業金型企業の特徴から，地域内に需要が多くない場合も，創業が活発に起こりうることが示唆される。つまり，需要が企業家叢生の重要な要因であることは間違いないが，需要による影響は，企業家の主体的な努力によって変化するのである。

### （2）企業家叢生の共通の促進要因

#### 国有企業の役割

　中国の民間金型企業が創業され，成長する上で，準国有企業を含めて広い意

味での国有企業の役割が大きかった。これは，特定の地域に限らない現象であり，従って，各地域の金型企業家の叢生の共通要因であるといえる。

国有企業が民間金型企業の創業と成長に果たした最も重要な役割は，企業家としての能力を身につける場としての役割である。つまり，国有企業が企業家予備軍の温床になって，多くの人材が国有企業からスピンオフして創業した。

浙江省のように，国有企業の人材が次々とスピンオフする企業家叢生の連鎖は，特に，旧国有企業の変化に伴ってこれらの企業を離れた人材を，集積地が受け入れることによって促進されている。

東北地域の場合も，民間の創業金型企業の数こそ少ないものの，そのほとんどが国有企業からのスピンオフである。創業が活発な地域とそうでない地域の両方で，国有企業からのスピンオフが観察されるのである。中国金型企業の創業に関して，国有企業の存在がいかに重要であるかが示される。

設備と従業者の供給という面でも，国有企業の役割が大きい。たとえば，前述したように，地域を問わず，多くの創業金型企業が創業当初に中古設備を多く導入し，その中には，国有企業から流れ出た中古設備も少なくなかった。しかも，東北部では，国有企業から流出される設備を中心とする中古設備市場が形成・維持され，今も，中小金型企業は，この中古設備市場から設備を購入している。

第7章で指摘されたように，国有企業からの従業者の供給機能は，過去から存在しており，さらに，最近には，経営不振に陥った国有企業，構造改革を行う国有企業から，民間創業金型への労働力の移動が活発になっている。

**政策の影響**

特に，自動車や電機など金型需要産業の成長が本格化するに伴って，中国の中央，地方政府が金型産業の重要性を認識し，各種の政策を講じている。こうした政策も，創業金型企業の創業や成長を促進する，各地域共通の要因であるといえる。

まず，資金面から創業を後押しする政策が行われた。たとえば，台州市黄岩区で，資金の調達方式を基準に創業のパターンを分けてみると，自己資金，内部留保を元に企業を設立するパターン，銀行からの融資により企業を設立するパターンもみられるが，政府政策に便乗する創業パターンもみられる。すなわ

ち，省レベルの審査を通過する場合，生産設備の輸入税が免除される点を利用して創業するパターン，低利の補助金を利用して創業するパターンなどが現れている。

また，地方政府が新たな組織を設けて，企業の集積および創業を促進している。たとえば，台州市が設けた「台州市金型委員会」は，町工場や金型職人を集約した集合地を設置・管理することによって，創業企業の成長や新たな創業を手伝った。その上，1997年より，台州市路橋区新橋鎮と新橋村の支援で，99年からの金型集積地の「金型城」が竣工され，なおかつ，政府が台州市黄岩区の金型職業学校に補助金を支援する形で，集積した金型企業のための人材の養成をバックアップしている。

東北部の地方政府も，創業金型企業の成長を促進する政策を施している。たとえば，東北3省では，工作機械の設備投資に対する優遇措置を施しており，8年以上経った古い機械はその優遇措置の適用外としている。東北部の創業金型企業の成長を税制面から後押しする政策姿勢が表れている。

実は，こうした政策姿勢は，金型企業に限らず，ローカルの工作機械産業・企業の育成政策とも連動している。たとえば，現地生産された工作機械を購入する企業に対して，東北3省の政府は，所得税や増値税を一部還付している。金型企業のような工作機械の需要企業だけでなく，工作機械の供給企業をも含めて，現地企業の成長を後押ししている政策姿勢が表れているのである。

## おわりに

中国金型産業における企業家叢生の様相を観察すれば，地域間の多様性が著しい。

第1に，創業の活発さ，再挑戦の可能性などで，地域間の多様性が表われている。浙江省や上海・蘇州など華東地域においては，民間金型企業が活発に創業されており，なおかつ，創業に一度失敗した人材も，改めて挑戦して企業家として成長するケースが少なくない。対照的に，東北部では，金型企業の創業が少ない。特に，長春のように，大手国有企業の影響力が高い地域では，創業の壁が高く，創業に踏み切るためには，極めて強い創業動機が必要である。

第2に，民間金型企業の創業者が創業に至るまで経験した内容に関しても，

地域間の相違がみられる。たとえば，長春出身の金型企業家の場合，他地域から移動してきて創業するか，あるいは，他地域に移動していって創業する例は見当たらない。それに対して，華東地域では，地域間の移動を伴う創業が多く観察され，こうした人の移動には，各地域の需要の量と質の差異が影響している。

また，創業前の職歴に関しても地域間相違がみられる。まず，国有企業出身が多いという面では，共通しているものの，華東では，国有企業だけでなく，外資系企業出身者が創業するケースが珍しくないなど，華東の方が，企業家の創業前の職歴がより多様である。その上，国有企業，あるいは準国有企業からスピンオフした金型企業家の中で，華東地域では，国有企業の上層部まで経験した人が多いが，東北部の長春では，国有企業の上層部にまで上り詰めた人が辞職して創業する例は皆無である。

多様性は，東北，華東それぞれの中の各省間にも表れる。たとえば，長春では，海外企業，あるいは，外資系企業で勤めた人材がスピンオフして設けた金型企業が皆無であるのに対して，大連では，海外で長く勤めてきた人材が金型企業を創業するケースがみられる。また，華東地域の中でも，浙江省では，営業に長けている人による創業が相対的に多いのに対して，上海・蘇州では技術に長けている人による創業が相対的に多い。

第3に，設備投資行動においても，地域間相違が表れている。華東地域では，事業が軌道に乗ると，積極的に外国製新設備を導入する創業企業が多かった。実は，こうした積極的な設備投資は，大企業に比べ，人的資源が足りない中小企業の弱点を補う方法としての意味もあった。

それに対して，東北地域では，創業当時に導入した中古設備のうち，今も稼働されている設備がある上，今も，中古設備の購入が続いている。中古設備の導入が多いだけに，この地域では，中古設備市場が形成されている。

こうした東北地域と華東地域間の設備投資活動の差が，両地域の創業金型企業間の成長の違いに影響していると考えられる。

第4に，スピンオフした場合，元の企業との関連においても，東北地域と華東地域は異なった。東北地域では，元の企業が重要な取引先になる。しかし，華東地域では，スピンオフする前に勤めた企業とは，一切取引しない創業企業も少なくない。

第11章　企業家叢生のメカニズム

　他方，創業金型企業の叢生に関して，各地の共通点も観察できる。第1に，主要な取引先の開拓において，個人の人脈など属人的な要素が重要であり，取引関係が結ばれると，創業金型企業の人と需要家との間には，濃密な情報交換，日常的な付き合いなどが行われた。これは，地域を問わず共通に表れる現象である。

　第2に，創業してからある程度の期間が経過するまで，中古設備の購入が多い。つまり，創業初期に，中古設備への依存度が高い。

　第3に，企業家の創業前の経歴は，地域ごとに多様であるが，しかし，創業者のうち，叩き上げが圧倒的に多いということは，地域横断的な共通点であるといえる。

　こうした地域別の多様性や共通点が表れる背景には，さまざまな要因が絡んでいる。そのうち，地域間の多様性をもたらした要因として，企業家を生み出す土壌の差，そして，需要の規模や成長性の差が挙げられる。

　第1に，企業家を生み出す土壌には，人材や技術が創業や企業成長を成し遂げられるような環境面の基盤，そして，その地域に蓄積されてきた技術や人材そのものという客観的な基盤という両方を含む。前者に関しては，東北地域と華東地域の間に，企業家に対する周りの評価は大きく異なり，これが，両地域の企業家叢生の様相を異なるようにする重要な要因になっている。後者に関しては，華東地域のように，専門性に基づく企業間分業が発展している金型集積地がある地域と，そうでない地域との間には，企業家を生み出す客観的な基盤が大きく異なる。

　第2に，需要の規模や成長性の差も地域別の企業家叢生の様相の差をもたらす要因である。まず，需要の規模・成長性の差は，創業や企業成長のプール要因の差につながっている。華東地域では，創業予備軍の人達が見込んでいる市場の規模・成長性が創業の強いプル要因になっている。それに対して，東北地域の長春のように，地域内だけでは，急速な市場の成長が見込まれないところでは，需要の規模・成長性は，あくまでも創業に踏み切る副次的な要因にすぎない。

　また，華東地域の中でも，需要の成長性の差が，企業家の特性の差に影響している。たとえば，上海・蘇州では，すでにかなりの規模の需要が存在し，なおかつ，需要の成長も速いと判断して創業する人が多く，そのため，技術を有

253

しているかどうかが創業の重要な要件になる。実際に，同地域では，技術に強い人による創業が多い。反面，浙江省は，上海・蘇州に比べ，地域内の需要の成長が遅いため，金型企業の創業に際して，地域外を含めて，市場開拓の活動がより重視される。そのため，同地域では，営業能力に長けている人による創業が多い。

　ただ，需要の規模や成長性が企業家叢生の重要な要因であることは間違いないが，需要による影響は，企業家の主体的な努力によって変化することにも留意すべきである。

　次に，各地域の企業家叢生プロセスの共通点をもたらした要因としては，国有企業の存在と政府政策の2つが挙げられる。第1に，金型企業家の叢生に関しては，準国有企業を含めて広い意味での国有企業の役割が大きかった。たとえば，国有企業が企業家としての能力を身につける場としての役割を果たした。さらに，設備と従業者の供給という面でも，国有企業の役割が大きかった。第2に，中央政府や各地方政府の金型企業に対する諸支援策も，企業家叢生の共通の要因である。たとえば，政府は，資金面，税制面から創業を後押しする上に，新たな組織を設けて企業集積を促進する政策を行っている。

（金　容度）

**注**
1　毎年の開業率が10％を超えるといわれる。
2　蘇州地域のプラスチック成型部品産業の場合，その主力企業のほとんどがベンチャー企業，つまり，創業型企業であるとされる。
3　こうした差異の規定要因については，第4節で触れる。
4　ただ，浙江省の場合も，大手国有企業に勤めることは，社会的地位，経済的報酬等の面で，恵まれた立場であるといわれる。
5　企業成長において，人的資源の確保・蓄積も重要である。しかし，一般的に，創業型中小企業は，人的資源への投資・確保・蓄積という面で，大企業より不利であり，そのため，創業型中小企業は，人材の育成の仕組みなどにおいても，大企業より遅れている可能性が高い。この点では，金型産業も例外であるとは思えない。従って，ここでは，人的資源については立ち入らない。ただ，中国の創業金型企業の成長を論じる上では，既存企業からのスピンオフが重要であり，こうしたスピンオフについては，第4節で取り上げる。
6　同社が日本に輸出する金型は，ほぼすべて「大洋化学」というプラスチック成型メーカーに納入されている。同社は日立製作所，松下電器の下請企業であり，中国か

7  この時期の同社の主要な製品は，エンジンルーム間の板の組付部品用金型，ドアーとボディの間のチェーン用金型，トランク用のプレス金型，シートの骨組用金型などであった。
8  スピンオフした人が元勤めていた企業と取引関係を結ぶことは，高度成長期の日本において，中小企業からスピンオフした企業家にもよく観察される現象である。
9  一汽製造集団が仕様の変更を要求する場合も，同社の人が金型企業に来るという。
10  こうした代金回収問題に対応して金型代金の6割を前金として受け取る金型企業もあるとされる。
11  「台州現象」とは，従来農業中心の低開発地域であった台州市が，近年驚異的なスピードで工業化を達成していることを指しており，その重要な工業部門の1つが金型産業である。
12  中古設備が多い長春の金型企業もNC工作機械を多数保有している点が興味深い。このように，NC工作機械を保有する理由としては，まず，NC工作機械を保有することが金型業界の常識になっており，NC工作機械を保有しなければ，常識はずれの企業に看做されることが挙げられる。また，金型製造には，汎用機によってできる作業も多いが，需要家が汎用機では満たせない要求をしてくる場合があるなど，NC工作機械が必要な作業も少なくないことも理由として挙げられる。
13  もちろん，細かい分業の成立が集積を促進する面もあるように思われる。

ら輸入された金型を使用して部品成形を行い，中国の松下電器（天津，上海，浙江拠点）に輸出しているという。

# 第12章　台日サプライヤーの中国進出とアライアンス—国際化戦略における能力補完仮説—

　本章は，機械産業における台湾サプライヤーと日系サプライヤーの中国進出とアライアンスに関する事例分析を行う。近年，中国における機械産業の発展は目覚しい。電子機械産業に加え，自動車産業が本格的に立ち上がり，産業構造は厚みを増している。各国機械サプライヤーの中国投資は長期的趨勢を強めている。

　台湾企業の中国進出は日系企業よりも積極的である。彼らは台湾島内で築いた生産分業ネットワークを中国にも移管しようとする。地域を絞り込み，そこに集中的な投資を行う。進出先では台湾資本による集積を形成し，その規模は台湾島内を凌ぐほどである。

　現地の生産分業ネットワークを活用するため，個々の企業はむしろ事業領域を絞り込み，外部との相互補完を志向する。事業領域の集中と選択が行われ，規模による収益獲得が目指される。限定された事業領域の中で品質管理や生産管理などの経営管理体制を強化し，進出先で取引先の開拓を図る。

　現地経営にも見るべき点がある。台湾企業では中国現地法人の経営自主権が相対的に強い。親会社からの経営権の委任が全面的に進められており，現地法人の経営者は企業家精神を発揮し，自ら進んで市場を開拓することが求められる。経営資源は台湾からの移転に頼るのではなく，現地で自ら開発・調達することが期待される。

　対照的に，日本企業の競争力は本国側の顧客企業の製品開発からのコミットメントと技術蓄積の深さや幅，さらには顧客企業の国際化による要請に応じたグローバルな事業展開によるところが大きい。中国への進出も，顧客企業の進出を契機とした随伴立地が多く，現地事業活動も，日本や他のアジア諸国との拠点間分業関係の中に位置づけられる。現地法人の本国側への依存度は高くな

り，その結果，現地法人がの経営姿勢は消極的になりがちである。

　以上のように，中国展開の局面を捉えた場合にも，台湾企業と日系企業の間にはその経営において本質的な違いが存在するように思える。またそのことが中国戦略において両者がアライアンスを志向する理由ではなかろうか[1]。

　こうした問題意識を背景に，本章では中国に進出した台湾企業と日系企業の比較分析を行う。代表的な5社（台湾系3社，日系2社）のみを選出し，その事例を比較検討し，両者の経営手法の違いを明らかにしたうえで，アライアンスの要件を考察したい。

　本章の構成は次のとおりである。まず第1節では，台湾系サプライヤーの中国進出に関して2社の事例を再構成する。第2節では，日系金型メーカーの中国進出に関して2社の事例を再構成する。それらを受けて，第3節では，台日サプライヤーの中国進出に関する比較分析とアライアンスの形成要件を考察する。

## 1　台湾系サプライヤーの中国進出

　本節では台湾系サプライヤー2社について中国進出の事例を記述する。六和機械と烈光工業は台湾有数の自動車サプライヤーであり，近年長江デルタに国際化を進めている。台翰精密は広東省に進出した電子系成形部品メーカーである。この2社については，すでに第6章と第8章で取り上げているが，以下は本章の論旨に沿って再整理する。

### 1．六和機械（台湾系自動車サプライヤー）台湾でのトヨタグループとの関係

　六和機械は1971年に台湾中壢市で設立された。創業家の家族は中国山東省から台湾に来た。もともと創業家は現副社長の祖父（宗仁郷）をはじめ戦後から紡績・織物業を営んでおり（六和紡績），当時から豊田紡績などの日本企業と関係があった。当時織物設備は豊田自動織機から織機を輸入した。そのためトヨタグループとの関係ができた。

　1971年に宗仁卿が中壢に自動車部品工場を建設した。だが当時は台湾の自動車市場が小さく，経営が困難な時代が続いた。しばらくはフォークリフトの部品などを製造していた。その間，トヨタ自動車が台湾進出を試みるものの（六

和汽車），一度は撤退した。その後，トヨタは再挑戦を果たし，84年に国瑞汽車を立ち上げた。その際に日野自動車とトヨタ自動車が六和機械に部品供給を打診し，六和はそれを引き受けた。

　設立時の事業はアルミホイールであり，そこから鋳物加工（鋳鉄鋳造，加工，組立）と板金（プレス，溶接，金型）事業を相次いで立ち上げた。とりわけ2000年以降の伸びが顕著であり，同年の1億ドルから05年の2.03億ドルまで，売上が5年でほぼ倍増している。

　売上のうち台湾島内販売が約8割，輸出が約2割である。台湾では国瑞汽車が約3割，フォード系福特六和が約2割，三菱系中華汽車が約1割という構成である。豊田自動織機，日野自動車，三菱自動車，スズキ，いすゞなどとも取引がある。輸出は日本やアジアのトヨタ自動車の関係会社が中心である。

　過去の事業展開の過程で，六和機械は日系自動車メーカー，とりわけトヨタグループから数々の技術指導を受けてきた。プレスと金型，鋳鉄鋳造等の加工技術については豊田自動織機，パワーステアリングやポンプについてはジェイテクト（光洋精工と豊田工機の合弁企業），トラック用ブレーキ部品については日野自動車，鋳鉄鋳造についてはアイシン新和，アルミホイールについては中央精機といった提携関係である。六和はこうした技術提携を通じて台湾における事業基盤を形成してきた[2]。

　1990年代に入り，台湾では国瑞汽車が現地サプライヤーにトヨタ生産方式（TPS）の指導を始めた。しかしサプライヤーは当初いわば「客先の命令」という受け止め方であり，本格的な普及には至らなかった。TPSが現地サプライヤーに普及するのは99年以降であり，国瑞の総経理がトヨタ自動車生産調査室出身者に代わったことを契機とする。六和機械もこの時期からTPSの本格的な導入を進めていった。

### 戦略的な中国進出

　六和機械の中国進出は1992年に遡る。上海近郊の昆山に六和機械90％，豊田通商が5％，建台豊5％出資の合弁会社を設立したのが最初である（昆山六豊機械）。資本金は4,300万ドル，アルミホイール，ステアリングハウジング，ダイキャストなどを製造した。この製造拠点は輸出が中心であったこともあり，その後順調に売上を伸ばし，2002年には売上高が1.02億ドルに達した（国内販

売が25％，輸出が75％）。

　同社の成功を皮切りに，六和機械は大胆な中国戦略に転じる。表12-1は六和機械の中国関連企業一覧であるが，1990年代には同社の中国製造現地法人は豊田工業（豊田自動織機，豊田通商との合弁会社），富士和機械工業（栃木富士産業との合弁会社）の2社にとどまり，進出先も昆山経済技術開発区内であった。しかし，2000年を境に進出は加速化している。05年までの5年間に実に18社もの製造現地法人が設立された。そしてその多くがトヨタ系サプライヤーとの合弁事業であった。

　投資先地域の選定にも戦略性が窺える。六和機械の中国製造現地法人21社のうち，江蘇省昆山に拠点を置く企業が11社ある。その他，福建省福州市や広東省広州市にも製造拠点を集中させている。これらの地域は台湾企業の進出が多いことでも知られ，六和機械はそうした地の利を十分にいかしている[3]。

　現地法人の事業内容と六和出資比率から興味深いことが分かる。台湾の六和機械の主力事業領域はアルミホイール，鋳物加工，板金・プレス，金型製作などである。まず主力事業たるアルミホイールについて，六和は完全所有に近い形で中国事業を運営している[4]。

　一方，パートナーとなる日系企業が中国事業を展開する際には，出資比率を2割から3割に抑え，いわば「黒子役」に徹している。さらにパートナーの事業推進のために，経営管理や部材供給等の支援を行う。豊田工業，天津高丘六和工業，昆山中發六和，中和弾簧，広州光洋六和，広州高丘六和などがこのパターンに該当すると思われる。

　さらに，金型鋳物や鋳鉄，機械加工などについては，六和側が過半所有を掌握している合弁事業が多い。六豊模具，六和精密模具，福州六和機械，六和鍛造工業，富士和機械工業，広州六和桐生機械などは，日系企業との合弁提携の形をとりながらも，六和側が過半の所有権を得ている。

　金型鋳鉄や機械加工などの事業は，サポーティング的な性格が強い。六和機械は台湾島でこれらの技術蓄積を図るとともに，その能力を昆山周辺に積極的に移転し，現地でグループの競争力を発揮しようとしている。同社が製造拠点を分散させず，いくつかの地域に集中させる理由はそこにある。

　ダイキャスト用金型については，1997年より六豊機械の金型部門で内製化を始め，2001年から新会社（六和精密模具）として独立させ，グループの他工場

### 表12-1　六和機械の中国関連企業一覧　（単位：百万米ドル）

| | 会社名 | 製品 | 総投資額 | 六和出資率 | 設立年数 | 従業者数 | 投資地域 | 提携企業 |
|---|---|---|---|---|---|---|---|---|
| 1 | 昆山六豊機械 | アルミホイール，ダイキャスト，マグネシウム | 111.5 | 90 | 1992 | 1,368 | 江蘇省昆山経済技術開発区 | 豊田通商，中央精機 |
| 2 | 豊田工業 | エンジンブロック鋳物，フォークリフト組立部品 | 30 | 25 | 1994 | 450 | 江蘇省昆山経済技術開発区 | 豊田自動織機，豊田通商 |
| 3 | 豊田工業汽車配件 | エンジンブロック鋳物 | 30 | 20 | 2004 | | 江蘇省昆山開発区 | 豊田自動織機，豊田通商 |
| 4 | 六豊模具 | 金型製作，板金生産 | 14 | 65 | 2003 | 170 | 江蘇省昆山経済技術開発区 | 豊田自動織機 |
| 5 | 天津高丘六和工業 | 鋳鉄，機械加工，足回り関連部品，ナックル，ディスク，アクスル | 28.7 | 46 | 2001 | 410 | 天津市北辰区 | アイシン高丘，豊田通商 |
| 6 | 昆山中發六和 | ケーブル | 9 | 20 | 2002 | 407 | 江蘇省昆山出口加工区 | 中央発條 |
| 7 | 中和彈簧 | バネ | 1.8 | 20 | 2004 | 22 | 江蘇省昆山開発区 | 中央発條 |
| 8 | 六和精密模具 | アルミホイール・ダイカストの金型 | 4.4 | 90 | 2001 | 80 | 江蘇省昆山経済技術開発区 | 豊田通商 |
| 9 | 広州光洋六和 | 第3世代一体式HUB & BRG | 29 | 30 | 2004 | 129 | 広東省佛山市 | 光洋精工 |
| 10 | 広州高岳六和 | 足回り関連部品の機械加工 | 8 | 46 | 2005 | 70 | 広東省広州市南沙経済開発区 | アイシン高丘 |
| 11 | 福州六和機械 | 鋳鉄，機械加工，足回り関連部品 | 29.9 | 89 | 2000 | 380 | 福建省福州市 | 井原精機 |
| 12 | 富士和機械工業 | ナックル，ディスク，ドラム，アクスル，組立等 | 52.5 | 51 | 1995 | 1,100 | 江蘇省昆山経済技術開発区 | 栃木富士産業 |
| 13 | 福州金鍛工業 | 鍛造工場（自動車関係，二輪関係） | 7.5 | 42 | 2001 | 150 | 福建省福州市 | |
| 14 | 六和鍛造工業 | 大型鋳物（設備，型材など） | 10 | 100 | 2002 | 287 | 江蘇省昆山経済技術開発区 | |
| 15 | 六和軽合金 | アルミホイール | 30 | 100 | 2000 | 1.2 | 江蘇省昆山出口加工区 | |
| 16 | 六和方盛 | 燃料タンク，プレス | 4.1 | 45 | 2003 | 218 | 広西壮族自治区柳州市 | 方盛 |
| 17 | 広州六和桐生機械 | 自動車部品機械加工 | 30 | 55 | 2004 | 118 | 広東省広州市花都区 | 桐生 |
| 18 | 湖南長豊六和 | アルミホイール | 30 | 50 | 2004 | 844 | 湖南省衡陽市 | 長豊汽車 |
| 19 | 六和環保節能 | エネルギーセーバー | 0.5 | 55 | 2003 | 50 | 江蘇省昆山経済技術開発区 | 協穏電機 |
| 20 | 海南六和機械工業 | プレス，燃料タンク | 15 | 100 | 2004 | 120 | 海南省海口市 | |
| 21 | 福州井原六和 | ボールジョイント | 1.4 | 25 | 2005 | 63 | 福建省福州市 | 井原精機 |
| 22 | 昆山豊田通和 | トヨタ乗用車，フォークリフト販売 | | | | | | 豊田通商 |
| 23 | 上海九華汽車 | フォード，いすゞ系ディーラー | | | | | | |
| 24 | 青島六和汽車 | プジョー，日産，いすゞ系ディーラー | | | | | | |
| 25 | 青島六和食品 | 食品，飲み物 | | | | | | |

出所：六和機械企業案内資料より作成

からも金型製作を受注できる体制をつくった。

**自動車プレス用金型の日中合弁事業**

アルミホイール事業に比肩する他の主力事業としては，鋳物，金型製作，板金やプレスなどのサポーティング事業が挙げられる。自動車用プレス金型を製作する六豊模具の事例を見てみたい。同社は2003年に昆山に設立されたプレス用金型メーカーであり，資本金700万ドル，総投資額1,400万ドルとなる。六和機械65％，豊田自動織機35％出資の合弁企業である。プレス金型は大きさに応じてAからCのクラスに分けられるが，六豊ではC型換算で年産240型の生産能力をもつ。

六豊模具の近隣には六和や豊田自動織機の関係会社が立地している。隣接の六和鋳造工業はFC・FCD材を用いた鋳物[5]を製造しており，金型やエンジンなどの基礎素材となる。六豊模具は同社から鋳物を直接調達しており，技術・経済的なメリットは大きい。さらに，豊田自動織機とデンソーとのカーエアコン用のコンプレッサーの合弁企業である豊田工業電装空調圧縮機（TACK：2005年設立），豊田自動織機と豊田通商の自動車エンジン用鋳造部品を製造する合弁拠点の豊田工業汽車配件（TIAP：2004年設立）なども立地している。彼らも鋳物を同社などから調達している。

なお，豊田自動織機は1994年に六和との合弁で繊維機械やフォークリフト，自動車鋳造品の製造販売を行う豊田工業（TIK）を設立し，事業を順調に伸ばしてきた。同社は中国進出に際して昆山，さらには六和とのパートナーシップを重視している（中国製造現地法人4社のうち3社が昆山に集中している）。近年の中国自動車産業の急速な発展の中，相次いでこの地に製造現地法人を設立した。

2003年の昆山進出についても，「まず12年前にエンジン用鋳物の製造拠点として豊田工業（TIK）が進出していたこと。また六和との長い付き合いによるところが大きい。言葉のハンディを乗り越えて，こちらに展開するときに六和とのパートナーシップは大いに生きている」との言及がある。

六豊模具の立ち上げに際し，豊田自動織機は六和とのパートナーシップを堅持しつつも，「トヨタ流」の設計・生産思想を現地に定着させている。設計や検査に特徴がよく現れている。六豊模具は最初から設計室を置き，現地の金型

第Ⅲ部　発展のメカニズムと理論的視角

設計体制を整えた。

　中国では，金型の立ち上げに際して，ユーザーから2次元図面（部品情報）として設計情報が渡されることが多い。これを工程図面に展開し，各工程について型情報に落とし込み，金型を設計する。多くのユーザーは部品情報のみを提供する。しかしトヨタのグループ会社や長期的な取引関係のあるユーザーは工程情報から型情報までを型メーカーと共有し，VA的な改善活動を展開する。結果，設計時間は大幅に短縮され，金型の最終調整処理も的確になる。コストも削減される。

　検査工程にも特徴がある。トヨタの「自主検査体制」の思想が導入され，検査設備の充実化のみならず，金型製作で生じる問題とその測定方法，並びに解決の方法がリスト化されている。トヨタ自動車が開発した非接触型自動測定機が導入され，加工精度を測定し，問題の補正，加工データの蓄積，設計への応用などが可能となる。設計や検査などに最新鋭の設備が導入される反面，機械加工そのものは，台湾の加工機が数多く用いられていた。

　近年，中国の自動車販売台数は増加基調にあり，金型の受注も増えている。2005年の総計は130型，これが07年には300型を超える。その中でも六豊模具には加工が困難な乗用車ボディ用のプレス金型が発注される。トヨタ系の関係会社からの受注が多く，長安フォード，韓国現代，広州本田，風神，スズキ，六和機械関係会社などからも受注する。

　ボディプレス金型の現地展開にあたっては，(1)金型設計時におけるユーザーとの情報共有，(2)良質な鋳物の調達と管理，(3)金型仕上げにおけるユーザーとの緊密かつ円滑な調整などが鍵となる。プレス部品の公差はパネルレベルで0.5～0.7mm，金型レベルでは0.05mm以下と言われ，トヨタの基準はさらに厳しい。金型製作では設計と製作，仕上げ，型合わせと試し打ちのプロセスで精度を追い込む。プレス金型には高い耐久性が必要とされ，金型の品質維持はもちろんのこと，現地でメインテナンスを行う事業体制が必要となる。六豊模具は両方の親会社の能力を活用しながら，これらの体制を確立しつつある。

## 2．台翰精密（台湾系成形部品メーカー）[6] 中国進出と1次サプライヤーへの昇格

　最後に広東省に進出した電子系成形部品メーカーの事例を取り上げる。台翰

精密は1987年に台北に設立された電子機器プラスチック成形部品の金型設計製作を行う企業である。台湾では金型を中心に製造し，成形は試作のみを行っていた。現在は一部高付加価値品の量産も展開しており，携帯電話用の金型などを約120人の体制で製作している。成形部品量産と汎用金型製作の中心は，すでに中国に移っている。

　2001年の中国進出時は従業員数も約300人で金型のみを手がけていたが，徐々にプラスチック成形や2次加工，組み立てを拡大した。07年からは昆山に金型設計とプラスチック成形工場を，ベトナムにも成形工場を稼働する予定である。ベトナムには華南から部品を搬送できる。賃金も広東省の半分程度，勤務日数が長く，経営側のメリットは大きい。

　台翰精密の主要取引先は華南に進出した日系電子機器メーカーである。しかし台翰と日系企業との取引は，東芝がかつて海外展開を進めたときに，台湾にある日系金型企業を通じて金型設計を委託したのが始まりである。その後，日系企業の中国進出が加速化し，関係のあった企業はそれに合わせて中国に進出した。台湾では，1社が中国に進出すると，関係する企業が連鎖的に進出する傾向がある。

　台湾では，台翰は東芝の2次下請として仕事をしていた。しかし中国進出を契機に両者の関係は，現地における直接的な取引関係に変わっていった。台翰は中国進出を契機に2次から1次サプライヤーに立場を変えた。そして他の日系企業にも取引先を広げ，売上を伸ばした。現在同社の売上の約8割は日系企業であり，プリンター，パソコン，携帯電話，デジカメなど各種デジタル家電製品の成形部品と金型を供給している。


**金型設計における日本人の役割**

　台翰は台湾企業でありながら，要所に日本人を配置している。たとえば技術部と設計部の管理職には日本人が配属されている。設計部にはCAD/CAMの最新鋭設備が並び，若い中国人設計者が勤務する。設計現場におけるパフォーマンスの向上は，技術者の育成というよりも，専門技能をもった技術者を労働市場から獲得し，能力主義的な評価で動機付けを行うことで達成されている。しかしその反面，現地従業員の離職率も高い。

　流動的な労働市場環境に対応するため，金型設計や製造の現場は細かく分業

化され，1人が責任を負う業務範囲は狭く設定されている。多能工の育成というよりも，各工程で人が離職した場合に新たに採用した人でカバーできる体制がとられている。

しかしこうした設計・製造現場で日系顧客企業に通用する金型や部品を供給できるのだろうか。実はここに日本人の役割がある。現代の電子機器に使われる成形部品には製品設計上さまざまな機能が備わっているため，金型の設計や仕上げは，本来顧客企業の製品設計ニーズを十分に汲み取ったうえで進められねばならない。

金型設計は，型そのものを設計するというよりも，最終製品の具体的イメージを設計者が理解，共有し，部品の機能性，形状複雑性，製造許容範囲などを十分に考慮したうえで，型によって製品の機能性を実現するという方針で進められる。そのため製品設計の深い知識と経験がなければ，金型設計においても優れた提案を行うことは難しい。

技術部や設計部の日本人管理者は大抵製品開発の経験があり，顧客企業との濃やかな対話の中から，製品設計上のニーズを汲み取り，金型設計に関する提案を行い，金型設計の精度を高めていく。そのうえで中国人設計者に詳細設計を任せる。このように設計現場では日本人と中国人の役割分担が行われている。

**金型製作とプラスチック成形の現場**

詳細設計が終わり，顧客承認を受けた金型は，製作と仕上げに進む。金型の仕上げは成形部と共同で行う。型の仕上がりは最終的に出てくる成形部品の形状を見なければ分からない。台翰では金型部と成形部を企業内に併せもつことで，仕上げ作業を円滑に行う。なお顧客企業には成形部品と金型が両方納入されることもあれば，部品のみの納入もある。

金型製作とプラスチック成形の現場には最新鋭設備が導入されている。高精度な加工条件を満たすためヨーロッパ製や日本製の放電加工機やワイヤカット，3次元測定機などが装備されている。成形部門にはファナック，東芝，三菱など日本製の成形機が何十台も並ぶ。樹脂はユーザー指定の日本製を用いる。設備によって熟練人材の不足をカバーし，大規模量産や生産変動に耐えうる体制を築いている。

なお製造現場では中国人従業員への指導や教育も行われているが，日本の多能工養成とは異なり，単能工に現場を見せて覚えさせる教育が中心である。設計者と同じく，現場の職長クラスも公募で採用している。華南の企業間競争は，製品市場競争以外に人材獲得競争という側面がある。優れた人材を採用するために，企業には高い成長率が求められる。

## 2　日系金型メーカーの中国進出

### 1．タカギセイコー（日系成形部品・金型メーカー）[7]
**日本国内の事業基盤を基軸にしたグローバルな展開**

これまで我々は台湾企業のケースを見てきたが，続いて日系企業の進出事例を取り上げる。最初は富山県高岡市に本社を置くタカギセイコーである。本社の売上は300～350億円であり，金型部門は約50億円である。

売上高の57％は車両（自動車，二輪車）関係，OA機器17％，通信機器16％，その他10％である。数年前までOA機器の比率が高かったが，近年は顧客企業の海外移転により比率が低下しており，氷見に携帯電話筐体カバーの工場があるのみである。

富山県新湊と氷見の２つが主力工場である。その他に松本工場，東北工場，浜北工場，浜松工場という県外工場がある。浜松，浜北工場はホンダ，スズキ，ヤマハ向けのプラスチック部品成形工場である。松本工場の主な製品はOA機器部品（プリンターカバー，パソコン筐体）や精密機器部品（プリンターフレームなど）である。東北工場の主な製品はOA機器部品（給紙トレイ，ソータビン，外装部品，機構部品など）や農機部品（シーブケース，フェンダ，外装部品など）である。県内には金型協力工場が６社，県外に４社ほどある。京都の協力工場は自動車用コネクタの金型を製造している。長野や富山県内にも精密金型の協力工場があり，高精度の携帯電話用金型生産などに特化している。

タカギセイコーの事業活動の中心は日本であるが，近年はアジアへの海外展開を進めてきた。インドネシアには現地資本を含めた３社で合弁会社を設立した。中国には３つの製造拠点がある。大連は金型を中心に製作しており，本社からの委託も多い。上海には高和精工（高和精密模具）という合弁企業があ

り，2001年から携帯電話部品の成形と金型製作を手がけている。広東省仏山の南海華達でも金型と射出成形を行っている。その他，アジア地域には香港とタイに販売拠点があり，北米や欧州への販売はパートナー企業を通じて行う。

**成形・金型事業の国際分業の実態**

タカギセイコーは樹脂成形部品の製造販売を主事業とする。金型は製作するが外販は少ない。近年，顧客である二輪メーカーのアジア展開が加速したことで，小型バイクとスクーター用のプラスチック部品の需要が急増した。そこでタカギセイコーは東南アジアと中国に成形工場を立ち上げ，続いて現地工場で金型の内製化を進めた。金型製作については，工数やコスト条件を加味し，日中間で分業が行われている。

たとえば，大型バイク向けの金型は大きく複雑なので，日本で製作される。家電向けや小型バイク用部品の金型などは中国への移管が進んでいる。本社から中国へ外注される金型は年間2～3億円にのぼる。中国で製作された金型は，東南アジアや日本，欧米などにも輸出されている。一方，複雑な形状をもち，精度の高い金型は日本で製作されて，中国・アジアに輸出されている。各拠点の比較優位による国際分業が進んでいる。

中国の金型拠点には2つの役割が与えられている。第1は，現地進出日系ユーザーへの対応である。たとえば広東省南海では日系自動車産業の規模拡大を背景に，自動車向け金型と成形部品を現地生産している。

第2は，日本のアウトソーシングの引き受け先である。大連がこの典型であるが，10～13ｔの小型金型を主力とし，受注から10日程度のリードタイムで本国側に納品することが可能であり，コスト削減と納期短縮に寄与している。上海の高和精工（高和精密模具）も携帯電話用精密金型を専門に受注しており，こちらも日本からの外注委託が多い。

以上より，金型製作の中国移管の背景には，(1)顧客企業の海外進出と成形工場の金型一貫生産化，(2)小型金型の中国へのアウトソーシング，(3)精密金型など特殊加工分野のパートナーシップの3つの理由があると考えられる。

**中国における金型事業の展開**

中国での金型事業展開を大連大顕高木模具（以下，大連高木）の事例から検

討する。同社は2002年にタカギセイコーと中方大連大顕集団，住友商事ケミカルの合弁で大連経済技術開発区の中に設立された。資本金が3,500万元（448万ドル），従業員数は190人である。

パートナーである中方は大顕集団の関係会社で金型とプラスチック成形を手がけていた。成形事業の収益は高かったが，金型事業は不振だったため，切り離してタカギセイコーと合弁を行うことにした。合弁会社は，同社の金型部門の人員と設備，取引先を引き継ぐ形でスタートした。交渉やFSの段階で，双方が金型事業を拡大する余地があると考え，それを実行に移してきた。

大連高木は取引先を日系と韓国系企業に限定している。輸出先も日本と韓国であり，両国からの金型外注が同社の売上の半分を占める。現地向け販売については，中国企業との差別化を強く意識してきた。当初はプラスチック成形とプレス用の金型を両方手がけていたが，得意とするプラスチック成形に集中化し，プレス金型は外注に切り替えた。金型のサイズも350〜1,800ｔの大型に特化した。現在のところこのサイズの金型を製作できる企業は大連には少ない。

またコストのみを競争条件とする取引はできるだけ回避している。中国企業と大量取引を行うよりも，日系や韓国系企業に対して，本国の開発段階から参加し，成形技術や材料技術をベースに提案を行い，金型をワンセットで受注するスタイルを基本としている。

### 日本の事業基盤と技術蓄積の幅・深み

タカギセイコーの海外における強みは日本の金型開発・製造技術の幅と深さに裏打ちされている。日本の技術者は，まずゲストエンジニアとして顧客企業の商品企画や金型構想設計から参画し，成形や金型製作等のプロセス工法的な視点から提案を行う。

その後，顧客企業の製品図（2次元データのこともある）に対して，3次元データを完成させ，樹脂化設計，3次元金型設計，NCデータ作成と金型製作，試作評価へとプロセスを展開する。これを情報管理的立場から支援するために，さまざまな設計支援・金型加工・評価解析のツールや管理システムを導入している。

興味深いのは，設計や加工に関する個人の熟練技能をデータ化し，組織的に蓄積と共有を図っていることである。たとえば加工性を加味した金型設計を行

うため，設計者は刃物，回転数，送り，鋼材の種類，工具などの加工条件を加味した設計を行う必要がある。こうしたデータは加工表と呼ばれ，従来は熟練を積んだ加工経験者でなければ作成が困難であった。このことが高度な金型設計の海外展開を阻んでいた。

　そこで，数年をかけて熟練者のもつ知識や情報をデータベース化し，設計者がそこから最適な加工条件を半ば自動で選択することができるようになった。この経営革新は，金型の設計活動を海外展開するうえで鍵となった。

**中国での金型製作プロセス**

　大連高木の金型製作プロセスを見てみよう。顧客企業との最初の打ち合わせ時は，タカギセイコーの営業担当と技術者，大連高木の営業技術者と金型技術者が，顧客企業の日本拠点に出向き，製品の基礎設計と金型構想設計を決めていく。製品設計や金型設計に豊富な経験をもつ技術者は日本側に多い。

　金型構想が決まると，現地法人側に仕事のウェイトが移っていく。大連高木はタカギセイコーの支援を受けながら，金型の詳細設計・製作・試作まで進める。最終仕上げ・修正・検収は顧客企業に近いところで行う。顧客企業のサイトが日本の場合には，金型をタカギセイコーに送り，最終仕上げを行う。中国の場合には大連高木で仕上げる。顧客企業は金型発注権を中国現地法人に移し，大連高木と顧客企業との直接的なやりとりが行われる。

　成形部品の表面側は外観品質のすり合わせ，裏側は機能形状上の調整が必要になる。近年，顧客企業の製品設計は，軽量化と複雑化の様相を強めており，その分，金型の難易度も上がっている。そのため最初の製品については，試作品による調整が必要である。なお２番型以降になると設計変更や仕上げ修正の頻度が極端に少なくなる。

　以上の作業を行うために同社は現地人材の定着性が要と考えており，そうした理由から，労働市場が安定している大連を立地先に選んだ。人事給与体系も日本型のものをもち込んでおり，従業員に日本語の習得をさせている。本社への設計者の派遣も実施している。金型の設計や仕上げが一人前となるには５〜10年の経験が必要とされ，従業員のスキルをそこまで高めることが目下の課題である。

## 2．共立精機（日系ダイキャスト金型メーカー）8)

### ダイキャスト用金型の現地生産

　最後に取り上げるのは日系ダイキャスト金型メーカーである。共立精機は1959年に大阪府堺市に創業し，その後本社を三重県松阪に移し，事業を拡大してきた。製品は二輪・四輪向け，家電・通信機・船舶用のダイキャスト金型である。鋳鉄やアルミのダイキャスト金型の設計・製造・品質管理が同社の強みとなる技術である。大連共立精機は，96年に設立された同社唯一の海外現地法人である。

### 現地における取引先の開拓

　進出当時は，中国金型工業協会から紹介を受けた済南小型二輪メーカーや大連に進出していたスター精密，リョービ，松下通信などの日系企業から受注した。その後，中国市場を開拓するため，展示会や交流会などに積極的に参加した。華北ではダイキャスト金型を製造できる企業が少なく，顧客の紹介を通じて同社の知名度は高まった。

　結果，ホンダの二輪車の現地法人からエンジンシリンダーブロック用金型を受注した。さらに，四輪車用シリンダーブロックの金型へと受注が拡大した。四輪では広州本田，長春一汽，武漢シトロエン，上海GMと取引がある。中国で高度なダイキャスト金型を製造できる企業は未だ少なく，中国全土から同社に依頼が集中している。新規金型を中心に，中国国内で顧客開拓に成功を収めてきた。

### 金型製作プロセスとホンダトレーディングの資本参加

　ダイキャスト金型の製作はプラスチック成形金型と似ている。顧客は製品図面を渡し，共立精機が金型構想と鋳造方案を提案する。2次元の製品図面をもとに3次元の造形をコンピュータ上で行い，図面を作成する。ここは製品設計と鋳造条件の両方について詳しい設計者が仕事を進めねばならず，しばしば日本側の支援を仰ぐ。共立精機は本社でアルミ材料の研究も手がけており，その研究成果が図面作成にいかされる。

　顧客から図面の承認を得たうえで，金型製作の段階に入る。同社は2002年に旅順に鋳物工場を建設し，現地調達を実現した。鋳物は機械加工を経て金型と

なり，テストとトライを繰り返して仕上げていく。設計後，機械加工から仕上げまで約1.5ヵ月の時間を要する。機械加工は自動化が進む反面，仕上げ工程は現地従業員の手作業に依存する。この作業には専門熟練者があたっており，彼らの熟練の程度がダイキャスト金型の品質を決める。

中国展開のプロセスで，共立精機はホンダとの関係を強めていった。2006年にはホンダトレーディングの大連共立精機への資本参加により，ホンダグループとの関係は直接的なものとなった。経営的にもこれが大きな転換点となる。これまでは中国国内市場向けの金型を製作してきたが，今後は東南アジアなどに広がるホンダの二輪・四輪の製造拠点に金型供給を増やし，輸出比率を60％まで伸ばしていく目標を立てた。これにより大連から東アジアに金型を供給するネットワークが形成されていく。

## 3　中国進出の比較分析と能力補完仮説

第1節では台湾企業，第2節では日系企業の中国進出事例を見てきた。本節では，それらを参考にしながら次の点について論ずる。第1が台湾企業の中国進出と経営能力，第2が国際化戦略における日系企業の競争力評価，そして第3が台湾企業と日系企業との能力補完とアライアンスの可能性についてである。

### 1．中国展開における台湾企業の経営能力

まず台湾企業の中国進出と経営能力である。日系企業との比較分析から，台湾企業には中国展開の際に固有の経営能力があると思われる。この点について，「潜在市場誘導型の直接投資」「顧客企業のビジネスシステムとの補完性の追求」「台湾型生産分業システムの移管と形成」「分権と自律の組織運営」の4点から考察する。

**潜在市場誘導型の直接投資**

まず「潜在市場誘導型の直接投資」である。台湾企業の対中投資は安価な労働力利用という側面のみならず，進出先で積極的に市場開拓を行い，市場基盤を広げる動機が根底にある。その意味で本質的に市場誘導型である。しかも既

成市場への適応よりも，潜在市場の開拓という意識が強いように思える。

　事例研究で取り上げた台湾企業は中国で積極的な市場開拓を行っていた。六和機械や台翰は日系企業との関係を活かし，長年の取引関係で培ったノウハウを中国における取引先の開拓に大々的に適用しようとしていた。六和機械は中国でトヨタ系サプライヤーとの多面的関係を築き，中国企業にも取引先を広げている。台翰も日系サプライヤーの海外進出と現地調達化を自らのビジネスチャンスと捉えていた。

　共通しているのは，現地市場機会への機敏な対応である。OEM生産に徹し，顧客企業との距離を縮め，事業機会を窺う。台湾企業にとって日系企業の中国進出は大きな成長機会である。日系下請中小企業が中国進出に躊躇する間，顧客の中国進出に合わせて現地で総合的な支援体制を整えれば，大きな外注需要を取り込むことができる。第2節で見た3社はいずれもそうしたケースである。

**顧客企業のビジネスシステムとの補完性の追求**
　第2は顧客のビジネスシステムとの補完性構築という点である。OEMビジネスにおける「顧客志向」は完成品市場のマーケティングのそれと若干意味合いが異なる。OEM企業は顧客企業の生産体制と補完的な事業体制を自らの組織の中に作りこむ必要がある。

　六和機械はアルミホイール事業で自らが主導権を発揮する一方で，トヨタ系サプライヤーとの合弁事業では顧客企業の過半所有を勧め，自らは顧客の中国事業を支援する側にまわっている。また鋳物加工，板金・プレス，金型製作などのサポーティング事業については日系との合弁形態をとりながらも，自社がある程度主導して基礎固めを行っている。

　台翰では，顧客志向徹底のため，金型製作において設計部と技術部を分離し，営業部が生産管理課と資材調達課を統括する組織体制をとっていた。また金型製作と成形部品の加工を一貫してもっており，新鋭設備の導入にも余念がなかった。こうした事業・組織づくりは，日系の顧客企業が金型から成形，半製品組立までを一括して同社に任せることを可能にさせている。

　また両社とも，顧客との競合分野では自らブランドをもたず，黒子に徹している。他方，顧客の不得意分野については先行投資と組織づくりを行い，顧客

との補完的な分業体制を築いてしまう。台湾企業はこうした資質に長けているように思える。

**台湾型生産分業システムの移管と形成**

第3は台湾型生産分業システムの移管と形成である。六和機械の昆山進出の事例では中国製造現地法人21社のうち，過半は昆山に集中している。六和機械は台湾でも稠密な生産分業ネットワークをもつが，中国進出の際にこのシステムを現地に移管・定着させている。昆山ではグループ企業の集積が形成されている。集積内の柔軟な分業と協業により，顧客企業のあらゆるオーダーに対応できる体制がつくられている。

**分権と自律の組織運営**

最後に台湾型の中国ビジネスは，自ら市場を切り拓き，外部の加工業者とネットワーキングを行い，顧客側の体制に応じて迅速に投資判断と経営構造再構築を主導する現地経営者の手腕に多くを依存する。彼らの有機的な組織運営はさまざまな点で柔軟性を有する反面，その成否は経営者のリーダーシップに委ねられる。

事例で見た台湾企業2社では，現地経営者の強いリーダーシップが存在した。台湾本社は現地法人に対して財務的コントロールを行うものの，事業経営については現地経営者に大きな裁量を与えていた。前線に分権化し，リーダーシップを促すことで，現地市場を切り拓き，ネットワークを調整しながら，現地顧客の満足度の最大化を図ることを目指していた。

## 2．日本企業の競争力

ではこれに対して中国戦略における日本企業の競争力はどう評価できるか。「本国側の技術蓄積と製品開発プロセスへの参画」「ものづくり管理技術の比較優位」「国際分業ネットワークの広がりと活用」「ブランド力による差別化」の4点から考えてみたい。

**本国側の技術蓄積と製品開発プロセスへの参画**

逆説的になるが，中国展開における日本企業の強みは本国側の技術蓄積の幅

と深さにある。タカギセイコーや共立精機の中国内競争力は、いずれも日本側の要素技術やプロセス技術、製品開発技術に依拠していた。

タカギセイコーの国内工場では、射出成形に加え、押出成形、熱硬化成形、回転成形、ブロー成形などの幅広い成形技術をもち、これに金型の設計と製造、製品設計と樹脂化設計、金属プレスと二次加工などの技術を総合的に保有していた。共立精機もエンジン部品に使われるような高精度アルミダイキャスト金型を設計・製造する技術があった。

こうした技術は一朝一夕に獲得できるものではなく、彼らが日系顧客企業との長年にわたる取引関係や技術開発の努力によって蓄積してきた資産である。またその技術の多くは熟練従業員の経験知や特殊設備の中に体化されている。

こうした技術蓄積は部品や金型の製品開発プロセスとも関係する。第3節で既述したように、日系サプライヤーの技術者は顧客企業のゲストエンジニアとして、彼らの商品企画や構想設計に参画する。ここで顧客企業の商品開発ニーズを掴み、材料や工法面の提案を行う。顧客の開発ニーズへの直接的なアクセスによって得られた知識は、社内の技術開発にも使われる。こうした知識は、顧客企業の開発プロセスへの参加が許されていない外国企業に対する絶対的なアドバンテージとなる。

日本企業が強みとする知識や技術は従業員や顧客との関係性に内在化されている。こうした技術資産は、中国展開時に容易に移転できるものでもない。日系サプライヤーが海外展開を進めつつも、本国側の事業基盤を相対的に重視する背景には上述のような理由がある。ゆえに日系企業の中国進出は台湾企業よりも消極的に映り、中国全面シフトというよりも、国内や他拠点との多面的な国際分業を行う傾向が強くなる。

**ものづくり管理技術の比較優位**

日本企業には、材料や工法等の要素技術とは別の次元で、ものづくりの管理技術に優位性がある。開発した製品を中国で的確に量産するために、量産準備、生産管理、品質管理、物流管理などの管理技術を現地法人に移管する。この管理技術の高さこそが、日系企業の製品の品質上の優位性を形成している。

台湾企業も日系企業の管理技術の高さは認識している。六和機械や烈光工業では、日本の自動車産業の管理技術を習得するためにさまざまな経営努力が行

われてきた。彼らは，「顧客が日本企業だから」という次元の理由を超えて，日本の管理技術が有する普遍的な競争力に目を向けている。またそのことが日本企業とのアライアンスを実現する大前提になっている。

### 国際分業ネットワークの広がりと活用

第3はグローバルネットワークの広がりと活用である。台湾企業の投資の中国偏重性に対し，日本企業の対外投資は世界各地域に分散している。

タカギセイコーも共立精機も中国製造拠点の役割を中国市場への製品供給に限定していない。むしろ，中国から本国を通じてグローバルに広がる生産拠点に部品や金型を供給し，製造インフラが発達していない途上国での生産活動を支援する役割を与えている。

ホンダトレーディングによる大連共立精機への資本参加はこの点を象徴している。ホンダは難易度の高いダイキャスト金型を中国で製造することに成功した大連共立精機を重用し，ホンダグループの中国と東南アジアでのエンジン部品用金型供給の戦略的拠点と位置づけたのである。

多くの日系サプライヤーは，中国拠点を中国市場へ参入するための戦略拠点としながら，アジアの分業ネットワークの中で活用すべき拠点とも位置づけている。顧客企業のグローバル展開が進む中で，このような国際分業ネットワークを活用して，全体として顧客企業の満足度を高める試みが重要になろう。

### ブランド力による差別化

最後に，台湾企業には比較的希薄であり，日本企業が重点を置く政策の1つがブランド戦略である。日本企業の場合，上述の3つの強みをいかし，最終的に狙いとするところは，ブランド力の向上と製品差別化である。

本国の技術蓄積や管理技術の高度化，グローバル展開などの経営努力は，それが顧客企業に正当に評価され，価値を認めてもらうことで完結する。このことからも日系企業は台湾企業と比較して，投資が全体最適かつ多面的，分散的にならざるをえない。

## 3．中国戦略における能力補完の可能性

以上の比較分析から，中国戦略における台湾企業と日本企業のアライアンス

第12章　台日サプライヤーの中国進出とアライアンス

の可能性を示唆できよう。その論拠となるのは両者の経営能力の補完性である。中国事業展開の際にはその補完性がより強化されている。

　台湾企業の外国投資は中国偏重であり，同国への投資フローでは日系企業を凌ぐ。生産や品質等の管理技術が未熟な中国企業とは異なり，中国進出前から取引等を通じて日本企業の管理に触れた台湾企業は，積極的に管理能力の向上を図ってきた。近年はその管理技術を中国の現地法人にも浸透させている。

　台湾企業のもう1つの強みは中国における生産分業のネットワークの広さである。彼らは台湾島内の分業システムをそのまま移管した。近年この分業システムは中国企業を巻き込み，発展を遂げており，重要な製造インフラとなっている。

　台湾企業の現地における企業家精神や顧客志向性においても特徴を有する。中国展開は現地経営者の強いリーダーシップによって進められ，現地市場で顧客企業との補完関係を築こうと並ならぬ努力を行う。

　日本企業の場合，多くの企業で対中現地化が進んだとはいえ，中国でこのような先進的な製造体制をもつケースは多くない。しかし日本企業にも，中国で迅速に量産を立ち上げ，市場シェアを広げる強いインセンティブが存在する。そこで上述の強みをもつ台湾企業とのアライアンスが俎上に載る。

　台湾企業はブランドを保有せず，開発関連資源を豊富にもたない反面，中国では低コストで大規模なものづくりを行うことが可能である。他方ブランドや技術資源については他国に頼らざるをえない。日本企業の強みは本国における技術蓄積の幅や深さであり，管理ノウハウとブランドである。

　以上の点は総じて，中国事業展開という局面で，台湾企業と日本企業がアライアンスを構築するメリットが大きいことを示している。本章の4つのケースはいずれもこうした点から解釈可能であるが，ここでの議論はあくまで代表的事例に基づく試論の域を出ない。両者のアライアンスに関する数量的研究，環境条件が変化したときの協業条件の頑健性の検討などは今後の課題として残される。

（天野倫文）

注
1　中国戦略における台湾企業と日系企業のアライアンスに着目した先行的な事例研究

として松島（2003）がある。この研究では日本の鹿島エレクトロ産業と台湾の亜州光学が中国においてアライアンスを組んだ例に着目し，中国・東莞における日本企業と台湾企業の「相互補完的な機能連携」と日本・中国間における「拠点間分業」という2つのリンケージの作用が働いていると述べている。本稿はこの視点をさらに複数の事例で掘り下げていくことを意図している。
2 　六和機械企業案内資料による。
3 　昆山六豊機械は昆山市内で4番目に進出した外資系企業である。台湾系としては最初である。インタビューでは，この地域の立地選択の理由として，「天時」「人和」「地利」の3点が指摘された。すなわち，「天時」はチャンスのことであり，昆山市政府のパワーの大きさを意味した。「人和」については昆山管理委員会の台湾企業への積極的なサポートを意味した。「地利」は上海との近接性であり，上海から内陸に入ったところは「輸出後背地」として発展する可能性があった。昆山六和機械は少額の投資で3年ほどトライを行い，少しずつ資本を増やしていった。
4 　湖南長豊六和のみ六和機械の出資比率は50％である。この現地法人は長豊汽車との折半出資であり，長豊汽車にアルミホイールを供給するために，折半出資としている。
5 　FCは片状黒鉛鋳鉄，FCDは球状黒鉛鋳鉄のことで直鋳鋳物用鉄鋼製品である。鋳鉄は炭素とケイ素を主成分とする合金であり，通常鋳鉄の中にある黒鉛は花片が集合したような形をしているのでこれを片上黒鉛と呼ぶ。片状黒鉛鋳鉄は振動を吸収する能力が優れている。一方，黒鉛を小さい形状に晶出させた鋳鉄を球状黒鉛鋳鉄と呼ぶ。黒鉛の形状が球状に近いほど，機械的性質（引っ張り強度，伸び）が優れ，鋼に匹敵する強度をもち，靭性に優れていることから自動車用エンジンなどに使われる。
6 　本ケースは貿易研修センター（2007）所収に加筆を行った。
7 　タカギセイコー社に関する詳細な事例記述は第5章第2節を参照されたい。
8 　共立精機社に関する詳細な事例記述は第5章第2節を参照されたい。

**参考文献**

天野倫文（2005）『東アジアの国際分業と日本企業：新たな企業成長への展望』有斐閣。
川上桃子（2003）「価値連鎖のなかの中小企業：台湾パソコン産業の事例」小池洋一・川上桃子編著『産業リンケージと中小企業：東アジア電子産業の視点』アジア経済研究所。
交流協会（2002）『中国大陸における日・台企業ビジネスアライアンスの現状』財団法人交流協会。
朱炎（2006）『台商在中国』財訊出版社。
関満博（2005）『台湾IT産業の中国長江デルタ集積』新評論。
日本貿易振興機構（2004）『中国の地域別投資環境調査報告』日本貿易振興機構報告書。
フォーイン（2003）『中国自動車部品産業の競争力』株式会社フォーイン報告書。
貿易研修センター（2007）『中国金型関連産業比較調査：広東省を中心として』財団法

人貿易研修センター2006年度アジア特定問題調査研究事業報告書。
松島茂（2003）「日本の中小企業の中国展開と二つのリンケージ」小池洋一・川上桃子編著『産業リンケージと中小企業：東アジア電子産業の視点』アジア経済研究所。
松島茂（2005）「企業間関係：多層的サプライヤーシステムの構造：自動車産業における金属プレス部品の２次サプライヤーを中心に」工藤章・橘川武郎・グレン・D・フック編『現代日本企業　企業体制（上）：内部構造と組織間関係』有斐閣。〔東京大学大学院経済学研究科・経済学部准教授〕

〔付録〕 金型調査リスト

| 長春 | 設立 | 売上高 | 従業員数 | 事業内容 |
|---|---|---|---|---|
| 長春経済技術開発区 管理委員会 | | | | 長春経済開発区を管理する政府機関 |
| 吉林大学　東北亜研究院 | | | | 吉林大学の付属研究所，北東アジアの経済・社会を研究する |
| 一汽模具製造有限公司 | 1953年 | 5.8億元(2005年度) | 1,200名 | 自動車ボディ用プレス金型の製造・販売 |
| 一汽鋳造有限公司 | 1999年 | N.A | 400名 | 自動車用ダイカスト金型の製造・販売 |
| 一汽豊田（長春）発動機有限公司 | 2002年 | 12億元(2005年度) | 726名 | トヨタ高級車に搭載するＶ６型エンジンの生産 |
| 長春市信達模具廠 | 1992年 | 600万元(2005年度) | 70名 | プレス用金型の製造・販売 |
| 長春市聖火模具製造有限公司 | 1958年(旧国有) | 1,200万元 | 80名 | プレス用金型の製造・販売 |
| 安民金型機械有限公司 | 1991年 | 2,000万元(2005年度) | 100名 | プレス用金型の製造・販売 |

| 大連 | 設立 | 売上高 | 従業員数 | 事業内容 |
|---|---|---|---|---|
| タカギセイコー株式会社 | 1946年 | 350億円 | 1,100名 | プラスチック製品の製造，販売．プラスチック成形用金型の製造，販売．金属プレス製品の製造，販売． |
| 大連大顕高木模具有限公司 | 2002年 | 2,700万元(2005年度) | 190名 | プラスチック製品成形用およびプレス加工用の金型製造・販売 |
| 共立精機（大連）有限公司 | 1995年 | 2,568万元(2004年度) | 74名 | 二輪車，四輪車のエンジンシリンダーブロックの金型製造・販売 |
| 大連鴻圓精密模塑有限公司 | 1999年 | 約4億円 | 98名 | プラスチック金型，ダイカスト金型の製造・販売 |
| 大連模具協会 | | | | 大連市の金型工業協会 |
| 大連模具工業園　弁公室 | 2003年 | | N.A. | 大連経済開発区大連金型工業園の運営・管理・企業誘致を担当する政府部門 |
| 松下電器軟件開発（大連）有限公司 | 2004年 | N.A. | 213名 | AV機器や通信機器，自動車などの組み込みソフトウェアの開発 |
| 中国華録・松下電子信息有限公司 | 1994年 | 27.77億元(2005年度) | 3,252名(2005年12月) | DVD，DVD-R，ND，P-DVD，液晶プロジェクターなどAV機器の製造販売。大規模な金型製造部門を内部に保有 |
| 大連誉銘精密模具有限公司 | 2003年 | 2,000万元(2005年度) | 100名 | プラスチック金型の製造・販売とプラスチック部品の成形 |

| 浙江省（余姚・台州） | 設立 | 売上高 | 従業員数 | 事業内容 |
|---|---|---|---|---|
| 浙江大学　経済学院 | | | | |
| 重機（寧波）精密機械有限公司 | 1995年 | N.A | 130名 | ミシン部品の調達・受入・検査，サブアセンブリーとユニット組立 |
| 台州市新立模塑有限公司 | 2000年 | 5,000万元(2005年度) | 185名 | 自動車プラスチック部品用の金型設計，開発，製造 |
| 台州新大洋機電科技有限公司 | N.A. | 5億元 | N.A. | プラスチック金型とプレス金型の製造・販売 |
| 余姚市通運重型模具製造有限公司 | 1996年 | N.A | 150名 | プラスチック金型とプレス金型の製造・販売 |
| 浙江嘉仁模具有限公司 | 1995年 | 8,000万元(2005年度) | 200名 | 自動車バンパー用金型，自動車メーター板用金型，エアコンやテレビ用の金型の製造・販売 |
| 台州模具集団有限公司 | 1997年 | N.A | 10名 | 金型長屋の「模具城」の運営管理。300社の零細型金型企業入居 |
| 浙江凱翔機械有限公司 | 2002年 | N.A | 400名 | 自動車用ランプの金型の製造・販売 |
| 浙江陶氏模具集団有限公司 | 2003年 | 約1.3億元(2005年度) | 300名 | プラスチック部品の成形，同金型の製造・販売 |

| 上海・蘇州・昆山 | 設立 | 売上高 | 従業員数 | 事業内容 |
|---|---|---|---|---|
| 屹豊（上海）模具製造有限公司 | 2000年 | N.A | 240名 | プラスチック金型，自動車部品用金型の製造・販売 |
| 上海荻原模具有限公司 | 2000年 | 約5,000万元（2005年度） | 110名 | 自動車ボディ用プレス金型の製造・販売 |
| 蘇州合信塑膠科技有限公司 | 2004年 | 800万元 | 50名 | プラスチック製品成形・プラスチック成形用金型の製造・販売 |
| 昆山匯美塑膠模具工業有限公司 | 2002年 | N.A | 90名 | プラスチック製品成形・プラスチック成形用金型の製造・販売 |
| 江蘇華富電子有限公司 | 2000年 | 2億元 | 500名 | デジカメや携帯電話用のプラスチック成型用金型 |
| 蘇州楽開塑膠模具有限公司 | 1997年 | 2,500万元 | 180名 | プラスチック製品成形・プラスチック成形用金型の製造・販売；MCの製造販売 |
| 昆山六豊機械工業有限公司 | 1992年 | 8億元（2002年度） | 1,400名 | 自動車用アルミホイール，ステアリングハウジング，ダイキャスト部品の製造・販売 |
| 上海烈光汽車配件有限公司 | 2000年 | 3,800元（2005年度） | 238名 | 自動車プレス部品の加工，金型の製造・販売 |
| 上海岸本模具製造有限公司 | 1997年 | 1,500万元（2005年度） | 75名 | プレス加工・プレス用金型の製造・販売 |
| 六豊模具（昆山）有限公司 | 2003年 | N.A | N.A | プレス用金型の製造・販売 |
| 牧野机床（中国）有限公司 | 2002年 | N.A | 280名 | 型彫り放電加工機の製造販売，テクニカルセンター |
| 昆山市模具工業協会 | | | | 昆山市の金型工業協会 |
| 上海市模具行業協会 | | | | 上海市の金型工業協会 |
| 江蘇省模具工業実験区管理委員会 | 1999年 | | | 昆山金型工業園区の運営・管理・企業誘致を担当する政府機関 |

| 広州・深圳 | 設立 | 売上高 | 従業員数 | 事業内容 |
|---|---|---|---|---|
| 台翰精密科技股份有限公司／台翰模具製品（東莞）有限公司 | 2001年 | N.A | 1,818名 | 金型設計・製造，プラスチック成形，塗装，アセンブリ |
| 東莞信濃馬達有限公司 | 1994年 | N.A | 3,000名 | 小型精密モーターの製造・販売 |
| 兄弟工業（深圳）有限公司 | 2002年 | N.A | 10,800名 | FAXやコピー，プリンター一体型のインクジェット複合機の製造・販売 |
| 広汽豊田発動機有限公司（GTE） | 2004年 | N.A | 1,108名 | 自動車用エンジン部品の製造・販売 |
| 三井高科技（広東）有限公司 | 2002年 | 2億円 | 180名 | モーターコア，リードフレームの加工，金型の製造・販売 |
| 広州艾帕克汽車配件有限公司（APAC） | 2001年 | N.A | 1,200名 | 自動車用プレス骨格部品，金型の製造・販売 |
| 広州愛機汽車配件有限公司（G-Hapii） | 2002年 | 7.45億元（2005年度） | 1,000名 | 自動車用プレス骨格部品，金型の製造・販売 |
| 亜南電子（深圳）有限公司 | 1995年 | N.A | 450名 | COB（Chip on Board），LCDモジュール，PDPモジュール，COF，TCP等の製造・販売 |
| ACE/GBI（香港）有限公司東莞愛信電子廠 | 1996年 | 665万USドル（2005年度） | 610名 | トランスフォーマーの製造・販売 |
| 広州日宝鋼材製品有限公司 | 1995年 | N.A | 500名 | エアコン用コンプレッサーの原材料製造 |
| 松下・万宝（広州）圧縮機有限公司 | 1995年 | N.A | 4,000名 | エアコン用コンプレッサーの製造・販売 |
| 広州花都汽車城発展有限公司 | | | | |

# あとがき

　ここ数十年間，中国は急速に製造業の基盤を強化してきた。近代的な製造業への中国の挑戦は，19世紀末葉の「洋務運動」に遡る。しかし，幾多の苦難が100年以上も続き，工業国家への脱皮は長い年月を要した。ようやく1980年代から，中国は「改革開放」の時代に入り，急速に近代的な製造業を形成・拡大し始めた。それから約30年，中国は「世界の工場」と称されるほど，世界最大の製造能力を有する国になり，メイド・イン・チャイナの製品がグローバル市場で溢れるようになっている。

　昨今，中国国内の人件費上昇，アメリカなど先進国の製造業回帰，ベトナムやインドなど後発国の追い上げといった原因で，中国の製造業の拡大は減速に転じたものの，中国に取って代わる新たな「世界の工場」はまだ現れていない。その一方で，中国は現在，量的な生産大国から質的な生産強国への進化を目指して，製品技術と生産技術の革新を積極的に推進している。華為や海璽など強いイノベーション能力を発揮する中国の製造企業が年々増えている。中国製造業基盤の厚さと強さを物語っている。

　中国製造業の基盤はどのように形成されてきたのか。この問いへの答えは中国経済の高度成長の原因を明らかにする上で鍵であるに違いない。さらに，この問いへの答えを探索することによって，新興国・後進国の工業化プロセスの解明という課題にも大きな示唆を与えると共に，新興国市場で競争と協調の関係を築かなければならない日本の産業界にも有益な知見を提供することができる。

　中国製造業の基盤形成メカニズムの解明には，多角的な切り口とアプローチが必要に思われる。筆者らは製造業基盤形成の重要な要素である金型産業に着目した。金型は製品の重要な量産ツールであり，金型の技術や製造能力，製作品質は，当該国や地域の製造業全般の能力と水準を根底から規定する。また，製造業全般の高度化は金型産業のレベルアップとイノベーションを要請し促進する。即ち，金型産業の生成・発展とユーザー産業との相互作用を観察するこ

あとがき

とは，中国製造業の基盤形成メカニズムに接近するための有効な方法になりうると，筆者らは考える。

2006年2月から07年3月にかけて，筆者らはNEDO，新エネルギー産業技術開発機構の研究助成を受けて，東北地域の長春，大連，華東地域の上海，蘇州，昆山，寧波，余姚，台州，華南地域の広州，深圳，東莞など，中国有数の金型生産地域の企業・機関を調査した（付録参照）。その間，延べ100人以上の関係者へのヒヤリングを行った。

こうした綿密な現地調査による発見事実を踏まえて，筆者らは研究会を開き議論を重ね，特に，産業発展の経路，産業政策，地域別の特徴，市場，技術，起業，アライアンスなどの視角から中国金型産業を分析した。こうした事実発見と分析に基づき，本書では，中国製造業の基盤形成の解明を試みている。

筆者らは上記の調査内容を基に，2本の調査報告書と9本の学術論文を執筆・刊行した。本書はこれらの既刊論文と報告書の内容を大幅に加筆修正したうえで収録している（初出一覧表を参照）。加筆修正にあたっては，科学研究補助金（基盤研究A，課題番号26245048；基盤研究C，課題番号24530521）による研究の知見の一部を反映している。

思いもよらなかったことに，筆者の1人で本調査研究プロジェクトのリーダーであった天野倫文氏は2011年に38歳の若さで他界した。氏は抜群の研究能力で早くも日本の国際経営学界で注目され，また数々の共同研究プロジェクトにおいても卓越した組織力と調整力を発揮していた。本研究プロジェクトも氏の献身的なリーダーシップがなければ実らなかったであろう。誰よりも速く人生を走り抜いた天野氏を偲ぶという思いは，生き残った我々3人にとって，研究成果を出版する重要な動機となった。

本研究プロジェクトの遂行および本書の編集過程で，数多くの方々からご指導，ご協力を賜った。まず，中国の浙江大学の金祥栄教授と朱希偉副教授，吉林大学の朱顕平教授と于瀟講師から調査先関係者の紹介や知見の提供など多大なご協力を頂いた。華南地域の調査は財団法人貿易研修センターと合同で実施したが，貿易研修センターの元所長・岩本功氏をはじめ，同センターの皆様は旅行の手配から訪問先のアポ取りまで丁寧にアレンジし，円滑な調査遂行を献身的に支えてくださった。延べ100人以上の企業関係者と業界団体関係者を対象に行ったヒヤリングによって，本書のベースとなる貴重な事実発見が可能に

あとがき

なった。紙幅の関係で全員のご氏名を列挙することができないが，心より深謝する。

　なお，法政大学経営学部の洞口治夫教授は筆者らの東北地域調査の際に同行し，調査方法などについて懇切なアドバイスをしてくださった。本プロジェクトの成果をまとめる論文の投稿過程では，数々のレフェリーの先生方から貴重なコメントを頂戴した。本書の出版にあたっては，法政大学イノベーション・マネジメント研究センターのスタッフの皆様，白桃書房の大矢栄一郎社長と東野允彦氏から一方ならぬお世話になった。これらの方々にもお礼申し上げたい。

　最後に，調査報告書の加筆修正と本書への収録を了承してくださった，新エネルギー産業技術開発機構と貿易研修センターに，また，天野論文の収録を同意してくださったご遺族に深くお礼を申し上げる。

李　瑞雪<br>
2015年1月<br>
於ボアソナード・タワー

# 事項索引

3次元測定器　　88, 113, 115, 119, 120
5ヵ年計画　　4, 7, 19, 192
APAC（高尾菊池）　　162
DMC　　11-12
DME　　6, 107
DMG　　101
FAW　　198-202, 206
RP　　15, 19

## ア行

アウトソーシング　　183
天津電訊模具廠　　4
アライアンス　　256, 274
アルミホイール　　258
アルミホイール事業　　271
一汽　　4, 6, 82, 86, 198
一汽製造集団との取引　　242, 243
一汽ダイキャスト金型　　198, 199, 201
一汽鋳造模具　　70, 76
一汽プレス金型　　198-201, 204
意図する効果　　24
意図せざる効果　　24
鋳物（ダイキャスト）金型　　69
鋳物の品質　　158
インフラ　　154
温州モデル　　146
エンジン　　159, 160
オークマ　　101
大連鴻園　　96, 99, 100, 101, 197, 215

大連経済技術開発区　　44, 84, 88, 267
大連高木　　84, 88, 91, 92, 94, 95
大連誉銘　　96, 197
大連大顕集団　　88
大連大顕高木模具　　197
荻原製作所　　73
長春信述　　220

## カ行

改革開放　　236
外資系金型企業の市場組織化　　49
外資系需要家　　47, 50
階層的分業曲係　　180
外注先企業　　164
加工技術　　213
加工基盤　　179
加工精度　　211
家電・電子機械産業　　148
金型外注化　　158, 169
金型関連企業　　150
金型企業家の叢生　　239
金型工業園区　　8, 112
金型工業団地　　8, 10, 79, 83
金型材料　　48, 53
金型産業集積　　10, 125, 178, 206
金型市場　　189, 197, 199
金型集積　　9, 51, 112, 122, 190, 195
金型需要の多様化　　61
金型城　　251

事項索引

| | | | |
|---|---|---|---|
| 金型図面 | 47, 87, 216, 219 | 共立精機 | 84-86, 94, 95, 197, 267, 269, 270, 273 |
| 金型製作 | 264, 268-269 | | |
| 金型製作の中国移管 | 266 | グループ内の取引 | 43 |
| 金型生産設備 | 245 | 桂林電器研究所 | 4-5 |
| 金型設計 | 90, 91, 102, 142, 174, 261, 262 | ゲストエンジニア | 212, 217, 270, 273 |
| | | 検査工程 | 262 |
| 金型専業 | 71 | 源泉一貫生産 | 94 |
| 金型調達 | 154, 156, 168 | 現地サプライヤー | 183 |
| 金型内製化 | 53, 166, 183 | 現地調達率 | 161 |
| 金型の検査 | 243 | 現地向け販売 | 267 |
| 金型の需要構造 | 63 | 高級工程士 | 70 |
| 金型の精度 | 50, 176 | 公差 | 92, 101, 102 |
| 金型の調達 | 161 | 工作機械 | 49, 53 |
| 金型の内製化 | 156, 182, 266 | 広州愛機 | 155 |
| 金型のメンテナンス | 44 | 広州経済技術開発区 | 151 |
| 金型品質 | 17 | 広州鋼鉄企業 | 153 |
| 金型部品 | 48 | 広州豊田 | 151 |
| 金型分社 | 43 | 広州豊田発動機 | 159 |
| 環境面の基盤 | 247, 253 | 広州本田 | 151, 152 |
| 雁行型発展モデル | 210 | 広州松下・万宝コンプレッサー | 167 |
| 黄岩経済開発区 | 132 | 江蘇省模具工業実験区 | 8-9, 122 |
| 企業家活動 | 243 | 江蘇華富 | 117 |
| 企業家精神 | 35 | 江蘇模具工業実験区 | 112 |
| 企業家の叢生 | 233 | 高張力鋼板 | 156 |
| 企業家を生む土壌 | 248 | 郷鎮企業 | 129 |
| 企業間関係 | 240, 244 | 工程間分業 | 228 |
| 技術・人的基盤 | 248 | 工程図面 | 219 |
| 技術基盤 | 106, 107, 112, 124, 148, 189 | 合弁解消 | 75 |
| 技術能力 | 211 | 顧客指向型 | 202, 204 |
| 技術レバレッジ型 | 202, 204 | 国営金型企業 | 75 |
| 機振法 | 22, 25 | 国際分業ネットワーク | 274 |
| 屹豊（上海） | 110, 117, 118 | 国有企業 | 45, 61, 63, 72, 235, 244-249 |
| 機能間分業 | 226 | | |
| 旧国有企業 | 129 | 国家タイマツ計画 | 8, 10, 122 |

284

| | |
|---|---|
| 昆山金型工業協会 | 111 |
| 昆山経済技術開発区 | 108,111,259 |
| 昆山匯美 | 117 |
| 昆山六豊機械 | 218 |

## サ行

| | |
|---|---|
| 西城模具城 | 131,132 |
| 材料の調達 | 161 |
| サポーティングインダストリー | 23 |
| 産業インフラ | 178 |
| 産業基盤 | 106,107,112,124,189 |
| 産業集積 | 148,149,183 |
| 産業政策の間接効果 | 24 |
| 産業政策のソフトな側面 | 22,23 |
| 産業組織 | 65 |
| 三洋電機 | 97,109,118 |
| 資金調達方法 | 129 |
| 市場競争 | 184 |
| 市場原理 | 44 |
| 市場主導型 | 108,113,125 |
| 市場先行型 | 113,125 |
| 市場戦略 | 202,203,206 |
| (市場と組織) 両者間の絡み合い | 41 |
| 市場と組織の相互作用 | 40 |
| 市場に飛び込む | 195 |
| 「市場の失敗」 | 23 |
| 市場の組織化 | 40,41,46,52,54,55 |
| 市場連結 | 202,206 |
| 自動車工業園区 | 65 |
| 自動車プレス用金型 | 261 |
| 社会的分業 | 26 |
| 上海GM | 86,110 |
| 上海VW | 110,118,121 |
| 上海荻原 | 120,121 |

| | |
|---|---|
| 上海金型工業協会 | 105-107,124 |
| 上海岸本 | 115,120,121,220 |
| 上海華通開関廠 | 5,107 |
| 上海模具培訓中心 | 123 |
| 上海星火模具廠 | 4,6,107 |
| 上海烈光 | 112,196 |
| 集積が集積を呼ぶ | 113 |
| 需給ギャップ | 51 |
| 需給のミスマッチ | 43 |
| 樹脂成形用金型 | 167 |
| 需要家との情報交換 | 47 |
| 需要と供給のミスマッチ | 67 |
| 需要の質的な多様化 | 42 |
| 需要呼び込み戦略 | 204 |
| 情報交換 | 53 |
| 情報蓄積 | 24 |
| 情報流通 | 24 |
| 商用車向け金型 | 71 |
| 新規参入 | 66 |
| 信達模具 | 201,236 |
| 人的資源 | 72 |
| 裾野産業 | 35 |
| スピンオフ | 237,238,250,252 |
| スポンサーなき法律 | 33 |
| 聖火模具 | 71,75,198,201 |
| 成形・金型事業 | 266 |
| 成形部品メーカー | 262 |
| 製作リードタイム | 17 |
| 生産分業システム | 272 |
| 製品図面 | 87,101,216 |
| 製品別分業 | 226 |
| 精密金型 | 10,94,99,171,172 |
| 精密モータ | 165 |
| 設計技術 | 213 |

事項索引

| | |
|---|---|
| 浙江凱翔機械 | 142 |
| 浙江陶氏模具 | 140 |
| 浙江嘉仁模具 | 139 |
| 浙江模具廠 | 133 |
| 専業化産業区 | 190,191,192,193 |
| 専業市場 | 32,191,193,194,203 |
| 専業の金型企業 | 9 |
| 潜在市場誘導型 | 270 |
| 創業型金型企業 | 66 |
| 創業活動 | 233,235 |
| 創業金型企業 | 240,241,242,245 |
| 創業の壁 | 247,251 |
| 創業のプッシュ要因 | 238 |
| 創業の誘因 | 235 |
| 創業前の経歴 | 237 |
| 増城新塘工業加工区 | 151 |
| 属人的関係 | 241 |
| 属人的な要素 | 253 |
| 素材の調達 | 167 |
| 蘇州合信 | 118 |
| 蘇州市金型工業協会 | 106 |
| 蘇州モデル | 146 |
| 蘇州楽開 | 115,118 |
| ソディック | 81,98,101,114 |

## タ行

| | |
|---|---|
| 対応差別化 | 50,54 |
| ダイキャスト用金型 | 269 |
| 台翰精密 | 262 |
| 台翰模具（東莞） | 173 |
| 台州現象 | 131,245 |
| 台州市金型委員会 | 251 |
| 大同特殊鋼 | 99,113 |
| 貸与図 | 217 |
| 台湾系金型メーカー | 173 |
| 台湾系サプライヤー | 257 |
| タカギセイコー | 88,90,91,220,263,271,272 |
| 叩き上げ | 239,246 |
| 試し打ち | 47 |
| 多様性 | 233,237 |
| 地域間移動 | 239 |
| 地域別多様性 | 234 |
| 中古機械 | 66 |
| 中国金型工業協会 | 7-9,11-12,15,16,29,114,192 |
| 中国国際模具技術和設備展覧会 | 11 |
| 中国華録松下電子信息 | 93 |
| 中国模具及模具設備展覧会 | 12 |
| 中古設備市場 | 243,244 |
| 鋳造金型 | 69 |
| 長江デルタ | 122,193,196 |
| 直接的な効果 | 24 |
| 出来高賃金制 | 73,75 |
| デザイン・イン | 214 |
| 電機・樹脂用の金型 | 157 |
| 東風日産 | 151,152 |
| 飛び込み営業 | 244 |
| トヨタ | 60,70,97,120,201,258,262 |
| 豊田工業（TIK） | 261 |
| 豊田自動織機 | 261 |
| 取引先の開拓 | 269 |
| 取引ネットワーク | 20,97,189,191,194,197 |
| 取引の組織化 | 46,48 |
| 東莞信濃馬達 | 165 |

## ナ行

| | |
|---|---|
| 内製と外注 | 182 |
| 内発的な産業発展 | 146 |
| 内部金型部門 | 162 |
| 長春経済技術開発区 | 64 |
| 日系自動車産業 | 148 |
| 日系自動車メーカー | 151 |
| ネットワーク | 274 |
| 納品リードタイム | 79 |
| 能力主義 | 175 |
| 能力補完 | 274 |

## ハ行

| | |
|---|---|
| ハイテク開発区 | 64 |
| ハイテン材 | 158 |
| 波及効果 | 24 |
| 非接触型測定器 | 120 |
| 標準部品 | 9,19,82,114,122 |
| ファナック | 6,101,106 |
| プール要因 | 253 |
| フォルクスワーゲン（VW） | 63 |
| 複線的発展 | 35 |
| プッシュ要因 | 236 |
| 部品調達の現地化 | 152 |
| プラスチック金型 | 150 |
| プラスチック成形 | 183,264 |
| ブランド力 | 274 |
| プル要因 | 236,249 |
| プレス金型 | 157,162,163,166 |
| 分業システム | 181 |
| 分業ネットワーク | 53,178,249 |
| 分社 | 69 |
| ベンダー | 173 |
| 補完性 | 271 |
| 補修業務 | 45 |
| ボディプレス金型 | 262 |
| 本田技研工業 | 150 |
| ホンダトレーディング | 95,197, 267,269,270 |

## マ行

| | |
|---|---|
| 牧野 | 81,102,115 |
| 三井ハイテック | 169 |
| 三菱電機 | 109 |
| 南沙開発区 | 160 |
| 民営金型企業 | 129,241 |
| 民営中小企業 | 234 |
| 民間企業家 | 61 |
| メンテナンス | 172,173 |
| モーターコア | 170 |
| モーター事業 | 175 |
| モータープレス | 168 |
| モールド系（樹脂成形・鋳造） | 209 |
| 模具城 | 8,114,144 |
| 模具設備協作網 | 123 |

## ヤ行

| | |
|---|---|
| 安民機械 | 237 |
| 軟鋼板加工（軟鋼板を加工） | 158,159 |
| 優遇措置 | 251 |
| ユーザーの開拓プロセス | 129 |
| 誘発効果 | 24 |
| 幽霊社員 | 75 |
| 輸入・移入代替 | 10,122,195,197 |
| 輸入代替 | 19,79 |
| 要求精度 | 55 |
| 要素技術 | 112,125 |

## ラ行

| | |
|---|---|
| リーダーシップ | 272 |
| リードタイム | 211 |
| リードフレーム | 169,170 |
| 両極化 | 65 |
| 遼寧省金型協会 | 99 |
| 労働市場 | 262,268 |
| 六豊機械 | 109 |
| 六豊精密模具 | 109 |
| 六豊模具 | 117,120,121,215,220 |
| 六和機械 | 257,258 |

# 地 名 索 引

## ア行

| | |
|---|---|
| 天津 | 156-158 |
| 煙台 | 158,163,245 |
| 大阪府堺市 | 269 |

## カ行

| | |
|---|---|
| 華東 | 54,55,233,240,253 |
| 華南 | 51,150,164,166,169,170,172-174,177-179,181,182,184,185,263,265 |
| 華北 | 269 |
| 広東省 | 257,263 |
| 広東省広州市 | 259 |
| 広東省佛山 | 266 |
| 黄岩 | 10 |
| 清遠市 | 156 |
| 広州 | 13,148,150,160,163 |
| 広州空港 | 159 |
| 広州市 | 151,152 |
| 江蘇省昆山 | 259 |
| 昆山 | 8,9,13,14,85,105,173,195,202-204,258,261,263,272 |

## サ行

| | |
|---|---|
| 山東省 | 257 |
| 上海 | 10,13,50,53,63,85,86,105,158,163,170,195,202-204,239,245,265 |
| 上海・蘇州 | 51,233,239,246,247,249,250,253 |
| 重慶 | 158,163 |
| 常州 | 245 |
| 瀋陽 | 245 |
| 成都 | 158 |
| 浙江省 | 51,54,153,234,235,238-241,244,248-250,252 |
| 蘇州 | 105,195,202-204,237,239 |
| 蘇州・昆山 | 50 |

## タ行

| | |
|---|---|
| 台州 | 10,13,14,193,197 |
| 台州市 | 245,251 |
| 台州周辺 | 249 |
| 台州地域 | 234 |
| 台北 | 173 |
| 大連 | 10,13,42-44,47,63,76,78,80,81,86,97,123,198,203,204,237,239,244,247,269-270 |
| 台湾 | 174,263 |
| 台湾中壢市 | 257 |
| 台湾島内 | 256,258,275 |
| 珠江デルタ | 50 |
| 長江デルタ | 50,52,53,257 |
| 東北 | 253 |
| 東北地域 | 233,235,246-250,254 |
| 東北部 | 41,46,49,54,55,62,76,238,249 |

地名索引

| | |
|---|---|
| 富山県新湊 | 265 |
| 富山県高岡市 | 265 |
| 東莞 | 9,10,13,14,51,96,111, 123,148,163,164,169,173 |

## ナ行

| | |
|---|---|
| 長春 | 13,42-45,47,49,50,54,55, 198,203,205,235,236,237-239, 242,246-248,252,253 |
| 南海 | 266 |
| 南沙国際自動車産業圏 | 151 |
| 寧波 | 13,14 |

## ハ行

| | |
|---|---|
| 花都区 | 152 |
| 華東地域 | 233,242,244,245,248 |
| 花都汽車城 | 153,154 |
| 氷見 | 265 |
| 深圳 | 9,10,13,14,51,85,96,97, 111,123,148,164 |
| 武漢 | 155 |
| 福建 | 158 |
| 福建省福州市 | 259 |
| ベトナム | 173 |
| 香港 | 179,266 |

## マ行

| | |
|---|---|
| 三重県松阪 | 269 |

## ヤ行

| | |
|---|---|
| 余姚 | 8,10,14,123,190, 193,196,243 |

# 各章初出一覧

第 1 章　李瑞雪・行本勢基（2007）「中国金型産業の発展と産業政策（前編）」『富大経済論集』第53巻第 1 号（pp.27-49），李瑞雪・行本勢基（2010）「中国金型産業の発展と産業政策（後編）」『富大経済論集』第55巻第 3 号（pp.145-163）の一部をもとに書き直し。

第 2 章　李瑞雪・行本勢基（2007）「中国金型産業の発展と産業政策（前編）」『富大経済論集』第53巻第 1 号（pp.27-49）の一部と李瑞雪・行本勢基（2010）「中国金型産業の発展と産業政策（後編）」『富大経済論集』第55巻第 3 号（pp.145-163）の一部をもとに書き直し。

第 3 章　金容度（2008）「市場の組織化についての事例研究：中国金型産業の事例」『経営志林』第44巻第 4 号（pp.43-58）。

第 4 章　金容度（2008）『中国金型産業論：中国インフラ産業の発展とアジア国際分業への影響（新エネルギー産業技術研究開発機構研究助成事業・調査研究報告書）』第 4 章（pp.68-89）。

第 5 章　天野倫文（2008）『中国金型産業論：中国インフラ産業の発展とアジア国際分業への影響（新エネルギー産業技術研究開発機構研究助成事業・調査研究報告書）』第 5 章（pp.90-112）。

第 6 章　李瑞雪（2007）「上海・蘇州地域における金型産業：多様性と市場主導」『世界経済評論』Vol.51，No. 9（pp.41-54）。

第 7 章　行本勢基（2007）「中国金型産業における民営企業の生成と発展プロセス：浙江省余姚市・台州市の事例」『国際経営・システム科学研究』No.38（pp.89-100）。

第 8 章　天野倫文・李瑞雪・金容度・行本勢基（2007）『中国金型産業比較調査：広東省を中心として（財団法人貿易研修センター2006年度アジア特定問題調査研究事業報告書）』。

第 9 章　李瑞雪（2009）「中国金型産業集積の市場連結メカニズムと金型企業の市場戦略：地域間比較分析を中心に」『組織科学』第42巻第 3 号（pp.68-81）．

第10章　行本勢基（2009）「中国金型産業における供給体制の確立―技術能力の日中比較を通じて―」『高松大学紀要』第51号（pp.89-115）。

第11章　金容度（2007）「中国製造業における企業家叢生のメカニズム：金型産業の事例」『経営志林』第44巻第 3 号（pp.57-73）。

第12章　天野倫文（2007）「台日サプライヤーの中国進出とアライアンス：国際化戦略における能力補完仮説」『経済学論集』第73巻第 1 号（pp.48－68）。

【著者紹介】

李瑞雪（り　ずいせつ）
法政大学経営学部教授。1970年，中国安徽省生まれ。
南京大学外国語学部卒業，名古屋大学大学院国際開発研究科博士後期課程修了（学術博士）。主な著作：『中国物流産業論』（白桃書房）等。

天野倫文（あまの　ともふみ）
元東京大学大学院経済学研究科准教授。1973年生まれ。
一橋大学商学部卒業，同大大学院商学研究科博士後期課程修了（商学博士）。
主な著作：『東アジアの国際分業と日本企業　新たな企業成長への展望』（有斐閣）等。

金容度（きむ　よんど）
法政大学経営学部教授。1964年，韓国釜山市生まれ。
ソウル大学経済学科及び同大学院卒業（経済学修士），東京大学大学院経済学研究科博士課程修了（経済学博士）。
主な著作：『日本IC産業の発展史』（東京大学出版会）等。

行本勢基（ゆきもと　せいき）
神奈川大学経営学部准教授。1975年生まれ。
亜細亜大学国際関係学部卒業。名古屋大学大学院国際開発研究科博士後期課程修了（学術博士）。
主な著作：『入門経営学―はじめて学ぶ人のために―＜第二版＞』（同友館）。

法政大学イノベーション・マネジメント研究センター叢書10

## 中国製造業の基盤形成
――金型産業の発展メカニズム――

発行日――2015年3月31日　初版発行　　〈検印省略〉

著　者――李瑞雪・天野倫文・金容度・行本勢基

発行者――大矢栄一郎

発行所――株式会社　白桃書房

〒101-0021　東京都千代田区外神田5-1-15
☎03-3836-4781　📠03-3836-9370　振替00100-4-20192
http://www.hakutou.co.jp/

印刷・製本――藤原印刷

© Ruixue Li, Tomofumi Amano, Yongdo Kim, Seiki Yukimoto, and The Research Institute for Innovation Management, Hosei University 2015　Printed in Japan

ISBN 978-4-561-26649-5 C3334

JCOPY 〈(社)出版者著作権管理機構　委託出版物〉
本書の無断複写は著作権法上での例外を除き禁じられています。複写される場合は、そのつど事前に、(社)出版者著作権管理機構（電話03-3513-6969, FAX 03-3513-6979, e-mail : info@jcopy.co.jp）の許諾を得てください。

落丁本・乱丁本はおとりかえいたします。

## 好 評 書

### 法政大学イノベーション・マネジメント研究センター叢書

渥美俊一【監修】矢作敏行【編】
**渥美俊一　チェーンストア経営論体系［理論篇Ⅰ］**　　本体価格4000円

渥美俊一【監修】矢作敏行【編】
**渥美俊一　チェーンストア経営論体系［理論篇Ⅱ］**　　本体価格4000円

渥美俊一【監修】矢作敏行【編】
**渥美俊一　チェーンストア経営論体系［事例篇］**　　本体価格4000円

西村英彦・岸谷和広・水越康介・金雲鎬【著】
**ネット・リテラシー**
　―ソーシャルメディア利用の規定因―　　本体価格　2700円

宇田川勝【監修】長谷川直哉・宇田川勝【編著】
企業家活動でたどる
**日本の金融事業史**
　―わが国金融ビジネスの先駆者に学ぶ―　　本体価格2800円

宇田川勝【監修】長谷川直哉・宇田川勝【編著】
企業家活動でたどる
**日本の自動車産業史**
　―わが国金融ビジネスの先駆者に学ぶ―　　本体価格2800円

---

李　瑞雪【著】
**中国物流産業論**
　―高度化の軌跡とメカニズム―　　本体価格2800円

――――――― 東京　白桃書房　神田 ―――――――

本広告の価格は本体価格です。別途消費税が加算されます。